El catalizador

Thomas R. Cech

El catalizador

Cómo el ARN se convirtió en la clave del origen y el futuro de la vida

Traducción de Pedro Pacheco González

Ariel

Título original: *The Catalyst. RNA and the Quest to Unlock Life's Deepest Secrets*

Primera edición: marzo de 2025

© Thomas R. Cech, 2024
Publicado originalmente en inglés por W. W. Norton & Company

© Pedro Pacheco González, por la traducción, 2025

Derechos exclusivos de edición en español:
© Editorial Planeta, S. A., 2025
Avda. Diagonal, 662-664, 08034 Barcelona
Editorial Ariel es un sello editorial de Planeta, S. A.
www.ariel.es
www.planetadelibros.com

ISBN: 978-84-344-3845-3
Depósito legal: B. 3.606-2025

Impreso en España

Frases elogiosas recibidas por *El catalizador*

«Tom Cech, uno de los mejores biólogos moleculares del mundo, ha escrito una canción de amor al ARN. En *El catalizador*, revela las muchas cosas que hace y que su primo más famoso, el ADN, no puede hacer. El ARN emerge como materia heroica, y es probable que los lectores sucumban también a sus encantos.»

HAROLD VARMUS, premio Nobel
y exdirector de los Institutos Nacionales de Salud

«*El catalizador* nos cuenta las muchas historias improbables, pero ciertas, que hay detrás del ascenso del ARN que le han llevado a convertirse en la molécula de este siglo. Con metáforas creativas, Cech confiere vida a la ciencia, a los científicos y al propio ARN.»

CAROL GREIDER, premio Nobel y catedrática de Biología Molecular, Celular y del Desarrollo en la Universidad de California en Santa Cruz

«El ARN es la molécula misteriosa y mágica de la vida, esencial para el funcionamiento de las células vivas, necesaria para reflexionar sobre el origen de la vida y cada vez más útil para prevenir y tratar enfermedades. Este libro, magníficamente escrito por el mayor experto mundial en ARN, constituye una lectura esencial para cualquier persona interesada en las ciencias biológicas y médicas.»

PAUL NURSE, premio Nobel y autor de *¿Qué es la vida?*

A mis padres, Robert y Annette,
que alimentaron mi amor por la ciencia,
y a Carol, Allison y Jennifer,
que me han acompañado en el viaje.

Índice

Primera parte
LA BÚSQUEDA

Segunda parte
LA CURA

Introducción

La era del ARN

Se suele decir que la primera mitad del siglo XX fue la era de la física. La curvatura del espacio-tiempo, la dinámica de las partículas subatómicas, el *Big Bang* y los agujeros negros, el hallazgo de que la energía atómica podría hacer funcionar ciudades enteras o destruirlas: todos estos descubrimientos revolucionaron la ciencia y cambiaron nuestra vida cotidiana. Se podría decir que fue el *Big Bang* de la propia física. Eso ocurrió aproximadamente entre 1905, cuando Einstein presentó su famosa ecuación $E = mc^2$, y 1947, cuando en los Laboratorios Bell se inventó el transistor.

A principios de la segunda mitad del siglo XX, la biología empezó a desplazar a la física del centro de atención científica, y con «biología» me refiero al ADN. Después de todo, ese medio siglo comenzó más o menos con el trascendental descubrimiento de la doble hélice de ADN por Francis Crick y James Watson en 1953, y terminó con el Proyecto Genoma Humano (1990-2003), que descodificó todo nuestro ADN desvelando un mapa biológico de la humanidad. Hoy en día, todo el mundo conoce los grandes éxitos del ADN: que contiene nuestra información genética, que puede utilizarse para rastrear nuestra ascendencia e identificar enfermedades hereditarias, y que gracias a él se pueden resolver crímenes. El ADN ha entrado incluso en la jerga popular. Si digo que algo está «en mi ADN», ya sea la devoción por el senderismo o la pasión por la comida tailandesa, todo el mundo lo entiende: estoy diciendo que es una parte esencial de quien soy, mi esencia.

Durante la era del ADN, la mayoría de la gente no prestaba atención al ARN. Es cierto que los libros de texto lo describían y los estudiantes aprendían cómo esta molécula (el ácido ribonucleico) se copiaba de la doble hélice y cómo el *ARN mensajero* (ARNm) transmitía el código del ADN para ordenar la síntesis de proteínas. Pero el ARN nunca fue la estrella del espectáculo. Era como un corista bioquímico que trabajaba a la sombra de la diva.

Sin embargo, los científicos empezaron a percibir el talento del ARN, hasta entonces desconocido. El ARN es diminuto, mide solo un nanómetro de diámetro. Si se apilaran *moléculas* de ARN mensajero, cabrían 50.000 en el ancho de un cabello humano. Pero los investigadores descubrieron que el ARN compensa su diminuto tamaño con una gran versatilidad: al plegarse en muy diversas formas puede efectuar increíbles acrobacias que hacen que su progenitor genético, el ADN, parezca un mago con un solo truco.

En realidad, ese truco es fundamental para todas las formas de vida que pueblan la Tierra. El ADN almacena información genética. Eso es todo. Es como los jeroglíficos de la tumba de una momia egipcia, los surcos de un disco de vinilo o los unos y ceros que forman los bits de información de un ordenador. La función del ADN es almacenar información en el núcleo de la célula. Para leer esa información y hacer algo con ella se necesitan proteínas. Y ARN.

Lo primero que hay que entender sobre el ARN es que hace muchas cosas maravillosas. Sí, puede almacenar información, igual que el ADN. Por ejemplo, muchos de los virus que nos infectan no necesitan ADN; sus genes están hechos de ARN, lo que les viene muy bien. Pero el almacenamiento de información es solo el primer capítulo. A diferencia del ADN, el ARN desempeña numerosas funciones activas en las células vivas. Puede actuar como *enzima*, empalmando y cortando otras moléculas de ARN o ensamblando proteínas

14

(la materia de la que está hecha la vida) a partir de bloques de *aminoácidos.* Mantiene activas las células madre y previene el proceso de envejecimiento añadiendo ADN en los extremos de nuestros *cromosomas.* Como guía de la técnica de edición genética conocida como CRISPR, nos permite reescribir el código de la vida. Y muchos científicos creen que el ARN esconde el secreto del origen de la vida en nuestro planeta.

Por fin, el ARN ha empezado a salir de la sombra del ADN para revelar su inmenso potencial. Desde el año 2000, los avances relacionados con el ARN han dado lugar a once premios Nobel. En ese mismo periodo, el número de artículos en revistas científicas y el número de patentes generadas anualmente por la investigación del ARN se han cuadruplicado.[1] Hay más de cuatrocientos fármacos basados en el ARN en alguna fase de desarrollo, además de los que ya están en uso.[2] Y solo en 2022, se invirtieron más de mil millones de dólares en fondos de capital riesgo en empresas biotecnológicas de nueva creación para explorar nuevas fronteras en la investigación del ARN.[3]

Aunque el ADN haya dominado la investigación biológica en el pasado, el ARN se ha convertido claramente en el centro de atención del futuro. Ya se empieza a decir que el siglo XXI es la era del ARN, y a este siglo aún le queda mucho camino por recorrer.

Este libro es una guía que te ayudará a entender cómo el ARN (literal y metafóricamente) se hizo viral, cómo pasó de ser un tema misterioso que interesaba sobre todo a los bioquímicos a convertirse en un asunto de primer orden que está configurando el futuro de la ciencia y la medicina.

No soy un observador imparcial, sino un participante activo. Como profesor de Química y Bioquímica de la Universidad de Colorado en Boulder, he estudiado el ARN durante la mayor parte de mi carrera. He sido testigo directo de muchos descubrimientos sobre el ARN que han llevado a los

15

científicos a replantearse cómo se originó la vida en el planeta Tierra y que han revelado asombrosos avances sobre la salud y las enfermedades humanas. Algunos de estos descubrimientos los realizó nuestro grupo de investigación. Otros fueron obra de amigos íntimos y colegas, por lo que me parece correcto referirme a ellos por sus nombres de pila.

En conjunto, estos avances en la investigación del ARN representan uno de los logros científicos más transformadores desde el descubrimiento de la doble hélice del ADN. Sin embargo, durante muchos años, la opinión pública no estuvo preparada para apreciar este logro porque solo tenía una vaga idea de lo que es el ARN o de por qué los científicos estaban tan entusiasmados con él. Siempre he pensado que era una pena, porque estas historias son apasionantes. Además, los ciudadanos han financiado gran parte de esta investigación con sus impuestos y merecen saber cómo se ha rentabilizado su inversión.

Y entonces, en la tumultuosa primavera de 2020, la gente se encontró cara a cara con el ARN de una manera sorprendente. Mi trabajo, como el de tantos otros, se detuvo de manera temporal. Mi laboratorio estaba cerrado, mis clases canceladas. Pero mi tema de estudio se encontraba de repente en boca de todos. El mundo estaba siendo asolado por el SARS-CoV-2, el virus de ARN que causa el COVID-19. Para combatirlo, se estaban desarrollando vacunas de ARNm a una velocidad sin precedentes, un logro asombroso basado en décadas de avances en la investigación básica de la ciencia del ARN, avances de los que la mayoría de la gente no sabía nada.

Lógicamente, la población quería saber más de esta molécula, que era a la vez la causa y la posible cura de la enfermedad que nos estaba atacando. Así que pasé de ser un científico del ARN a ser su portavoz. Me propuse explicarlo, primero en charlas públicas y después con el libro que tienes en tus manos.

Cuento la historia del ARN en dos partes. La primera es la historia de cómo el ARN pasó a ser conocido como el gran catalizador de la vida. Empezamos en la década de 1950 con los experimentos gracias a los cuales se descubrió cómo el ARN dirige la construcción de las proteínas que realizan la mayoría de las funciones esenciales de los órganos vivos, desde mantener unidas las células hasta metabolizar los alimentos. Luego veremos cómo el ARN, mediante una curiosa transformación llamada *splicing* (ayuste o corte y empalme en castellano), es responsable de que los seres humanos podamos hacer mucho más con la información de nuestro ADN que, por ejemplo, un hongo, un gusano o una mosca.

A partir de ahí, la historia da un giro personal. Cuento cómo mi equipo descubrió moléculas de ARN catalíticas llamadas *ribozimas*, cuya existencia violaba lo que se consideraba una regla básica de la naturaleza: que las enzimas deben ser proteínas. Este descubrimiento me valió el Premio Nobel de Química de 1989 y marcó un punto de inflexión en la historia del ARN. Desde aquel momento, el mundo de la ciencia empezó a ver esta molécula no como un mensajero pasivo, un actor secundario en la química de la vida, sino como la estrella del espectáculo.

El siguiente gran reto fue trazar el mapa de las maravillosas formas que adopta el ARN para llevar a cabo sus múltiples milagros (un esfuerzo que superó incluso al del gran James Watson con su éxito al resolver la estructura del ADN). A continuación, descubrimos que el ARN es la fuente secreta de energía del *ribosoma*, la «nave nodriza» de nuestras células que lee el código contenido en los ARN mensajeros y lo utiliza para sintetizar las proteínas, que impulsan gran parte de la vida. Por último, analizamos cómo el ARN podría dar respuesta a una de las cuestiones más importantes de la ciencia: cómo surgió la vida en la Tierra hace casi 4.000 millones de años.

Mientras que en la primera parte del libro describo cómo el ARN sustenta la vida, en la segunda explico cómo el ARN puede mejorar y prolongar la vida más allá de los límites actuales de la naturaleza. Empezamos con la extraordinaria historia de la *telomerasa*, una enzima impulsada por el ARN que nos ha enseñado que la inmortalidad y el cáncer son en realidad las dos caras de una misma moneda. A continuación, explicamos cómo los diminutos ARN que funcionan como interruptores, desactivando los ARN mensajeros de las células, se están utilizando para cortocircuitar enfermedades.

Pero el ARN no solo nos cura; también puede matarnos. El ARN es el material genético de muchos de los virus más mortíferos de la historia, desde el virus de la polio hasta el SARS-CoV-2. Mientras que estos virus convierten al ARN en un villano, las vacunas de ARNm nos muestran su cara más amable, protegiéndonos no solo del COVID-19 sino también, quizá, del cáncer y de muchas otras enfermedades.

Y, por fin, el ARN logra su venganza definitiva sobre el ADN al ser el protagonista que hay tras lo que conocemos como CRISPR, una tecnología que nos da la capacidad de remodelar el propio ADN. El sistema CRISPR ha revolucionado la investigación científica básica, y dentro de nada se podrá utilizar en medicina y en la ralentización del proceso del cambio climático. Curiosamente, la misma versatilidad que le permite desempeñar muchas funciones vitales en la naturaleza también convierte al ARN en la herramienta perfecta para los ingenieros biomédicos que ahora están redefiniendo la vida tal y como la conocemos.

Dado que el protagonista de este libro está presente en todos los seres vivos del planeta y existe desde hace unos 4.000 millones de años, no me era posible contar la historia completa del ARN. Tuve que tomar decisiones difíciles sobre qué incluir y qué omitir. También tuve que simplificar muchos conceptos científicos para hacerlos más accesibles. A veces describo el ARN como espaguetis y comparo las reacciones de *splicing* o ayuste del ARN con copiar y pegar texto en un programa de tratamiento de textos. Esta simplificación puede irritar a mis colegas, pero, como me recuerda a menudo mi esposa (y colega bioquímica), no escribo este libro para ellos.

Me temo que hay algo más que puede molestar a mis amigos científicos. Al contar esta historia, he intentado mantener el foco de atención en el propio ARN. Por eso, aunque en mis relatos aparezcan algunos de los investigadores que dieron con descubrimientos clave o que erraron varias veces el disparo antes de descubrir la verdad, no pretendo ser exhaustivo. Para cada tema científico tratado en este libro he intentado citar a otros investigadores en las notas que aparecen al final del libro,[4] aunque pido disculpas de antemano por las múltiples ofensas por omisión que probablemente he cometido. Una de las maravillas de la ciencia actual del ARN es que la mayoría de los descubrimientos se deben a múltiples colaboradores que se pasan constantemente el balón unos a otros como en un partido de rugby. También como en el rugby, los investigadores se amontonan de vez en cuando en una melé, donde por un momento el balón parece perdido. Es un juego competitivo, desordenado, a veces doloroso, pero salpicado de momentos de gloria.

Primera parte

LA BÚSQUEDA

Distintas formas y funciones del ARN

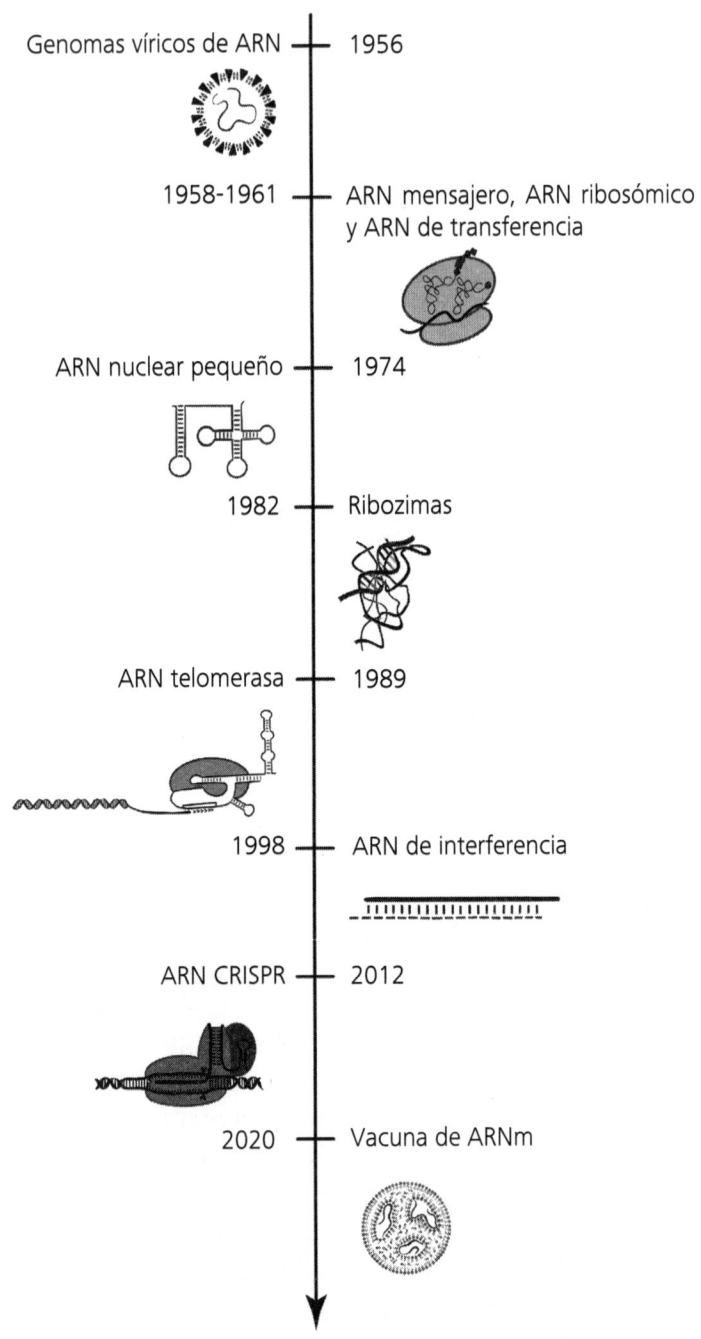

Genomas víricos de ARN — 1956

1958-1961 — ARN mensajero, ARN ribosómico y ARN de transferencia

ARN nuclear pequeño — 1974

1982 — Ribozimas

ARN telomerasa — 1989

1998 — ARN de interferencia

ARN CRISPR — 2012

2020 — Vacuna de ARNm

1

El mensajero

Antes de dedicarse a descifrar el código de la vida, George Gamow había resuelto muy diversos y relevantes problemas científicos. Nacido en 1904 en Odesa, ciudad portuaria del mar Negro, Gamow empezó a contemplar el universo a los seis años, cuando vio el cometa Halley desde la azotea del edificio de apartamentos donde residía con su familia. Cuatro décadas después, se convertiría en el principal defensor mundial de la teoría que aseguraba que el universo comenzó con una «gran explosión» o *Big Bang*.[1] Los colegas científicos de Gamow lo consideraban un genio, «otro Heisenberg»,[2] dijo Niels Bohr, comparándolo con el premio Nobel pionero de la mecánica cuántica, pero también un bicho raro, «un diablillo gigante, que salta de los átomos a los genes y de ahí a los viajes espaciales», afirmó Jim Watson.[3]

Gamow destacaba por su 1,90 m de estatura y su particular sentido del humor, del que hacía gala incluso en los ambientes académicos más serios. Cuando publicó la teoría del origen cosmológico de los elementos químicos que había desarrollado con su alumno Ralph Alpher, Gamow incluyó el nombre de su colega Hans Bethe, simplemente para crear una lista de autores Alpher-Bethe-Gamow acorde con el alfabeto griego.

Tras huir de la Unión Soviética en 1933, Gamow llegó a Estados Unidos un año después. Fue profesor de Física durante veinte años en la Universidad George Washington de Washington D. C., y, finalmente, llegó a mi universidad, la de Boulder, donde el edificio más alto del campus (que incluye el Departamento de Física) se llama torre Gamow en su honor. Aunque se había curtido en física nuclear y cosmología, a principios de la década de 1950 Gamow tenía claro que la pregunta científica más apasionante que faltaba por responder no tenía nada que ver con el origen del universo ni con el comportamiento de las partículas subatómicas. De hecho, no tenía nada que ver con la física.

En junio de 1953, Gamow leyó en la revista *Nature* el trascendental artículo de Jim Watson y Francis Crick en el que anunciaban que la estructura del ADN era una doble hélice. Esa estructura ofrecía una solución clara a lo que había sido un gran misterio: cómo se duplica la información genética para que pueda transmitirse de una generación a la siguiente. Las cuatro unidades químicas, o *bases*,* dispuestas a lo largo de una cadena de ADN (adenina [A], timina [T], guanina [G] y citosina [C]) forman pares de bases con sus complementarias situadas en la otra cadena de la doble hélice: A siempre se empareja con T, mientras que G siempre se empareja con C.

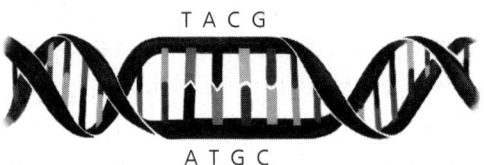

Los pares de bases mantienen unidas las dos hebras de la doble hélice del ADN. La sección central se muestra desenrollada para que se puedan apreciar los pares de bases A-T y G-C.

* Las mismas abreviaturas (A, T, G y C) se utilizan tanto para las bases como para los nucleótidos: un nucleótido es una base unida a un azúcar desoxirribosa y a un grupo fosfato. Los nombres químicos completos de los nucleótidos son adenosina, timidina, guanosina y citidina. Aunque distinguir entre nucleótidos y bases tiene importancia bioquímica, su contenido informativo es idéntico.

La doble hélice parece una cremallera retorcida. Si se abriera la cremallera, cada lado tendría toda la información necesaria para dirigir la construcción del lado opuesto, ya que los dos lados son siempre perfectamente complementarios. Watson y Crick llegaron a la conclusión de que así era como se debía replicar la información genética.

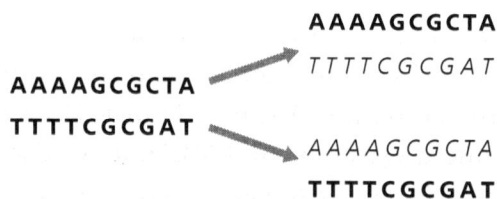

Las letras en negrita representan el ADN parental
y las letras en cursiva el ADN hijo recién sintetizado.

En una carta fechada el 8 de julio de 1953, Gamow felicitaba a Watson y Crick por convertir la biología en una de las «ciencias exactas».[4] Y tuvo la audacia de proponer la colaboración entre varias disciplinas científicas para abordar la siguiente gran cuestión que todo el mundo tenía en mente: cómo se leía realmente la información codificada en esas cadenas de A, T, G y C para crear, en última instancia, una mano, un corazón, un hígado o un cerebro; o los guisantes arrugados y lisos en el jardín de Gregor Mendel, el monje agustino que propuso por primera vez que esos rasgos se transmitían de generación en generación en forma de una unidad elemental que ahora llamamos gen. Gamow sugirió que podía ayudar a Watson y Crick a utilizar las matemáticas y la física para descifrar este código genético.

Watson y Crick se sintieron halagados de que un físico famoso se interesara por su trabajo, pero la carta manuscrita de Gamow «era tan extravagante —recordaba Watson—, que no sabíamos lo serio que podía ser».[5] Gamow iba muy en serio. Durante los meses siguientes se dedicó a descifrar el código genético. En aquella época era asesor de la Marina estadounidense, por lo que no solo buscó la ayuda de químicos y físicos, sino también de criptógrafos militares. Sin embargo, para resolver el secreto del ADN se necesitaba el ácido ribonucleico, o ARN, hijo del ADN.

UN ACERTIJO Y UNA CORBATA

En términos biológicos, «descifrar el código genético» significa entender cómo el ADN codifica las proteínas. La vida se construye a partir de proteínas, que son los principales motores de todos los organismos de nuestra biosfera. En los seres humanos, algunas proteínas forman estructuras como las fibras musculares, la piel y el pelo. Otras actúan como enzimas, descomponiendo los alimentos que ingerimos en sus componentes constituyentes y reciclando estas piezas para construir nuevas máquinas celulares. Otras hacen agujeros en las envolturas que recubren nuestras células, lo que permite la entrada selectiva de algunos nutrientes y sales y la expulsión de otros. Las hay que actúan como moléculas señalizadoras, es decir, reciben información del mundo exterior y activan procesos internos en consecuencia. Otras son anticuerpos, que nos protegen de invasores extraños como los virus. En resumen, las proteínas presentan una enorme diversidad.

Desde el punto de vista meramente químico, las proteínas son polímeros, cadenas de cien o incluso mil aminoácidos. Hay veinte tipos diferentes de aminoácidos con nombres como lisina, valina y fenilalanina. Cada proteína tiene un orden específico, o secuencia, de aminoácidos a lo largo de su cadena.[6] Esta secuencia determina cómo se pliega la proteína creando una entidad tridimensional que tiene una función particular, como digerir los alimentos en el estómago o transmitir señales neuronales en el cerebro. Así, aunque oigamos decir que necesitamos comer pescado, tofu o una hamburguesa «para ingerir suficiente proteína», no existe una proteína, sino miles diferentes. Y cada una está codificada por su propio gen, que está hecho de ADN.

26

Mientras que las proteínas están formadas por veinte aminoácidos, el ADN está formado por cuatro bases. Por tanto, por un lado tenemos los genes del ADN compuestos a partir de la secuencia de A, G, T y C y, por otro, las proteínas correspondientes compuestas por veinte aminoácidos diferentes. Gamow trataba de averiguar cómo las diferentes disposiciones de las cuatro bases del ADN especificaban, o codificaban, cada uno de los veinte aminoácidos. En 1954 ya había reclutado a Watson, Crick y un ecléctico grupo de científicos de renombre (veinte en total, uno por cada aminoácido) para que se ocuparan del problema de la codificación.

Gamow mandó tejer corbatas de lana, cada una bordada con una hebra de ARN, para los miembros de esta pequeña fraternidad de intelectuales descifradores de códigos. Bautizó al grupo como «el Club de la Corbata de ARN». ¿Por qué no el «Club de la Corbata del ADN»? Fue Jim Watson quien convenció a Gamow de que tenían que centrar su atención en el ARN debido a la estructura básica de las células.[7] En los organismos superiores el ADN se encuentra dentro del núcleo celular, pero las proteínas se fabrican fuera del núcleo,[8] en la región conocida como citoplasma. Esta separación espacial obligaba a que algún tipo de mensajero transportara la información desde el ADN hasta el lugar de producción de las proteínas. Algunos científicos con visión de futuro pensaron que el ARN podría ser ese mensajero, ya que se encontraba en grandes cantidades tanto en el núcleo como en el citoplasma.

Desde principios del siglo xx, los químicos han analizado el ARN y el ADN y han descubierto que están cortados por el mismo patrón bioquímico. Sus nombres completos (ácido desoxirribonucleico y ácido ribonucleico) revelan lo estrechamente relacionados que están. «Desoxi» indica que el ADN tiene un átomo de oxígeno menos que el ARN en cada una de sus unidades; el átomo de oxígeno extra hace que el ARN sea químicamente mucho menos estable que el ADN.

Durante muchas décadas, se creía que el ADN y el ARN eran compuestos químicos sin función alguna.[9] Tenían mucho menos interés para los científicos que las proteínas, moléculas como la insulina, cuyas funciones como enzimas y como moléculas de señalización resultaban apasionantes. El ADN se convirtió en la pieza central de la biología cuando, en 1944, Oswald Avery y sus colegas del Instituto Rockefeller descubrieron que el ADN era la molécula responsable de los cambios hereditarios que se producían en las bacterias.[10] Poco después, en 1953, Watson y Crick descubrieron la estructura doble helicoidal del ADN.[11] Como los científicos ya habían teorizado en 1947 que el ARN era una copia del ADN, supusieron que también debía desempeñar un papel importante en la química de la vida.[12]

Aunque el ARN suele ser monocatenario y el ADN bicatenario, ambos hablan el mismo idioma. Al igual que el ADN, el ARN se escribe con un alfabeto de cuatro letras. Las tres primeras letras (A, G y C) son las mismas que las del ADN. La cuarta letra, U (uracilo), ocupa el mismo lugar en el alfabeto del ARN que el que ocupa la T en el alfabeto del ADN. Así que cuando el ARN se copia del ADN, porta la misma información.

Dedicado como siempre a las grandes teorías, Gamow trató primero de encontrar una solución al problema de la codificación usando tan solo lápiz, papel y su cerebro. En 1953, el mismo año en que se descubrió la doble hélice, planteó que era posible que tres bases codificaran un aminoácido.[13] Su razonamiento era matemático. Si se tomaban las cuatro letras del alfabeto del ADN o ARN y se intentaban crear tantas combinaciones de dos letras como fuera posible, solo se obtendrían dieciséis combinaciones, demasiado pocas para especificar los veinte aminoácidos que componen las proteínas. Sin embargo, si se intentaran ordenar las cuatro letras del alfabeto del ADN o ARN en tantas combinaciones de tres letras como fuera posible, se obtendrían sesenta y cuatro de estos *codones* o *tripletes,* suficientes para especificar los veinte aminoácidos. Grupos de bases más largos podrían hacer el trabajo, pero con tres había suficiente; era el formato más económico para el código genético.

Pero ¿qué grupos de tres bases codificaban qué aminoácidos? Aunque Gamow había reunido a algunos de los mayores genios del siglo XX, al final los distinguidos miembros del Club de la Corbata de ARN llegaron a un callejón sin salida. A finales de la década de 1950, Gamow había renunciado a descifrar el código, convencido de que el problema «no tenía solución» que pudiera encontrarse «sobre la base de la teoría pura».[14]

Lo que Gamow realmente necesitaba era el equivalente biológico de la piedra de Rosetta. En lugar de un texto escrito tanto en jeroglífico egipcio como en griego, debería mostrar la *secuencia de aminoácidos* de una proteína, así como la *secuencia de ARN* que la codifica. Pero no existía tal piedra; los científicos tendrían que inventar la suya propia. Y, para ello, habría que determinar si ese hipotético «mensajero» existía en realidad, es decir, si el ARN era el eslabón perdido entre nuestros genes y los componentes proteínicos de la vida.

¿RECIBISTE MI MENSAJE?

En la década de 1950, muchos científicos, entre ellos Jim Watson y Francis Crick, creían firmemente que el ARN podría transportar la información del ADN, desde el núcleo de la célula al citoplasma, donde se sintetizan las proteínas. Pero cuando los científicos trataron de encontrar pruebas empíricas de que el ARN es el mensajero de la vida, sus resultados iniciales fueron desalentadores. La primera decepción llegó cuando descubrieron que la mayor parte del ARN del citoplasma celular tenía la misma proporción de bases A, G, C y U, con independencia de las proteínas que se sintetizaran. Esto no tenía sentido: sería como descubrir que la Novena Sinfonía de Beethoven tiene exactamente la misma proporción de cada nota musical que «Bad Romance» de Lady Gaga.

Cabría esperar que estas piezas musicales tan diferentes tuvieran distribuciones distintas de fa sostenido y si bemol, etc. Del mismo modo, cabría esperar que diferentes proteínas, con sus diferentes composiciones de aminoácidos, fueran codificadas por diferentes proporciones de A, G, C y U en los ARN mensajeros, o ARNm, que las especifican.

La segunda decepción fue que la mayor parte del ARN del citoplasma es muy estable: desde que se crea, tiene una vida muy larga. Pero los científicos habían observado casos en los que los tipos de proteínas que se fabricaban en una célula cambiaban rápidamente, en pocos minutos, pasando de producirse un conjunto de proteínas a otro muy distinto. Por ejemplo, si se cambiaba la fuente de alimento de las bacterias, estas dejaban de fabricar las enzimas que utilizaban para digerir el alimento anterior y empezaban a fabricar inmediatamente enzimas adecuadas para el nuevo alimento. Del mismo modo, si una bacteria se infecta con un virus (las bacterias están plagadas de sus propios virus, llamados *bacteriófagos* o *fagos*), pasa de producir proteínas bacterianas a producir proteínas de fagos. Por consiguiente, un ARNm verdadero tendría que ser inestable para permitir cambios rápidos en la producción de proteínas. La naturaleza extremadamente estable del ARN celular parecía descalificarlo para ser el mensajero que buscaban los científicos.

Entre los científicos que seguían creyendo que debía existir un ARNm oculto estaban François Jacob y Jacques Monod, del Instituto Pasteur de París. Tras sus importantes descubrimientos sobre la activación y desactivación de los genes en las bacterias, pasaron a centrarse en el ARNm. En 1960, durante una visita a Cambridge (Inglaterra),[15] Jacob se reunió con sus amigos Francis Crick y Sydney Brenner, entre otros, en las habitaciones de este último en el King's College. Jacob describió sus últimos experimentos sobre la forma en que se regulaban los genes en las bacterias, y la conversación pronto derivó hacia especulaciones sobre el papel del ARN mensajero como vínculo entre el gen y la proteína.

De repente, y casi de manera simultánea, Crick y Brenner dieron un respingo. Recordaron los recientes experimentos de dos científicos del Laboratorio Nacional Oak Ridge de Tennessee, Ken Volkin y Larry Astrachan. En estudios sobre *Escherichia coli* infectada por un fago llamado T2, Volkin y Astrachan habían observado que se formaban a gran velocidad nuevos ARN más pequeños que el ARN estable de la célula (ahora sabemos que es el ARN incrustado en *los ribosomas*, las fábricas de proteínas de la célula).[16] Por una serie de complejas razones, Volkin y Astrachan habían interpretado que sus datos indicaban que el ARN se estaba metamorfoseando en ADN. Pero ¿y si, por el contrario, hubieran vislumbrado el escurridizo ARNm?

Era una posibilidad apasionante, pero para confirmarla sería necesaria una prueba más directa de su hipótesis del ARNm. Sydney Brenner y François Jacob fueron a visitar al genetista Matt Meselson en Caltech unas semanas más tarde, y se decidió que los tres realizarían los experimentos necesarios. Meselson y su colega Frank Stahl habían utilizado recientemente una nueva técnica, consistente en usar una ultracentrifugadora, cuyo rotor gira a gran velocidad, para comprobar la hipótesis de Watson y Crick de que las hebras de la doble hélice se separaban durante *la replicación* del ADN. Los resultados corroboraron la teoría, ya que cada doble hélice hija conservaba una hebra «antigua» heredada de su progenitora, y se emparejaba con una hebra recién sintetizada.

Brenner, Jacob y Meselson utilizarían esta misma ultracentrifugadora para intentar encontrar las agujas de ARNm en el pajar de ARN ribosómico. El plan consistía en infectar la bacteria *E. coli* con un fago que haría que las bacterias cambiaran el tipo de proteína que producían. Al mismo tiempo que añadían el fago, los científicos añadían una versión radiactiva del uracilo (marcada con carbono 14) que se incorporaría solo al ARNm del fago recién producido, no a los ARN bacterianos preexistentes. Si la hipótesis del ARNm era correcta, el nuevo ARNm del fago aparecería justo en ese momento, lo que les permitiría encontrar el eslabón perdido entre el ADN y la proteína.

Y así fue. Brenner, Jacob y Meselson detectaron el ARNm radiactivo del fago en la ultracentrifugadora, ya que era claramente más pequeño que el ARN ribosómico. Como esperaban, este ARN era efímero y se unía a los ribosomas preexistentes de las bacterias infectadas para producir los nuevos tipos de proteínas que necesitaba el fago para hacer su trabajo sucio.[17] Por fin habían localizado ARNm, a pesar de lo escurridizo que era.

Una forma de concebir este proceso biológico es imaginar un tocadiscos. El ribosoma es el tocadiscos, el ARNm es el disco de vinilo y la proteína es la música que se escucha al bajar la aguja. Puede que cambies el disco en función de tu estado de ánimo, pero el resto de la configuración sigue siendo la misma. Al igual que un tocadiscos puede reproducir cualquier disco de vinilo, los ribosomas pueden trabajar con cualquier ARNm que aparezca. El ARNm es lo que determina la proteína específica producida, ya sea una proteína de fago, una proteína de *E. coli* u otra; igual que el disco determina la música que estás escuchando.

La razón por la que el ARNm era tan difícil de detectar para los científicos es que solo alrededor del 5 por ciento del ARN de una bacteria *E. coli* es ARN mensajero. El otro 95 por ciento es, sobre todo, ARN ribosómico. Además, *E. coli* tiene 4.000 genes distintos, cada uno de los cuales produce un ARNm de tamaño y secuencia diferentes. Por lo tanto, cualquier ARNm supone mucho menos que el 5 por ciento total. Por último, la mayoría de los ARNm de *E. coli* tienen una vida útil de apenas unos minutos, lo que dificulta su detección. Por el contrario, los ARN ribosómicos no solo son omnipresentes en el citoplasma, sino que también son muy longevos, por lo que es fácil entender por qué los primeros científicos que estudiaron este tema tardaron tanto en ver más allá de todo ese ARN ribosómico.

Pensar en un tocadiscos puede ayudarnos a explicar cómo los ribosomas y el ARNm se unen para fabricar proteínas. Pero cuando se trata de entender cómo el ARN codifica las proteínas, tenemos que apagar la música y abrir un libro.

Las páginas de la mayoría de los libros están llenas de letras escritas, palabras y frases. En el libro de la vida, que está escrito en el lenguaje del ADN, no tenemos un alfabeto de veintiséis letras como en inglés o veintidós letras como en hebreo, sino cuatro letras: A, G, C y T. La disposición de esas cuatro letras (su secuencia) determinará el significado de cada palabra y cada frase.

Entonces, ¿cuántos libros necesitamos para recoger el sentido de la vida, para reflejar el significado de todo el ADN de un organismo determinado? La respuesta depende, por supuesto, del tamaño del genoma, que es la totalidad del ADN de un organismo. El genoma humano, agrupado en veintitrés cromosomas,* tiene unos 3.000 millones de bases, o letras.

Suponiendo un tamaño de letra típico que permita unos 3.000 caracteres por página, se necesitarían un millón de páginas para registrar el genoma humano. Teniendo en cuenta que un libro largo puede tener quinientas páginas, la secuencia del genoma requeriría unos 2.000 libros, demasiados para la biblioteca de tu casa, pero solo una fracción de los que tienes a mano en tu biblioteca pública local. Cada cromosoma humano, compuesto por una única molécula lineal de ADN, ocuparía unos noventa libros. Un genoma bacteriano, como el de *E. coli*, es mucho más pequeño; todo el genoma reside en un único cromosoma circular.

---

* Los cromosomas están formados por moléculas de ADN empaquetadas con proteínas. Los espermatozoides y los óvulos humanos tienen un juego de veintitrés cromosomas, mientras que las células somáticas tienen dos juegos: uno procedente de la madre y otro del padre.

Sus 4,5 millones de bases cabrían con facilidad en tres libros de la biblioteca.

Como hemos aprendido, para fabricar una proteína necesitamos ARN mensajero que lleve al ribosoma la información escrita en el ADN. Pero los ARN naturales no son copias de páginas enteras del gran libro del ADN. Más bien tienen puntos de inicio y final específicos que es poco probable que coincidan con saltos de página. Así, en lugar de una fotocopia de una página de un libro físico, podríamos pensar en el ARNm como una sección de texto copiada de un libro electrónico a otro documento electrónico con unos pocos clics. Movemos el cursor para resaltar una parte concreta de una página y luego la pegamos en una página nueva de nuestro procesador de textos. (Y con la práctica función de buscar y reemplazar, podemos cambiar de manera simultánea todas las T del ADN por las U del ARN, simulando el proceso químico que ocurre en la naturaleza.)

Este proceso de copiar y pegar (en el que el ADN se copia en ARNm) se produce constantemente en nuestro organismo cada vez que hay que sintetizar una nueva proteína. La región del ADN que se copia en ARNm varía en función de las necesidades de cada momento y lugar. En los niños en edad de crecimiento se copian partes del genoma diferentes de las que se copian en los adultos, y en el corazón las partes que se copian del genoma son diferentes de las que se copian en el cerebro, el hígado y la piel. En otras palabras, la copia está muy regulada.

Tras copiar y pegar, podemos examinar la secuencia de nuestro ARNm. Es un conjunto de A, G, C y U, como, por ejemplo, el siguiente:

GUAGGGCAUGCCUUCGAAAAUAUUUUGUUAGCGCCUCCUUGGAGUAGAA

Digamos que sabemos cómo descodificar los grupos de tres bases (los codones o tripletes) a lo largo de este ARNm. El siguiente es nuestro diccionario. En lugar de aminoácidos, hemos elegido palabras en castellano como significado de cada codón:

AUG = El

CCU = gran

UCG y UCC = gato

AAA y AGA = come

AUA = una

UUU = gorda

UGU y UAU = rata

CGC = pero

CUC = dos

CUU = y

GGA = seis

GUA y GUU = para

GAA y GAG = ti

AAU = ahora

AUU = ver

UUG = zorro

UUA y UAA = corre

GCG y GCC = fuera

UGG = juerga

AGU y AGC = sol

Mi diccionario tiene un vocabulario muy limitado: solo veinte palabras, análogas a los veinte aminoácidos naturales. Algunas de estas palabras están codificadas por un solo codón: *diversión*, por ejemplo, está codificado por UGG. Otras palabras (*correr, fuera, sol,* etc.) están codificadas por más de un codón, igual que en el código genético. Cabe preguntarse por qué la naturaleza ha desarrollado un sistema que utiliza tantos codones (sesenta y cuatro en total) para codificar solo veinte palabras (aminoácidos). ¿No hay una forma más elegante de estructurar el código?

Esta aparente falta de elegancia es uno de los aspectos de la biología que confundió a físicos como Gamow. En física, los acontecimientos son en gran medida predecibles. Si conoces las ecuaciones de Maxwell, puedes resolver tu problema de física clásica. Pero con la biología, la única regla es: lo que sea que funcione. Cuando un sistema, por enrevesado que parezca, empieza a funcionar bien, queda bloqueado por la evolución y resulta muy difícil cambiarlo. El hecho de que un buen ingeniero pudiera idear un sistema más sencillo o más eficaz es irrelevante.

Ahora que sabemos cómo traducir el mensaje escrito en las cadenas de codones a palabras con sentido, necesitamos saber dónde empieza y dónde acaba el mensaje. ¿Empezamos por el extremo izquierdo, leyendo GUA como «para», y seguimos leyendo hasta el extremo derecho? Aunque eso pueda parecer razonable, la naturaleza tiene una solución diferente. Utiliza el triplete AUG para designar el inicio de una frase. Nuestra regla equivalente aquí es que las frases deben empezar por «El», que está codificado por AUG. Entonces, simplemente escaneamos desde el extremo izquierdo, buscamos el primer AUG y empezamos a leer desde ahí, con el diccionario en la mano.

GUAGGGC AUG CCU UCG AAA AUA UUU UGU UAG CGC CUC CUU GGA GUA GAA
　　　　　El　gran gato come una gorda rata

Todo va bien hasta que llegamos al codón UAG y no encontramos ninguna entrada para él en nuestro diccionario. Ah, sí, necesitamos otro codón triplete para marcar el final de la frase: un punto.* Por tanto, consideramos:

UAG = final de frase = punto

* Ten en cuenta que es muy posible que los nucleótidos que preceden al codón de inicio y los que siguen al codón de finalización no formen parte de otras «frases» (o genes), pero podrían tener funciones reguladoras.

Ya podemos decir que hemos descodificado el mensaje:

GUAGGGC AUG CCU UCG AAA AUA UUU UGU UAG CGC CUC CUU GGA GUA GAA
       El   gran gato come una gorda rata

Ahora que hemos especificado cuáles son los codones de inicio y fin (AUG y UAG) nos damos cuenta de que no es necesario separar los codones con espacios. Si nos dan la secuencia de ARNm como una cadena ininterrumpida de letras, y sabemos que la leemos de tres en tres, obtenemos la misma información:

GUAGGGCAUGCCUUCGAAAAUAUUUUGUUAGCGCCUCCUUGGAGUAGAA

El gran gato come una gorda rata

Durante la década de 1950, la hipótesis del triplete de Gamow no pasó de ser una suposición. En 1961, un ingenioso conjunto de experimentos llevados a cabo por Francis Crick y sus colegas, en los que inducían una mutación en un gen de fago mediante colorantes de acridina, demostró finalmente la existencia de los tripletes.[18] Los colorantes de acridina son moléculas planas muy parecidas a las bases del ADN, por lo que se deslizan en el interior de la doble hélice y pueden confundirse con bases al replicar el ADN, provocando así la inserción de una base errónea en el ADN hijo. Imagínate una fila de libros colocados uno al lado del otro en una estantería. Si metes otro libro, todos los que le siguen deben moverse una posición para acomodar la inserción. Si metes dos, los demás se desplazan el espacio equivalente a la anchura de dos libros.

Nuestra analogía lingüística nos muestra cómo esas inserciones afectarían al mensaje y cómo las inserciones múltiples apoyan la idea de un código creado a base de tripletes. Partiendo de nuestro mensaje hipotético, he marcado los codones de inicio y fin con cursiva:

GUAGGGC *AUG* CCU UCG AAA AUA UUU UGU *UAG* CGC CUC CUU GGA GUA GAA

El   gran gato come una gorda rata

Esto es lo que ocurre cuando el colorante de acridina provoca la inserción aleatoria de una U, subrayada a continuación:

GUAGGGC *AUG* CCU UCG UAA AAU AUU UUG UUA GCG CCU CCU UGG AGU AGA

El   gran gato corre ahora ver zorro corre fuera gran gran juerga sol come

Nuestra frase empieza correctamente, pero la U insertada desplaza el marco de lectura. A esto lo llamamos «mutación por desplazamiento del marco de lectura», proceso que ocurre con bastante frecuencia en el genoma humano y puede causar resultados desagradables como la fibrosis quística, la enfermedad de Crohn y la enfermedad de Tay-Sachs. Un desplazamiento del marco de lectura resulta muy nocivo porque la traducción a partir de ese punto carece de sentido. Además, el UAG que antes designaba el final de la frase ahora está fuera de marco, por lo que la frase sin sentido sigue y sigue. Si se tratara de un ARNm que codificara una proteína, esta sería inútil.

Veamos ahora qué ocurre cuando añadimos dos acridinas a nuestra secuencia, provocando la inserción de dos bases. Es tan destructivo como la inserción de una sola base:

GUAGGGC *AUG* CCU UCG UUA AAA UAU UUU GUU AGC GCC UCC UUG GAG UAG

El   gran gato corre come rata gorda para sol fuera gato zorro tu

En este caso, el desplazamiento del marco de lectura produce un codón de parada UAG en el extremo derecho, pero la frase resultante sigue sin tener sentido. Si se tratara de ARNm, la proteína mutada resultante sería también inútil.

Por último, examinemos las consecuencias de una inserción de tres bases:

GUAGGGC *AUG* CCU UCG <u>UUU</u> AAA AUA UUU UGU *UAG* CGC CUC CUU GGA GUA
El   gran gato gorda come una gorda rata

Si el código consta de tripletes, como se muestra en la imagen, en este caso se inserta una palabra aberrante («gorda») en la frase, pero todas las demás palabras son correctas. La frase es más o menos comprensible.

Y eso es exactamente lo que Crick y sus colegas dijeron haber descubierto, confirmando de esa forma la hipótesis original de Gamow. Una inserción era mortal. Dos inserciones también eran mortales. ¡Pero con tres inserciones la cosa seguía funcionando más o menos! Por lo tanto, los codones deben estar compuestos por grupos de tres bases.

DESCIFRAR EL CÓDIGO

Gamow y su Club de la Corbata de ARN habían descubierto que el código genético estaba escrito en grupos de tres letras y que el ARN era, probablemente, el puente entre el ADN y las proteínas. Brenner, Jacob y sus colegas habían demostrado esto último, identificando de forma concluyente el ARN mensajero, que transmite la información de nuestro ADN a la maquinaria de construcción de proteínas de la célula, los ribosomas. Pero seguíamos sin poder leer esa información. En los albores de la década de 1960, el código genético seguía siendo indescifrable, hasta que apareció un joven científico llamado Marshall Nirenberg.

En 1959, Nirenberg consiguió un puesto de investigador independiente en el Instituto Nacional de Artritis y Enfermedades Metabólicas de Bethesda (Maryland). Antes de dedicarse a la bioquímica y obtener su doctorado, ya había cursado un máster en la Universidad de Florida estudiando tricópteros, un grupo de insectos cuyas larvas son acuáticas, pero que de adultos son parecidos a polillas. (Quizá Nirenberg fuera reacio a reconocer que había comenzado su carrera científica trabajando con insectos, ya que omitió este hecho en su discurso de aceptación del Nobel.) En su intento por descifrar el código genético, Nirenberg dio un paso ambicioso. Tenía poca relación con los líderes de este campo de investigación y nunca había recibido una corbata de lana de ARN. Sin embargo, apartándose del enfoque de Gamow, Nirenberg decidió abordar el problema de la codificación mediante la bioquímica. Para ello sería necesario recrear la síntesis proteica (el proceso por el que el ARNm se convierte en proteína) en tubos de ensayo.

Nirenberg se basó en el trabajo pionero de sus colegas bioquímicos Elizabeth Keller y Paul Zamecnik, del Hospital General de Massachusetts (Boston), que habían desarrollado un método para sintetizar proteínas fuera de las células utilizando ingredientes obtenidos de hígados de rata.[19] Posteriormente, Zamecnik y otros científicos demostraron que se podían utilizar extractos de *E. coli* para hacer lo mismo. Y este fue el sistema elegido por Nirenberg. En pocas palabras, el método consistía en romper la bacteria *E. coli* para obtener una preparación bruta de ribosomas y, a continuación, añadir diferentes secuencias de ARN a modo de moldes para la síntesis de proteínas.*

Tras múltiples pistas falsas, Nirenberg y su becario posdoctoral, Heinrich Matthaei, se toparon con el hecho de que una simple molécula de ARN compuesta íntegramente por bases U, conocida como poli(U), dirigía la síntesis de una única proteína compuesta íntegramente por el aminoácido fenilalanina. El atractivo del poli(U) radicaba en que, con independencia de dónde se iniciara la lectura, solo podía haber un tipo de codón, UUU, y solo se tra-

---

* Las condiciones de sus experimentos en tubos de ensayo eran tales que los ribosomas no necesitaban una señal de inicio en el ARNm (el AUG en nuestra analogía anterior), sino que iniciaban el proceso de forma aleatoria en algún punto de la cadena de ARNm.

ducía en fenilalanina. Así se descifró la primera pieza del rompecabezas del código genético: UUU codifica fenilalanina.[20]

Ahora el camino a seguir estaba claro: introducir diferentes secuencias de ARN en los ribosomas y ver qué proteínas salían. De este modo, se descubrió que la poli(C) y la poli(A) codifican la poliprolina y la polilisina, respectivamente. Así que la tabla de asignaciones de codones creció: tres menos, faltan sesenta y uno. Naturalmente, estos tres primeros eran fáciles, porque cada letra del codón era idéntica. Los codones más complicados requerían un enfoque diferente.

Este es el momento de hablar de Gobind Khorana.* Nacido en el seno de una humilde familia hindú de Raipur, entonces en la India, pero ahora parte de Pakistán, estudió en Inglaterra y Suiza. Saltó a la fama por su trabajo de descifrado del código cuando era profesor de la Universidad de Wisconsin-Madison. Junto a su equipo ideó métodos para sintetizar químicamente el ADN, uniendo los *nucleótidos* de uno en uno. A continuación, utilizaban una enzima recién descubierta para obtener ARN copiado del ADN.[21] Lo mejor de este método era que les permitía determinar con precisión la secuencia de bases del ADN y, por tanto, del ARN copiado a partir de él. En el laboratorio, estos ARN se empleaban como mensajeros para especificar las secuencias de aminoácidos correspondientes.[22] Khorana sintetizó todas las permutaciones posibles de tres bases, las introdujo en

---

* Conocí a Khorana en el MIT cuando yo era becario posdoctoral de biología en el edificio 16 y él era un químico galardonado con el Premio Nobel que trabajaba en el edificio 18. Debido a la severidad de los inviernos bostonianos, muchos de los edificios del MIT están interconectados, de modo que yo podía caminar hasta el departamento de química sin abrigarme. Khorana me pareció modesto, contagiosamente entusiasmado con su investigación y nada molesto por el hecho de que un humilde investigador posdoctoral criado en Iowa se presentara sin avisar.

su sistema de síntesis de proteínas y observó qué cadena de aminoácidos obtenía. De esta forma, ayudó a completar la tabla del código genético, con lo que ganó el Premio Nobel de Fisiología o Medicina de 1968 junto a Marshall Nirenberg.[23]

Tras leer sobre estos descubrimientos en las noticias, Gamow se sintió satisfecho de que alguien hubiera resuelto por fin el problema de la codificación, aunque no pudo evitar criticar el enfoque experimental: «La solución parece bastante menos elegante que la simple correlación teórica que yo había visualizado en un principio —dijo—. Pero tiene la indiscutible ventaja de ser correcta.»[24]

UN PEQUEÑO ARN CON UN TRABAJO IMPORTANTE

Dilucidar el código que utiliza el ARNm para especificar las proteínas fue un gran logro, pero no era la única gran pregunta que había que responder. Disponer de un código era fundamental, pero ¿qué venía después? Tiene que haber un proceso por el que el código se «lea». ¿Cómo conseguía el ARNm colocar los aminoácidos en la posición correcta para encadenarlos y construir una proteína?

Francis Crick dio una respuesta a esta pregunta en 1955, y su propuesta destaca por ser un singular triunfo teórico. Propuso que debía existir una clase de moléculas, que nunca se habían visto hasta entonces, que serían las piezas que faltaban en la gran teoría del código genético.[25] Imaginó un grupo de «moléculas adaptadoras», cada una con dos extremos. Un extremo estaría unido a uno de los veinte aminoácidos. El otro extremo reconocería y se uniría al codón de ARNm correspondiente.[26]

Una forma de entender qué y cómo son estos adaptadores de aminoácidos a ARNm es imaginar que son como los adaptadores que conectan los aparatos electrónicos a las tomas de corriente. Para cargar un par de auriculares, se necesita el adaptador adecuado para el enchufe adecuado, y ese enchufe puede ser diferente según se esté en Estados Unidos, el Reino Unido o Alemania. Lo mismo que ocurre con los auriculares, ocurre con los aminoácidos. Tienes una toma de corriente (un codón) y un enchufe de tres clavijas (llamado *anticodón*) que encaja en su interior. Como el codón y el anticodón son complementarios, se conectan entre sí por emparejamiento de bases. Y, como si de una regleta de enchufes se tratara, las moléculas adaptadoras se alinean para conectar los codones del ARNm con sus aminoácidos correspondientes formando cadenas que constituyen las proteínas. O al menos eso es lo que propuso Crick.

Pero la teoría solo nos hace avanzar hasta un punto. Alguien tenía que ir al laboratorio y ver si era posible encontrar ese adaptador. Ese alguien fue Paul Zamecnik, que había desarrollado el método de síntesis de proteínas que permitió a Nirenberg descubrir el primer codón. Empezó con aminoácidos marcados con un isótopo radiactivo del carbono para poder seguir su rastro. Sería similar a lo que hacen los bancos, que esconden un pequeño bote con pintura que explota en el interior de una bolsa de dinero para poder rastrearlo en caso de robo. Cuando Zamecnik añadió estos aminoácidos radiactivos a su sistema de hígado de rata, ocurrió algo sorprendente: pequeños ARN se volvieron radiactivos, lo que indicaba que un aminoácido se había unido a un ARN. Nunca antes se había observado una unión de este tipo, pero era exactamente lo que ocurriría si existiera un ARN cuyo trabajo consistiera en adaptar los codones del ARN a los aminoácidos.[27] Más adelante, estos pequeños ARN recibieron el nombre de *ARN transferentes* o *de transferencia* (ARNt), porque transfieren el aminoácido correcto a la cadena proteica en crecimiento dentro del ribosoma. Como veremos una y otra vez, los ARN de transferencia pueden ser pequeños, pero son muy poderosos.

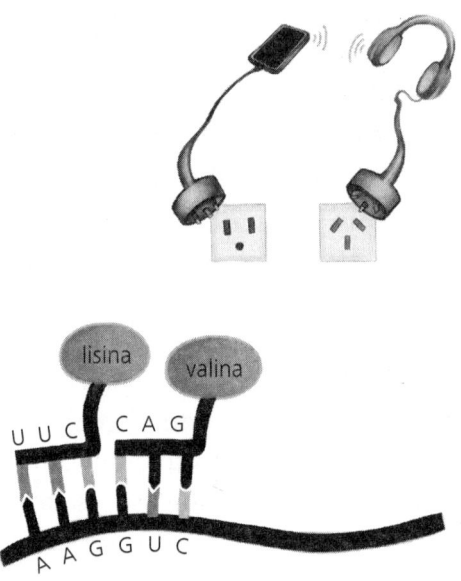

Francis Crick propuso que cada codón de una cadena de ARNm (abajo) debía ser reconocido por una «molécula adaptadora» portadora del aminoácido correspondiente, como la lisina o la valina de este ejemplo. Esto es análogo a los cables de carga (de los teléfonos móviles o de los auriculares) que sirven de adaptadores, conectando varias tomas eléctricas de tres clavijas con los dispositivos.

A mediados de la década de 1960, a algunos científicos les pareció que la historia del ARN había terminado. Cada ARNm dirigía la síntesis de una proteína diferente basándose en un código que se había podido descifrar. En la síntesis de proteínas intervenían otros dos tipos de ARN estables: los ARN de transferencia, que conectaban cada codón de ARNm con el aminoácido correspondiente, y los ARN ribosómicos, que (como veremos con más detalle más adelante) construían la proteína.

Incluso hoy en día, mucha gente piensa que el ARN solo sirve para lo que acabo de explicar. Lo ven como un currante a las órdenes del ADN, que engrasa las ruedas de la maquinaria celular que transforma el código de la vida en la materia de la vida. Por supuesto, ese proceso biológico es esencial para la supervivencia de todos los seres vivos de la Tierra. Y si realmente fuera el final de la historia del ARN, seguiría siendo un logro colosal para nuestra minúscula molécula. Pero resulta que la mensajería es solo el primero de los muchos superpoderes del ARN.

2

Ayuste vital

Es difícil imaginar un escenario más idílico para un simposio científico que el laboratorio de Cold Spring Harbor. Situado en el estrecho de Long Island, el lugar parece más un campamento de verano que un centro de investigación: cabañas de madera, veleros que se mecen con la brisa y ondulantes zonas verdes que se iluminan en primavera con magnolias, azaleas y cerezos silvestres en flor. Fundado en 1890, el laboratorio siempre ha sido conocido por sus serias, aunque sosegadas, investigaciones. A partir de la década de 1940, la genetista Barbara McClintock llevó a cabo minuciosos experimentos con el objetivo de rastrear las variaciones de color de los granos de maíz y determinar cómo funcionaban los genes y los cromosomas en las células. Gracias a su descubrimiento de los «genes saltarines» recibió el Premio Nobel.

La parsimonia del laboratorio de Cold Spring Harbor terminó de forma brusca cuando Jim Watson asumió la dirección en 1968. Watson era tan perspicaz, ambicioso e insistente que rápidamente convirtió el laboratorio en un centro neurálgico del que salía un gran avance científico tras otro. Al mismo tiempo, el laboratorio se convirtió en un renombrado centro de conferencias donde los biólogos moleculares compartían sus últimos descubrimientos. Era y sigue siendo el lugar ideal en el que forjar nuevas colaboraciones y en el que escuchar las últimas novedades, sin tener que esperar a que se publiquen muchos meses después.

El tema central del simposio de Cold Spring Harbor de junio de 1977 fue la estructura y función de los cromosomas en los organismos superiores. Yo era entonces investigador posdoctoral en el Instituto Tecnológico de Massachusetts (MIT) y estaba encantado de poder asistir. Aún recuerdo la emoción cuando dos equipos de investigadores (uno dirigido por mi vecino del MIT, Phil Sharp, y otro por Rich Roberts, de Cold Spring Harbor) subieron al escenario y revelaron el secreto de un misterio que había obsesionado a los científicos durante más de una década.

¿Cuál era ese gran misterio? Una vez descubierta la relación entre el ADN, el ARNm resultante y las proteínas en *E. coli* y sus fagos, muchos científicos pasaron a estudiar organismos más complejos, como las plantas, los animales y, sobre todo, los seres humanos. Tenían motivos para esperar que las características fundamentales del almacenamiento y la transferencia de información biológica fueran las mismas en todas las formas de vida. Como dijo en una ocasión el premio Nobel Jacques Monod: «Todo lo que es cierto para *E. coli* debe serlo también para los elefantes».[1] Pero cuando los bioquímicos estudiaron células humanas cultivadas en placas de Petri que se introducían en incubadoras, se llevaron una sorpresa. Esperaban que el ARNm apareciera primero en el núcleo de la célula, donde se encontraba su progenitor, el ADN cromosómico. Efectivamente, encontraron ARN allí, pero parecía demasiado grande para ser ARNm: era, de media, diez veces más grande de lo necesario para codificar una proteína.[2] Era extraño, ya que el ARNm que se había exportado del núcleo al citoplasma tenía el tamaño justo para formar una proteína.

La cuestión a resolver era averiguar si este ARN de gran tamaño que se encuentra en el núcleo celular iba a convertirse realmente en ARNm. En caso afirmativo, ¿qué hacían todos los nucleótidos adicionales del ARN nuclear si no codificaban una proteína? Tal y como se reveló aquel día en Cold Spring Harbor, la respuesta aporta el primer indicio de que el ARN era capaz de mucho más que simplemente transmitir mensajes al servicio del ADN.

En secreto

Aunque trabajaba al otro lado de la calle del laboratorio de Phil Sharp en el MIT, no gozaba de ninguna posición privilegiada desde la que observar sus descubrimientos. De vez en cuando, cruzaba la calle Ames hasta su laboratorio en el Centro Oncológico para pedirle consejo sobre la resolución de problemas en mis experimentos. Mi amiga Claire Moore trabajaba allí, y tanto ella como Phil estaban encantados de hablar de mi investigación, pero se mostraban inusualmente discretos sobre sus propios resultados.

Era extraño. Por lo general, los científicos no pueden evitar cotorrear sobre su investigación, ese emocionante descubrimiento que podría estar a la vuelta de la esquina. Pero Phil, Claire y la becaria posdoctoral Sue Berget sabían que tenían algo grande entre manos, así que habían decidido guardar silencio. Un año más tarde, en el auditorio de Cold Spring Harbor, descubrí cómo Phil y Rich Roberts habían resuelto el enigma del extraño tamaño del ARNm humano.[3]

La clave se encontró en los adenovirus, virus basados en el ADN que provocan el resfriado común. Del mismo modo que los bacteriófagos permitieron a los primeros biólogos moleculares comprender el funcionamiento genético de las bacterias, los virus que afectaban a los humanos permitieron profundizar en el estudio de los detalles moleculares de la biología humana. Al fin y al cabo, tanto los fagos como esos virus actúan engañando a sus células hospedadoras para que les proporcionen la maquinaria que impulsa su ciclo infeccioso, de modo que estos parásitos deben utilizar los mismos mecanismos biológicos funcionales que sus hospedadores. El estudio de los virus también ofrece ventajas prácticas: las células infectadas contienen muchas copias del

ADN vírico y sus correspondientes productos de ARN, lo que proporciona a los investigadores gran cantidad de material con el que trabajar.

Tanto el grupo del MIT como el de Cold Spring Harbor empezaron cartografiando la ubicación de los genes en el cromosoma del adenovirus. No esperaban que esto condujera a ningún gran descubrimiento; con esa cartografía pretendían encontrar el marco necesario para trabajos posteriores destinados a comprender cómo se expresaban los genes víricos. Cuando los investigadores compararon el ADN vírico con su copia de ARNm hallada en el citoplasma celular, esperaban encontrar las secuencias de ADN y ARNm sincronizadas de un extremo a otro. Y eso era lo que habría ocurrido en las bacterias.

En cambio, descubrieron que habían desaparecido grandes porciones internas del ARNm (que habrían estado presentes si el ARNm fuera una copia directa del ADN). Parecía que se había producido un ayuste (más conocido por el término inglés *splicing* [corte y empalme]): algunos fragmentos centrales se habían eliminado y las secuencias adyacentes aparecían unidas. Los investigadores se vieron obligados a concluir que las regiones codificantes del gen del adenovirus no eran continuas, sino que estaban divididas y separadas por tramos de ADN no codificante que ahora llamamos *intrones*.

El público del laboratorio de Cold Spring Harbor quedó estupefacto. El propio Jim Watson, que se encontraba en la sala aquel día, calificó el descubrimiento de «bombazo».

Se suponía que el ARN mensajero era una copia continua de su gen. Parecía increíble e ineficaz que no fuera así, y era difícil concebir por qué las regiones del ADN que codifican proteínas estarían divididas por intrones. También se desconocía cómo los intrones que sufrían el *splicing* se eliminarían. ¿Acaso estas operaciones, tremendamente complejas, en las que se introducían fragmentos de código en el ADN y se sacaban del ARNm, no eran más que acrobacias ociosas, alguna danza evolutiva que no conducía a ninguna parte? ¿O tal vez este proceso de ayuste o *splicing* tenía algún propósito mayor?

Durante un tiempo, el mundo de la biología molecular quedó sumido en el caos tratando de responder a estas preguntas.

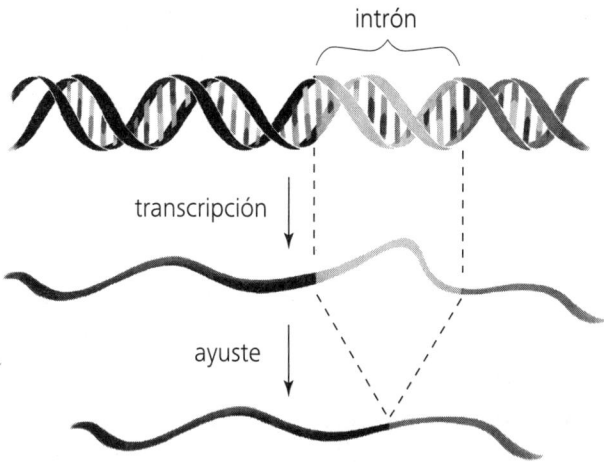

Los tramos de ADN no codificante llamados *intrones* interrumpen la mayoría de los genes codificantes de proteínas en humanos y muchos otros eucariotas. Cada intrón (sombreado claro) se transcribe como parte del ARN precursor (centro), que luego se corta y empalma (ayuste o *splicing*) para dar lugar al ARNm funcional final (abajo).

Pronto subieron las apuestas. Los científicos empezaron a darse cuenta de que no solo había intrones en los virus, sino que era una característica común en *los eucariotas*, es decir, los organismos que forman un núcleo celular para aislar su ADN. Una vez anunciada la existencia de los intrones de los adenovirus, muchos científicos de laboratorios de todo el mundo se dieron cuenta de que los genes que habían estado estudiando estaban divididos de forma similar por intrones. Por ejemplo, poco después, en 1977, Shirley Tilghman y Phil Leder, biólogos de Harvard, descubrieron que la región codificante de un gen humano que codifica la proteína sanguínea hemoglobina estaba dividida por dos intrones.* Tanto los intrones como

---

* Se trata de la misma Shirley Tilghman que, debido a sus otros talentos, más tarde se convirtió en presidenta de la Universidad de Princeton.

las secuencias codificantes se copiaron del gen para formar un ARN largo en el núcleo celular, pero antes de que el ARNm se exportara a los ribosomas para fabricar proteínas, la madre naturaleza sacó sus tijeras de podar y cortó y empalmó mágicamente las interrupciones.[4]

Phil Sharp utilizó la palabra *splicing* (ayuste o cortar y empalmar) para describir este proceso, parecido al tipo de reparación que un marinero puede realizar en un trozo de cuerda muy deshilachado. El marinero corta la cuerda por encima y por debajo del segmento deshilachado, tira el trozo dañado y une, o empalma, los extremos de los dos trozos en buen estado.

También podemos pensar en un intrón como si fuera una serie de palabras sin sentido, una cadena de «bla-bla-bla» que interrumpe una secuencia inteligible: *Hoy no tienes bla-bla-bla que trabajar.* Con un sistema de procesamiento de textos, podemos arreglar esto rápidamente: basta con resaltar la interrupción, pulsar «Suprimir» y los «bla» se eliminan. *Hoy no tienes que trabajar.* La naturaleza utiliza un proceso análogo para editar los intrones del ARNm, dejando un código genético limpio que puede utilizarse para fabricar una proteína.

Los científicos ya entendían por qué el ARN producido inicialmente en el núcleo (que contenía todos esos intrones) era mucho mayor que el ARNm, en el que se habían eliminado los intrones. Pero, como suele ocurrir en la ciencia, la respuesta a una pregunta llevó a otra. ¿Cuál era la función de esos intrones? ¿Eran inútiles, como suponían algunos científicos? ¿O podrían ser la clave para entender no solo la diferencia entre un elefante y *E. coli*, sino también lo que nos hace humanos?

EL DESCONCERTANTE TAMAÑO DEL GENOMA HUMANO

Un *genoma* es el ADN contenido en todos los cromosomas de un organismo. Antes de que se secuenciara el genoma humano,* alrededor del año 2000, no teníamos ni idea de cuántos genes necesitábamos los humanos para producir todas las proteínas esenciales que nos hacen ser como somos. Sin embargo, este hecho no nos impidió plantear conjeturas, la mayoría de las cuales resultaron ser desmesuradamente erróneas.

La culpa es de la levadura. Sí, la misma levadura que hace subir la masa del pan y fermentar la cerveza y el vino. La levadura es un organismo unicelular sin cerebro, sin corazón, sin brazos ni piernas, sin estómago ni hígado ni intestino. Tampoco tiene tejidos reproductores: una célula de levadura se reproduce mediante el crecimiento de una yema, que se hace cada vez más grande hasta que se desprende y forma una nueva célula. Por tanto, parecía bastante obvio que una levadura necesitaría muchos menos genes para funcionar que un ser humano compuesto por cientos de tipos de células.

En 1996, el genoma de la levadura se convirtió en el primero de los eucariotas en ser secuenciado. Se descubrió que su genoma estaba compuesto por unos seis mil genes codificadores de proteínas.**[5] El Proyecto Genoma Humano estaba despegando en aquel momento, y se hacían apuestas. ¿Cuántos genes humanos habría? Sin duda, muchos más que los que contenía la simple levadura. Algunos científicos asiduos a este tipo de conferencias predecían que la cifra sería como mínimo de cien mil.

Así que puedes imaginarte la sorpresa que se llevaron cuando, en 2003, se anunció la secuencia del genoma humano y se descubrió que los humanos tenemos unos 24.000 genes codificantes de proteínas, es decir, solo cuatro veces más que la levadura.[6] ¿Podía ser cierto? No parecía tener

* Secuenciar un genoma significa leer el orden de las bases nitrogenadas, A, G, T y C, presentes en las moléculas de ADN de todos los cromosomas del organismo.

** Inicialmente, el número de genes codificantes de proteínas se determina localizando tramos de la secuencia que están compuestos por codones. Luego, esta identificación puede confirmarse localizando la proteína que tiene la secuencia prevista de aminoácidos.

sentido. Tanto los humanos como las levaduras eran organismos basados en el ADN. ¿Cómo es posible que con tan poca diferencia obtengamos mucho más rendimiento genético que nuestros parientes fúngicos situados en la base de la cadena alimentaria?

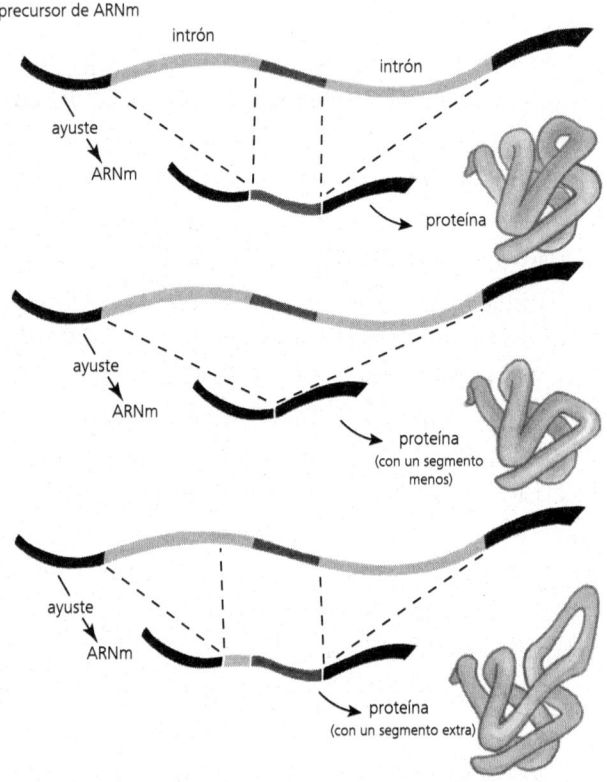

El ayuste o *splicing* alternativo del ARNm da lugar a múltiples proteínas a partir de un único gen. Dado que la mayoría de los genes humanos tienen dos o más intrones, el ayuste del ARNm puede producirse de más de una forma. Arriba: el ayuste independiente de dos intrones da lugar a un ARNm que codifica una forma de una proteína. En el centro: el ayuste omite una de las secuencias codificantes, lo que da lugar a una proteína a la que le falta una región central. Abajo: el uso de un ayuste alternativo da lugar a un ARNm más largo y a una proteína con una sección extra.

Una buena parte de la respuesta tiene que ver con los introne «sin sentido». En la levadura, la mayoría de los genes carecen de introne, y los que los tienen suelen tener solo uno, por lo que solo hay una forma de que se produzca el ayuste del ARN. Pero en los humanos, los introne resultaron ser algo más que una molestia. Son bastante útiles. Dan al ARN margen de maniobra para ser cortado de más de una manera, lo que da lugar a un amplio repertorio de proteínas potenciales a partir del mismo conjunto de genes.

Los primeros ejemplos de *ayustes alternativos de ARNm* se observaron en 1980, poco después del descubrimiento del proceso de corte y empalme. Puede ocurrir, por ejemplo, cuando la maquinaria de ayuste se salta un bloque de secuencias codificantes, como se ilustra en la página anterior.

Volvamos a la frase del ejemplo, pero ahora con dos introne: *Hoy bla-bla-bla no bla-bla-bla tienes que trabajar.* Normalmente ambos introne sufren ayuste, por lo que la versión final dice: *Hoy no tienes que trabajar.* Pero también se puede omitir «no» y unir «hoy» a «tienes». El ayuste cambiaría la frase a *Hoy tienes que trabajar,* que contiene la mayoría de las palabras de la frase anterior, pero con un significado totalmente distinto.

Este tipo de ayuste o *splicing* alternativo (obtener múltiples significados a partir de una sola frase) hace posible que un genoma limitado produzca un conjunto más amplio de proteínas, lo que da lugar a organismos más complejos.[*] Es algo importante, porque un gen humano típico da lugar a cuatro o cinco ARNm, y a sus correspondientes productos

---

[*] Es relativamente sencillo determinar qué sitios de ayuste se utilizan o no para dar lugar al ayuste alternativo, porque basta comparar la secuencia del gen con las secuencias del ARNm. La complejidad de la cuestión radica en cómo se regula el corte y ayuste alternativo. Un modelo sostiene que algunas secuencias de esos sitios son más débiles que otras. Que la cantidad de un factor proteínico concreto varíe de un tipo celular a otro puede ser suficiente para que un sitio de ayuste débil se utilice en un caso y se omita en el otro.

proteicos, cortados y empalmados de forma alternativa. Es una de las principales características que permiten que el inesperadamente pequeño genoma humano nos convierta en lo que somos.

Uno de mis ejemplos favoritos de ayuste alternativo de ARNm ocurre en nuestro sistema inmunitario. Las *células B* son glóbulos blancos (técnicamente conocidos como *linfocitos*) que producen anticuerpos, proteínas que nos protegen de las infecciones reconociendo y neutralizando los agentes patógenos extraños que invaden el organismo. Al principio de su vida, los anticuerpos se encuentran en la superficie exterior de la célula B, a la búsqueda de un patógeno (como un coronavirus) que pueda unirse a ese anticuerpo específico. Más tarde, las células B cambian de marcha y liberan los anticuerpos, que circulan por nuestro torrente sanguíneo y, de nuevo, se unen a una forma complementaria de un virus. En su primera etapa, los anticuerpos hacen de centinelas, mientras que en la segunda persiguen al invasor.

Los dos tipos de anticuerpos (los receptores de superficie y las formas circulantes) son idénticos en el punto en el que se adhieren al virus, pero difieren en su otro extremo. El tipo de anticuerpo que viaja en el linfocito B tiene un extremo graso que se ancla a la membrana celular, mientras que la versión circulante tiene un extremo recubierto de azúcar que lo libera de la membrana celular y le permite moverse por el torrente sanguíneo.[7] Ambas formas están codificadas por el mismo gen humano. El ARN copiado de ese único gen puede sufrir ayuste de dos maneras para crear dos proteínas parcialmente idénticas,[8] pero claramente diferentes: *Hoy no tienes que trabajar* frente a *Hoy tienes que trabajar*. El ayuste alternativo del ARN permite este doble uso tan eficiente de un único gen.

¿Cuál es, pues, la diferencia entre el elefante y *E. coli*? Todo depende de cómo sea este proceso de corte y empalme.

El descubrimiento de que los animales producen enormes *precursores* de ARNm para luego cortarlos, pegarlos y ensamblar los ARNm útiles fue algo extraordinario. Pero que los científicos hubieran descubierto el proceso de corte y empalme no significaba que lo comprendieran. Una cuestión importante era averiguar cómo se identificaban los intrones para su eliminación. Los sitios de ayuste o *splicing* debían reconocerse con una precisión exquisita, ya que el deslizamiento de una sola base produciría una mutación por desplazamiento de marco de lectura, cambiando todos los codones a partir de ese punto (*downstream*) y destruyendo la función de una proteína.

Como muchos científicos que hacen descubrimientos revolucionarios, Joan Argetsinger Steitz necesitó una carambola para averiguar cómo la naturaleza «marcó con una chincheta» los lugares de ayuste. Joan había entrado en el programa de doctorado de Bioquímica de Harvard en 1963 siendo la única mujer de su promoción y la primera estudiante de posgrado del grupo de investigación de Jim Watson.[9] Tras completar su doctorado en ARN de fagos, ella y su marido, Tom Steitz, que también era bioquímico, fueron a trabajar al famoso Laboratorio de Biología Molecular de Cambridge (Inglaterra). Allí, Joan colaboró con científicos de la talla de Francis Crick y Sydney Brenner. Sin embargo, cuando los Steitz se trasladaron a la Universidad de California en Berkeley, pronto quedó claro que, aunque Tom tenía un puesto en la facultad, Joan solo sería contratada como ayudante de su marido. Como le dijo el director de Bioquímica: «A todas nuestras esposas les gusta ser investigadoras asociadas».[10] Así que, en 1970, los dos se marcharon a la Universidad de Yale, donde fueron contratados como profesores ayudantes.

En Yale, Joan se interesó por los ARN de gran tamaño producidos en los núcleos celulares de los mamíferos. Fue unos años antes de que se descubrieran los intrones, por lo que aún no estaba claro que estos ARN de gran tamaño fueran precursores del ARNm. Joan quería anticuerpos que pudieran utilizarse como herramientas para identificar e inhibir potencialmente la actividad de las proteínas unidas a estos grandes ARN nucleares. El proceso consistía en inyectar a ratas la proteína de interés para que el sistema inmunitario del roedor (para el que la proteína humana era una sustancia extraña) produjera anticuerpos contra ella, igual que haría contra un invasor vírico. Pero sus intentos de conseguir que las ratas produjeran esos anticuerpos fueron dolorosos, literalmente. Todavía tiene una cicatriz en un dedo por un mordisco de una de las ratas.

Entonces, en 1979, Joan supo que se había descubierto que los pacientes con lupus (una enfermedad en la que el sistema inmunitario humano se vuelve contra el propio organismo) producían anticuerpos contra componentes presentes en el núcleo de sus propias células. ¿Podrían estos anticuerpos estar reconociendo proteínas que se unen a ARN nucleares? Envió a un estudiante de Medicina de su laboratorio, Michael Lerner, al Departamento de Inmunología de Yale para que recogiera muestras de suero, que contendrían anticuerpos, de esos pacientes.

Joan y su estudiante pronto descubrieron que los pacientes de lupus producían anticuerpos dirigidos contra proteínas unidas a pequeños ARN presentes en los núcleos celulares de los propios pacientes.[11] Eran malas noticias para los pacientes de lupus (se supone que fabricamos anticuerpos contra invasores extraños, no contra nuestros propios componentes celulares), pero eran buenas noticias para la ciencia, porque estos *ARN nucleares pequeños* (ARNsn) nos iban a ayudar a comprender la magia del proceso de ayuste del ARNm. Ya se sabía que existían estos ARNsn;[12] había seis variedades y, como eran ricos en uracilo (la letra U en el alfabeto del ARN), fueron bautizados como U1 a U6. Pero, en 1979, su función seguía siendo un misterio.

Habían pasado dos años desde que en Cold Spring Harbor se anunciara la existencia de genes divididos por intrones, y ya se habían encontrado muchos ejemplos adicionales de intrones en humanos. Ahora todo el mundo quería saber cómo sabían las células qué secuencias debían conservar para producir ARN mensajeros y cuáles debían eliminar. Esta cuestión era un tema de discusión constante en los laboratorios de investigación del ARN, incluido el de Joan.

Joan sabía que los intrones tenían diferentes tamaños y secuencias. Pero los intrones parecían casi idénticos en sus extremos, ya que todos empezaban con una secuencia similar a GUAAGU y terminaban con AG. Joan era muy consciente de que las regiones monocatenarias de un ARN tienen una tendencia natural a emparejarse con regiones monocatenarias de otro ARN que tenga bases complementarias.[13] Por tanto, parecía posible que las secuencias conservadas en los extremos de un intrón fueran reconocidas y marcadas como sitios de ayuste emparejándose con uno de los ARN U. Así que Joan y Michael Lerner estudiaron las secuencias en busca de una coincidencia, y ahí estaba: la secuencia de un extremo del ARNsn U1 encajaba con las secuencias del inicio de los intrones humanos conocidas, al menos sobre el papel. Esta coincidencia parecía demasiado buena para ser una casualidad, así que hicieron una sugerencia provocadora: tal vez el U1 era el agente que identificaba el comienzo de cada intrón, lo que permitía cortarlo precisamente en ese punto.[14]

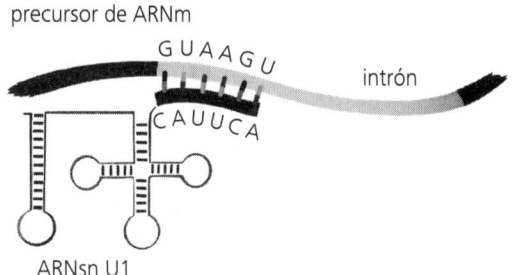

El ARNsn U1 localiza un extremo de una secuencia del intrón mediante el emparejamiento de bases, marcando así el punto para el ayuste del ARNm. El ARN forma pares de bases A-U, que son químicamente equivalentes a los pares de bases A-T del ADN.

Al cabo de unos años, su hipótesis superó una serie de pruebas. Por ejemplo, el laboratorio de Phil Sharp había ideado un sistema para observar la reacción de ayuste del ARNm, y se asoció con el laboratorio de Joan para ver si los anticuerpos que reconocían los complejos ARNsn-proteína interrumpían el proceso de ayuste. Si el ARNsn U1 era realmente la entidad que reconocía el primer sitio de ayuste, este proceso debería ser inhibido por el anticuerpo. Y, de hecho, eso es precisamente lo que descubrió este proyecto colaborativo.[15]

¿Y el AG conservado en el otro extremo de cada intrón? La situación era un poco más compleja. El ARNsn U2 se emparejaba con una secuencia complementaria cerca del final del intrón, pero era una proteína asociada con el ARNsn U2 la que reconocía el sitio de ayuste AG.[16]

El descubrimiento de que los ARNsn formaban parte de la maquinaria de ayuste del ARNm añadía una nueva función al repertorio del ARN: puede marcar puntos clave, algo así como colocar una chincheta en un mapa de carreteras de Internet. Se trata de una función adecuada para el ARN monocatenario, ya que siempre está listo para emparejarse, A con U y G con C. Lo hemos visto dos veces, primero con los codones del ARNm que se emparejan con los anticodones del ARN de transferencia y ahora con los ARNsn que se emparejan en los sitios de ayuste del ARNm o cerca de ellos.

Sin embargo, a pesar de la increíble precisión con la que se cortan y empalman los intrones, nada en la naturaleza es perfecto. Se producen accidentes, y cuando se trata de intrones, un error en el ayuste puede tener consecuencias devastadoras.

CUANDO EL AYUSTE DE ARN SALE MAL

Normalmente, si algún proceso bioquímico es fundamental para que un ser humano goce de buena salud, surgirán enfermedades cuando dicho proceso falle. En 1981, solo cuatro años después de que se descubriera el ayuste del ARNm, se descubrió por primera vez que una enfermedad, la beta-talasemia, era causada por un ayuste erróneo.

La beta-talasemia es una de las enfermedades genéticas más comunes en los países mediterráneos, Oriente Medio y Asia. Los pacientes que padecen esta enfermedad sufren anemia, es decir, tienen menos glóbulos rojos, lo que provoca bajos niveles de oxígeno, fatiga y riesgo de muerte prematura. La hemoglobina, la proteína de los glóbulos rojos que transporta el oxígeno, está formada por cuatro cadenas de aminoácidos: dos cadenas idénticas de *alfa-globina* y dos cadenas idénticas de *beta-globina*. Los individuos con beta-talasemia padecen anemia porque su hemoglobina tiene pocas cadenas beta, pero, a diferencia de otro trastorno que afecta a los glóbulos rojos, la anemia falciforme, causada por una única mutación en el gen de la beta-globina, a veces no hay ninguna mutación en un codón que pueda explicar la beta-talasemia.

Sherman Weissman y sus colegas de la Universidad de Yale estaban intrigados por el caso de una niña grecochipriota de doce años que padecía beta-talasemia y dependía de transfusiones de sangre.[17] Aislaron y determinaron la secuencia del gen de la beta-globina de la niña y resolvieron el misterio: la mutación no estaba en un codón del ARNm, sino en un intrón de su gen. La mutación introducía una secuencia AG que parecía un lugar de ayuste, lo que confundía a la maquinaria responsable de cortar y empalmar y la hacía dirigirse al lugar equivocado del ARN. Ese mismo año, investigadores en Londres demostraron directamente que la mutación en el intrón provocaba un ayuste aberrante del ARNm.[18] Cada vez que la maquinaria responsable del proceso utilizaba este sitio mutante engañoso, se producía un ARNm aberrante que ya no codificaba beta-globina.

Aunque el ayuste del ARN a veces puede causar enfermedades, como en estos casos de beta-talasemia, también puede ser una cura. La *atrofia muscular espinal* (AME), descrita por primera vez por los médicos en 1890, es una enfermedad neurodegenerativa devastadora que afecta a uno de cada once mil niños y, por tanto, es relativamente común. Los niños con AME sufren debilidad progresiva y pérdida de movimiento, y la mayoría fallece antes de cumplir los dos años. La enfermedad es genética, causada por mutaciones en el gen que codifica la proteína de *supervivencia de las neuronas motoras 1* (*SMN1*, por sus siglas en inglés).[19] En las personas sanas, el gen *SMN1* produce una proteína que ayuda a los ARNsn a ensamblarse con sus proteínas asociadas.[20] Dado que esta función es esencial para todos los tipos celulares, no está muy claro por qué las neuronas motoras deberían ser el tipo celular particularmente sensible a la pérdida de la proteína SMN, pero así es.[21]

Por lo tanto, la pregunta a la que se enfrenta cualquier científico que quiera curar la AME es cómo compensar la proteína SMN que falta. Resulta que el genoma humano contiene muchos casos de genes duplicados, y existe un segundo gen de supervivencia de la motoneurona, el *SMN2*, que codifica la misma proteína que el *SMN1*. Pero, curiosamente, el *SMN2* tiene intrones diferentes. Cuando se corta y empalma su ARNm, se suele omitir una parte esencial de los codones necesarios para fabricar la proteína SMN funcional, lo que conduce a la producción de un ARNm no funcional. Pero ¿y si el ayuste del ARN *SMN2* pudiera modificarse para compensar la pérdida de la proteína esencial causada por la mutación en *SMN1*?

En 2002, Adrian Krainer, del laboratorio de Cold Spring Harbor, buscaba una forma de corregir el ayuste de *SMN2* para compensar la pérdida de *SMN1*.[22] Encontró un punto en el ARNm de *SMN2* que interfería con su ayuste correcto. El ayuste alternativo del ARNm suele estar regulado por proteínas específicas de cada tejido, denominadas *factores de ayuste*, que se unen a determinadas secuencias del precursor del ARNm y potencian o desincentivan el uso de determinados sitios de ayuste. Estos sitios evolucionaron para regular el ayuste de manera correcta, pero en este caso el factor de ayuste estaba interfiriendo con el ayuste adecuado. Adrian pensó que, si esta secuencia de interferencia pudiera cubrirse u ocultarse de algún modo, podría restablecerse el ayuste correcto del ARNm *SMN2*.

Para poner a prueba esta idea, Adrian se asoció con una empresa biofarmacéutica de San Diego llamada Ionis, que tenía experiencia en la fabricación de fármacos a partir de los llamados fragmentos de ARN antisentido. Estos ARN están diseñados para que tengan secuencias complementarias a una determinada secuencia natural de ARN. Por ejemplo, si un ARNm tiene un codón GGG para el aminoácido glicina, el *ARN antisentido* se construiría para tener la secuencia CCC. Debido a esta complementariedad, el ARN antisentido se unirá al ARN diana. por emparejamiento de bases G-C, bloqueando físicamente la unión de una proteína al ARN diana.

Juntos, Adrian e Ionis se propusieron diseñar un fragmento de ARN antisentido que se uniera a la secuencia que interfería en el empalme correcto del ARN *SMN2* y la «ocultara» y que, además, contuviera algunas modificaciones químicas que facilitaran su administración como fármaco. Tras varios años de trabajo, lo consiguieron,[23] restableciendo la producción de proteína SMN funcional primero en células cultivadas y después en ratones modificados genéticamente para que tuvieran el mismo defecto que causa la AME humana.

Pero la verdadera prueba sería un ensayo clínico con pacientes reales. Durante el desarrollo de su trabajo sobre la enfermedad, Adrian había entablado relación con una familia de Long Island a cuya hija, Emma Larson, se le había diagnosticado una forma moderadamente grave de atrofia muscular espinal, en la que el gen *SMN1* estaba parcialmente activo. Emma se había desarrollado con normalidad hasta el año de edad, cuando de repente empezó a tener problemas para sujetar el biberón o incluso para mantener la cabeza erguida. Los padres de Emma estaban decididos a hacer todo lo posible por su pequeña, que tenía un espíritu indomable, y aprovecharon la oportunidad para inscribirla en el ensayo clínico del fármaco de ARN antisentido.

La madre de Emma cuenta lo que ocurrió después de que su hija recibiera su segunda inyección del fármaco antisentido, ahora denominado nusinersen. «Yo estaba en el dormitorio —recuerda Dianne Larson—. Emma estaba en el cuarto de estar. No puede moverse más de unos metros. De repente, oigo su voz, cada vez más cerca de mí. ¿Qué ha hecho? "¿Emma?", digo. Cuando me doy cuenta, está a mi lado en el suelo del dormitorio, junto a la puerta. Me estaba asustando. No podía creer que se hubiera arrastrado desde el cuarto de estar.»[24]

Hubo más respuestas positivas como la de Emma al nusinersen, lo que hizo que la Administración de Alimentos y Medicamentos de Estados Unidos (FDA, por sus siglas en inglés) interrumpiera el ensayo un año antes de lo previsto y aprobara el tratamiento. En 2020, más de ocho mil pacientes con AME de cuarenta países habían sido tratados con nusinersen. No se trata de una cura. Cuando el tratamiento empieza a hacer efecto ya se han producido algunos daños irreversibles en las neuronas, pero les salva la vida. La esperanza para el futuro es identificar a los recién nacidos con el defecto genético y tratarlos inmediatamente, evitando así que la AME empiece a afectarles.

El éxito del nusinersen ha suscitado un interés más amplio por las terapias antisentido y su potencial para dirigir el ayuste del ARN de forma positiva. Por ejemplo, los efectos de la distrofia muscular de Duchenne, un trastorno genético debilitante que causa una pérdida progresiva de la función muscular debido a la falta de una proteína crítica llamada distrofina, podrían paliarse cambiando los patrones de ayuste de ARN para obtener la proteína ausente.[25] Por el contrario, muchos cánceres comunes, como el de páncreas, pulmón y colorrectal, son impulsados por una proteína patógena, de tal manera que los ácidos nucleicos antisentido que inhiben el empalme de ARNm podrían, potencialmente, prevenir la producción de la proteína causante del cáncer y detener su evolución. Como seguiremos viendo, los ARN rebeldes son la causa de muchas enfermedades humanas. Así pues, las terapias basadas en el emparejamiento de ARN antisentido son muy prometedoras para el futuro de la medicina.

El descubrimiento del ayuste o *splicing* reveló que el ARN mensajero no siempre es una copia directa de la información almacenada en la doble hélice del ADN. En los organismos superiores, incluido el ser humano, el ARN que acabará convirtiéndose en ARNm se copia primero literalmente del ADN, incluidas las grandes interrupciones del código, los intrones. Pero el ayuste del ARN elimina los intrones, une las secuencias codificantes y produce el ARNm que sale del núcleo celular para unirse a los ribosomas. A primera vista, este proceso parece increíblemente ineficaz; ¿qué pretende la naturaleza interrumpiendo las secuencias codificantes de los genes con intrones, solo para empalmarlas de nuevo a nivel del ARN? Pero toda esta gimnasia tiene su lado positivo. El hecho de que el ayuste del ARN pueda producirse en lugares alternativos confiere a un genoma limitado una versatilidad antes inimaginable y contribuye a que seamos quienes somos.

La comprensión del ayuste del ARNm añadió nuevas posibilidades al repertorio del ARN, ya que los pequeños ARN nucleares resultaron ser esenciales para marcar con precisión los lugares de ayuste. Estos ARNsn se unieron al grupo de los llamados *ARN no codificantes* (junto con el ARN de transferencia y el ARN ribosómico) que desempeñan funciones esenciales en la biología celular. Pero aún tenía que suceder algo mucho más importante: los científicos iban a descubrir muy pronto que los ARN no codificantes podían hacer mucho más que sentar las bases para la síntesis de proteínas y marcar los lugares de acción. De hecho, ellos mismos podrían dirigirla. En muchos procesos celulares esenciales, el ARN es el catalizador.

3

Ir por libre

¿Qué es lo que te activa? La respuesta siempre es una enzima. Estas sustancias facilitan que se produzcan reacciones bioquímicas en todos los organismos vivos: hacen latir nuestro corazón, descomponen la comida en nuestro estómago y metabolizan el alcohol que bebemos. Las enzimas también sintetizan cada parte de cada célula de nuestro cuerpo, desde los andamios que mantienen unida la célula hasta los cromosomas que envuelven nuestro ADN en paquetes ordenados, pasando por la envoltura lipídica que constituye la llamada membrana celular. Las enzimas ponen en marcha la fiesta de la naturaleza.

Desde el punto de vista químico, las enzimas aceleran o catalizan reacciones, lo que suena bastante prosaico hasta que se comprende su impresionante poder. Pueden acelerar 10.000 millones de veces el proceso natural por el que dos sustancias químicas reaccionan entre sí. La misma reacción que dura un segundo con una enzima tardaría 317 años sin ella. Solo en los seres humanos hay unas diez mil enzimas. Aunque algunas son exclusivas de nuestro rincón del reino animal, muchas de las llamadas enzimas domésticas que mantienen nuestro cuerpo en funcionamiento se encuentran en todas las especies, desde los tigres hasta las setas venenosas.

Ya en el siglo XIX los científicos podían ver el resultado de la acción de las enzimas en sus tubos de ensayo. El químico alemán Eduard Buchner demostró que las células de levadura contienen una enzima, la «zimasa», que convierte una solución de azúcar en alcohol y dióxido de carbono, que se libera en forma de burbujas. Todos conocemos este proceso como *fermentación.*

Poco después, los científicos observaron que estas reacciones catalizadas por enzimas eran extraordinariamente específicas, es decir, que las enzimas eran muy exigentes en cuanto a con qué reaccionaban y qué productos se formaban, a diferencia de las reacciones químicas, que son más promiscuas. Los científicos medían y podían predecir la velocidad de las reacciones enzimáticas; por ejemplo, cómo cambiaría la velocidad de fermentación al añadir más zimasa o más azúcar. Se escribieron libros enteros sobre la acción de las enzimas.[1] Pero lo curioso es que la comunidad científica no podía decidir en qué consistían exactamente.[2] La respuesta a esta pregunta se convirtió en el tema de una larga y polémica búsqueda científica. En algunos aspectos esenciales, esa búsqueda se asemejó a los estudios sobre el material genético que acabarían conduciendo al descubrimiento de la doble hélice del ADN. Del mismo modo que el monje agustino Gregor Mendel sabía que debía existir una unidad hereditaria discreta que explicara los rasgos de sus plantas de guisantes, pero no tenía ni idea de qué estaba compuesta, los científicos también sabían que existía una poderosa sustancia que catalizaba las reacciones bioquímicas, pero no se ponían de acuerdo sobre cuál era.

James Sumner, un amante de la naturaleza que se dedicó a la química tras perder un brazo en un accidente de caza, abandonó la corriente científica dominante en la década de 1920 al proponer que las enzimas eran proteínas. En su laboratorio de la Universidad de Cornell, consiguió aislar y cristalizar la ureasa, la enzima que descompone la urea (presente en la orina) en amoniaco y dióxido de carbono. Se sabe que los cristales son muy puros (por ejemplo, los pequeños cristales cúbicos de sal de mesa que echas sobre la hamburguesa son cloruro sódico puro), así que como la ureasa cristalina, una proteína pura, conservaba su actividad enzimática, Sumner concluyó correctamente que esta enzima es, de hecho, una proteína. Aun así, hubo quien no estaba de acuerdo. Sin embargo, en las tres décadas siguientes, el paradigma cambió a medida que se lograba cristalizar otras muchas enzimas y se descubría que también eran proteínas. Cuando, en 1946, pronunció su discurso de aceptación del Nobel, Sumner no tuvo reparos en afirmar lo que todo el mundo aceptaba ya como un hecho: «Todas las enzimas son proteínas».[3]

Tres décadas más tarde, siendo yo un joven científico que estudiaba el ARN, me enfrenté a la pregunta de si esta regla fundamental podría estar equivocada. De ser así, tanto yo como otros científicos nos veríamos obligados a considerar el ARN de una forma totalmente distinta, no solo como el mensajero del ADN, un agente pasivo en la producción de proteínas, sino como un catalizador que podría impulsar la biología.

Todo comenzó con las algas de los estanques

En 1978, tras finalizar mi investigación posdoctoral en el MIT, me trasladé a la Universidad de Colorado, en Boulder, como profesor ayudante. Me asignaron un laboratorio de investigación en la tercera planta del viejo edificio de química. Mi objetivo era hacer ciencia de vanguardia, pero mi laboratorio parecía sacado del siglo XIX, con bancos de laboratorio de esteatita negra y cajones de roble barnizado. Sin embargo, era mi primer laboratorio como científico independiente, así que me parecía maravilloso.

Mientras miraba aquella sala vacía, no tenía ni idea de lo que estaba a punto de descubrir. Pero sabía que necesitaba ayuda, así que una de las primeras cosas que hice fue contratar a un técnico de investigación. Unos treinta solicitantes respondieron a mi anuncio publicado en el *Denver Post*, pero solo uno traía una carta de recomendación en la que se afirmaba: «Tiene unas manos de oro. Todos los experimentos que hace funcionan». Art Zaug trabajaba en la Universidad Wesleyana de Connecticut, así que le entrevisté por teléfono. Aunque no podía ofrecerle un sueldo alto ni mucha seguridad laboral, aceptó mi oferta y se trasladó a Colorado para empezar a trabajar con mi nueva cobaya microscópica: un bicho unicelular que vive en los estanques llamado *Tetrahymena*.

En aquella época, al igual que prácticamente todos los demás biólogos del planeta, seguía pensando que el ARN era una especie de intermediario, siempre en segundo plano con respecto al ADN. Por entonces, yo era un experto en ADN: mi doctorado y mi investigación posdoctoral se habían centrado en la doble hélice. Pero mis investigaciones me acercaban cada vez más al ARN. Cuando llegué a Boulder, intentaba comprender cómo se copiaba el ADN para producir ARN en un proceso llamado *transcripción*. Al igual que los monjes medievales transcribían el texto bíblico en pergaminos, las enzimas celulares transcriben el ADN en ARN.

Por entonces, los fundamentos de la transcripción ya se habían estudiado a fondo en las bacterias. Pero, como le expliqué a Art, yo intentaba comprender cómo funcionaba la transcripción en los organismos eucariotas, seres vivos cuyas células albergan su ADN en el núcleo. La mayor parte de la investigación básica sobre eucariotas se realizaba con levaduras, moscas de la fruta o ratones, cuyos genes podemos manipular, o con células y tejidos humanos por su importancia médica. A mí no me entusiasmaban estas opciones, porque cualquier gen de una levadura, una mosca de la fruta o un ratón es uno entre miles, una auténtica aguja en un pajar. Yo quería aislar un gen intacto, junto con sus proteínas naturales asociadas, así que necesitaba un organismo eucariota con el que poder conseguirlo.

Y entonces recurrí a *Tetrahymena thermophila*, una bola de pelo unicelular que se encuentra en estanques de agua dulce de todo el mundo. Con forma de minúscula sandía y cubierta de cilios peludos, resulta simpática al microscopio, como un hámster sin cara. Las células de *Tetrahymena* crecen muy rápidamente, dividiéndose cada tres horas, lo que significa que necesitan duplicar su contenido proteínico en ese espacio de tiempo. Para construir las fábricas moleculares (los ribosomas) que llevan a cabo esta hazaña, cada célula de *Tetrahymena* contiene unas diez mil copias del gen de su ARN ribosómico.[4] Si comparamos diez mil copias de un gen con el típico gen humano, que solo tiene dos copias (una de la madre y otra del padre), entenderemos por qué me llamó la atención este pequeñín. Es más fácil encontrar una aguja en un pajar si hay diez mil de ellas. Y los genes del ARN ribosómico de *Tetrahymena* poseen otra característica maravillosa: por alguna razón insondable, existen como pequeños fragmentos de ADN, en lugar de estar unidos a otros genes formando parte de un cromosoma gigante. Esto permite aislar los genes de ARN ribosómico intactos, una hazaña casi imposible para los cromosomas humanos, mil veces más grandes.* Era como si el ADN de *Tetrahymena* estuviera envuelto con una cinta y un lazo, a la espera de que los científicos vinieran a aceptar el regalo.

¿OTRO CASO DE BLA-BLA-BLA?

Nuestro objetivo era comprender cómo estos genes de *Tetrahymena* se transcribían en ARN y cómo las proteínas unidas al ADN (una característica especial de los cromosomas eucarióticos) podían regular este proceso. Las manos

---

* Imagina el gen de *Tetrahymena* como un espagueti crudo, de unos treinta centímetros de largo. Se podría llevar por la calle sin romperlo con bastante facilidad. A la misma escala, un cromosoma humano típico mediría unos trescientos metros de largo, o tres campos de fútbol. Si tuviéramos un espagueti crudo de esa longitud, no podríamos ni cogerlo sin que se rompiera por varios sitios.

de oro de Art no tardaron en ponerse manos a la obra. Ejecutaba sus experimentos con una precisión asombrosa, lo que le convertía en un valioso recurso para los estudiantes del laboratorio. Pronto hacían cola para utilizar sus soluciones salinas: sabían que, si él las hacía, funcionarían, mientras que si las hacían ellos mismos... deberían funcionar. Cuando alguien del laboratorio se disponía a publicar sus resultados, a veces le pedía a Art que volviera a realizar un experimento clave «por última vez», porque sabía que, mientras que sus propios datos experimentales serían correctos, los suyos serían impecables.

Pronto descubrimos que el gen de *Tetrahymena* que estudiábamos contenía un único intrón, bastante pequeño, de unos cuatrocientos pares de bases.[5] Al principio pensamos que se trataba simplemente de otro caso de «bla-bla-bla» que interrumpía las regiones importantes y sensibles de un gen, como Phil Sharp y Rich Roberts habían señalado dos años antes en el caso de los ARN mensajeros. El nuestro era un *ARN ribosómico* (ARNr) en lugar de un ARN mensajero, pero la historia básica, supusimos, sería la misma. Aunque los científicos no se ponían de acuerdo sobre cómo se introducían estos intrones en los genes, sabíamos con certeza que había que eliminarlos. Cada vez que el gen se copiaba en ARN, el intrón tenía que cortarse y empalmarse, de forma muy precisa, para producir la molécula de ARN funcional, ya fuera un ARNm que codificara una proteína o un ARNr que formara parte del ribosoma sintetizador de proteínas.

Como experto en ADN, no me interesaban mucho los intrones. En cambio, me esforzaba por comprender el proceso de transcripción. Nuestra primera pregunta sería simple: ¿podríamos Art y yo observar cómo se obtiene una copia de ARN a partir del ADN?

Para nuestros experimentos iniciales, no tuvimos que aislar físicamente los genes del ARN ribosómico de *Tetrahymena*; en su lugar, utilizamos un poco de salsa mágica de setas. Art purificó los núcleos celulares de *Tetrahymena* y añadió una pizca de una toxina de la hermosa seta *Amanita*. Está claro que este ingrediente no tiene cabida en un plato tradicional como el *boeuf bourguignon,* pero en nuestra receta bioquímica tenía la útil propiedad de envenenar las enzimas *ARN polimerasa* que producen ARNm y ARNt, mientras que dejaba indemne a la enzima que produce ARNr. Así, sabríamos que cualquier ARN producido en nuestros tubos de ensayo procedería únicamente de los genes de ARNr. Nuestra receta bioquímica también incluía una pizca de nucleótidos radiactivos que se incorporarían a cualquier ARN que se sintetizara en los núcleos aislados, lo que nos permitiría seguirlo a lo largo del experimento. Cuando todo estuvo mezclado, dejamos reposar los núcleos en los tubos de ensayo durante una hora para dar tiempo a que se fabricara el ARN.

A continuación, Art utilizó una técnica llamada *electroforesis en gel* para analizar el ARN producido. Cuando se aplica un campo eléctrico a través del gel (electrodo negativo en la parte superior, electrodo positivo en la parte inferior), las moléculas de ARN cargadas negativamente avanzan a través del gel. Las más pequeñas son capaces de abrirse paso a través del gel más rápido que las más grandes, por lo que las moléculas de ARN forman en el gel rayas discretas, o «bandas», indicativas de su tamaño.

Seguidamente, Art llevaba el gel al cuarto oscuro, colocaba sobre él una película de rayos X, la dejaba en exposición toda la noche y la revelaba a la mañana siguiente. La película de rayos X registra las moléculas de ARN porque habían sido marcadas con un isótopo radiactivo, y cada banda de ARN impresiona poco a poco la parte adyacente de la película. De este modo, una película como la que utiliza un médico para ver si uno tiene un hueso roto podía darnos una imagen del ARN en el gel.

Art y yo esperábamos ver el ARN ribosómico y, efectivamente, aparecía como una banda oscura en la radiografía. Lo que nos sorprendió fue detectar un ARN mucho más pequeño, de unas cuatrocientas bases. ¿Qué podía ser? Unos cuantos experimentos más y Art lo descubrió: era el intrón del ARN, que de alguna manera se había desprendido del ARNr de gran tamaño transcrito durante las reacciones que se produjeron en el tubo de ensayo.

De repente, nuestro interés por los intrones aumentó de forma considerable. En aquel momento, los científicos sentían una gran curiosidad por saber cómo los intrones, aparentemente superfluos, se escindían del ARN, y parecía que habíamos detectado, por pura casualidad, ese proceso en plena acción. El primer paso para comprender el mecanismo de cualquier reacción bioquímica es conseguir que se produzca fuera de un órgano vivo, en tubos de ensayo, donde se puedan controlar todos los elementos que intervienen en la reacción. A veces se tardan años en lograr una reacción bioquímica de este tipo, pero este ayuste (*splicing*) de ARN de *Tetrahymena* se producía cada vez que sintetizábamos el ARN. Parecía que este ARN nos ofrecía un asiento en primera fila para observar el proceso.

Supusimos que este ayuste de ARN estaba siendo catalizado por enzimas proteínicas. Después de todo, el intrón recortado tenía una longitud exacta, lo que sugería que había una enzima precisa trabajando, y como Sumner había dicho: «Todas las enzimas son proteínas». Así que Art y yo ideamos un experimento para tratar de encontrar la enzima de ayuste de *Tetrahymena*; o enzimas, porque podría haber dos, una para recortar el intrón y otra para volver a unir los tramos útiles de ARNr. Sabíamos dónde se producía el ayuste del ARN: en el núcleo de la célula *Tetrahymena*. Y sabíamos qué era lo que se estaba cortando y empalmando: ARN recién copiado. Así que primero ideamos una forma de aislar el ARN antes de que se hubiera cortado y empalmado, de forma que todavía contuviera el intrón. A continuación, mezclamos dos cosas en tubos de ensayo: el ARN sin cortar y empalmar y los núcleos rotos de *Tetrahymena*. Lo sometimos a electroforesis en gel y utilizamos una película de rayos X para detectar cualquier actividad de ayuste del ARN.

La primera vez que Art probó el experimento, nos quedamos encantados al ver que el ARN intrón de cuatrocientas bases se había escindido del ARNr más grande. No es habitual en la ciencia poder recrear tan rápidamente un proceso natural en un entorno experimental. De hecho, nuestro amigo John Abelson, de la Universidad de California en San Diego, tardó cuatro agotadores años en detectar el ayuste de los ARNm de levadura en un tubo de ensayo.[6]

Pero había algo raro. Como cualquier científico experto, Art había incluido una serie de controles para asegurarse de que cualquier reacción que viéramos se comportaba de manera razonable. En una muestra de control, uno de los ingredientes de una receta bioquímica se omite, dejando todo lo demás igual. Si el «experimento» consistiera en hacer un pastel, los controles podrían consistir en omitir solo la harina, o solo los huevos o solo el chocolate. El pastelero pronto descubriría que la harina y los huevos eran ingredientes esenciales, pero que el chocolate era opcional, reforzando así su opinión de que sabía lo que hacía falta para hacer un pastel. En el experimento de ayuste de ARN de Art, omitir los núcleos de *Tetrahymena* de la reacción era un buen control, porque se suponía que en los núcleos era donde se encontraba la fuente de enzimas que catalizarían la reacción de ayuste. Esperábamos que esta muestra sin núcleos no produjera nada. Sin embargo, para nuestro asombro, también se produjo ayuste de ARN. El intrón de cuatrocientas bases apareció brillante y claro en la película de rayos X, como si su ayuste no requiriera ninguna ayuda enzimática.

Lo que ocurrió no solo era muy raro, sino que no tenía precedentes. En cualquier libro de biología de instituto o universidad de la época se decía que las enzimas proteínicas eran las únicas responsables de catalizar las reacciones en las células. Sin embargo, para nuestra sorpresa, el proceso que observábamos parecía estar ocurriendo solo con la presencia de ARN. ¿O no? Durante el año siguiente me siguió preocupando la posibilidad de que hubiera una enzima pro-

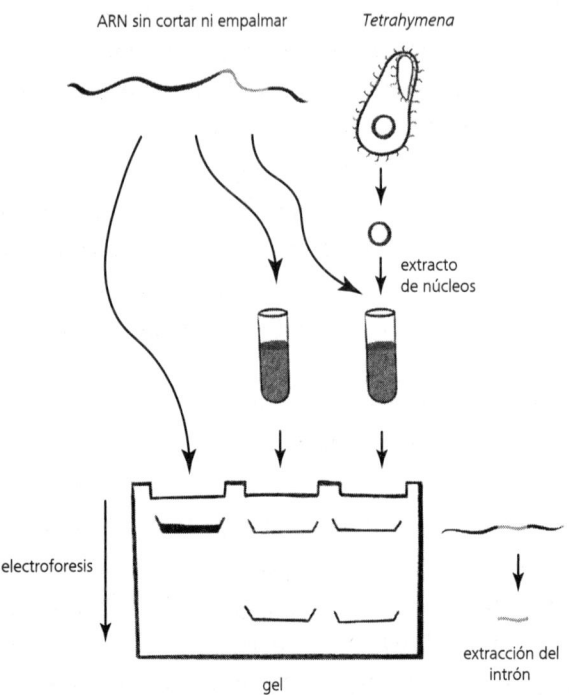

ARN sin cortar ni empalmar   *Tetrahymena*

extracto
de núcleos

electroforesis

gel

extracción del
intrón

El experimento inicial para buscar enzimas que catalizaran el ayuste del ARN ribosómico en *Tetrahymena* dio un resultado inesperado. Se esperaba que el ayuste del ARN requiriera la adición de un extracto de núcleos celulares para proporcionar enzimas de ayuste, pero una técnica llamada electroforesis en gel (que separa los ARN más pequeños de los más grandes) reveló que el ayuste del ARN se producía tanto con el extracto (derecha) como sin el extracto (centro). La cuestión que se planteó entonces fue: ¿qué catalizaba esta reacción en ausencia de enzimas?

teínica de *Tetrahymena* que de algún modo se hubiera quedado adherida a nuestro ARN durante la purificación, y que esta enzima fuera la responsable del ayuste del ARN que observábamos en nuestros tubos de ensayo. Si nuestro ARN estaba contaminado con una proteína, desde luego no podíamos ir por ahí proclamando que el ARN podía catalizar su propio ayuste. Tal vez solo necesitáramos encontrar una forma de deshacernos de la hipotética proteína, y entonces nuestro ARN dejaría de cortarse y empalmarse por sí mismo y podríamos volver a buscar la enzima de ayuste.

En ese momento, hice lo que cualquier buen científico hubiera hecho: seguí la pista que me proporcionaban los datos. Su rastro pronto me condujo a lo que entonces era el pequeño mundo de la ciencia del ARN. El especialista en ADN tendría que convertirse en especialista en ARN. Aunque en aquel momento no me di cuenta, abandonar el barco se convertiría en la decisión más trascendental de mi vida.

Pequeñas rosquillas de ARN

Mientras Art y yo seguíamos explorando la reacción de ayuste, la nueva estudiante de posgrado de nuestro laboratorio, Paula Grabowski, hizo otro hallazgo sin precedentes. Teníamos dudas de que el ARN pudiera realmente cortarse y empalmarse a sí mismo, y ahora Paula obtuvo otro resultado igualmente extraño. Puede parecer contradictorio, pero el hecho de que dos observaciones parecieran venir del espacio exterior nos reconfortó y nos hizo ver que no éramos incompetentes ni estábamos locos.

Paula no se había propuesto hacer un nuevo descubrimiento, sino que este la encontró a ella. Había decidido llevar a cabo la reacción de ayuste del ARN a 39 °C en lugar de a 30 °C, nuestra temperatura estándar, ya que ambas temperaturas están dentro del rango de crecimiento de *Tetrahymena*. Ahora, en lugar de un único intrón recortado, veía dos. Además, había algo extraño en los nuevos intrones. Cuando lo analizamos mediante electroforesis en gel, el nuevo intrón se movía muy lentamente. El ARN parecía tener una forma inusual que ralentizaba su movimiento a través del gel.

Aunque los ARN circulares eran raros y se creía que estaban restringidos a los virus y a los ARN infecciosos similares a los virus, el comportamiento de este intrón durante la electroforesis nos hacía pensar en una estructura circular o ramificada. Paula halló diversas pruebas que sugerían que la nueva especie de intrón era, de hecho, un círculo. Pero no lo sabríamos con certeza hasta que pudiéramos echar un vistazo al ARN con un microscopio electrónico. Como yo era el único microscopista electrónico de nuestro laboratorio, esta tarea recayó en mí.

Habían pasado dos años desde que monté mi laboratorio y contraté a Art. Por aquel entonces me dedicaba a la enseñanza a tiempo completo, así que tenía que hacer mi propio trabajo de laboratorio sobre todo por la noche. Había montado las muestras de ARN de Paula en rejillas, discos de aproximadamente un octavo de pulgada de diámetro que contenían un entramado entrecruzado de cobre, y esa noche reservé tiempo en uno de los microscopios electrónicos del campus. Cuando subí el dial de alto voltaje en la oscura sala, la pantalla fluorescente me iluminó la cara con un resplandor verde estilo Halloween. Al mirar por el microscopio, me emocioné al ver pequeñas rosquillas (círculos diminutos de ARN) que cubrían la rejilla.[7] ¡Ver para creer! Hay que reconocer que, en aquel momento, un intrón de ARN circular parecía más una curiosidad que un gran avance. Se necesitaría más trabajo para comprender su importancia.

Ese verano, me invitaron a dar una charla sobre nuestro nuevo trabajo con el ARN en una prestigiosa conferencia sobre ácidos nucleicos que se celebraba en Nuevo Hampshire, una oportunidad poco frecuente para un profesor ayudante. Cuando viajaba estaba en continuo contacto telefónico con el laboratorio para ayudar a que la investigación siguiera adelante. Y al hablar con Paula al día siguiente de mi llegada, me di cuenta de que su voz desprendía un cierto entusiasmo. Paula había aislado la forma lineal del intrón de *Tetrahymena*, después de desprenderse del ARN de mayor tamaño, y descubrió que, al permanecer en el tubo de ensayo, empezaba a adoptar una forma circular. Hasta ese momento, para conseguir que un ARN formase un círculo siempre había sido necesario añadir una enzima proteica que uniera los dos extremos del ácido nucleico. El ARN no formaba un círculo de forma espontánea.

Aunque intenté compartir su entusiasmo, me mostré incrédulo e incluso un poco irritado. ¿Por qué una inexperta estudiante de posgrado me molestaba con algo que era totalmente imposible, claramente un error escandaloso, justo antes de que yo hablara ante este estimado grupo de científicos? De ninguna manera iba a mencionar estos nuevos y extraños resultados en mi charla del día siguiente.

Sin embargo, cuando regresé a Boulder, vi que el imposible resultado experimental de Paula era real. Se podía reproducir. Así que ahora mi joven laboratorio había encontrado dos resultados extravagantes que violaban todo lo escrito en los libros de texto: el ARN parecía estar cortándose y empalmándose a sí mismo, en ausencia de cualquier enzima, y el intrón cortado se estaba atando a sí mismo creando un círculo, de nuevo en la aparente ausencia de cualquier enzima. ¿Qué estaba ocurriendo?

A finales de 1981, habíamos diseccionado las reacciones de ayuste y circularización del ARN hasta el nivel de los átomos individuales de fósforo y oxígeno.[8] Pero en cuanto a la fuente de la catálisis, estábamos exactamente en la misma situación que los enzimólogos en 1917, antes de la aparición de James Sumner. Sabíamos lo que ocurría, pero seguíamos perplejos respecto a la causa. Pensábamos que el ARN no se podría cortar y luego unir espontáneamente, a menos que pasaran unos cuantos miles de años. Incluso entonces, la reacción no se produciría con la precisión milimétrica que estábamos viendo. Tenía que haber un catalizador.

Resultó que lo teníamos delante de las narices.

ARRANCANDO LOS PÉTALOS DE LA MARGARITA

Ese año, en la fiesta de Navidad del Departamento de Química, Paula me regaló un pequeño objeto hecho a mano.

Era una margarita de plástico, en cuyos pétalos alternos había impreso meticulosamente «es una proteína» y «no lo es». Ese era nuestro enigma.

El ARN que utilizamos para nuestros experimentos había sido sometido a un proceso muy riguroso de purificación para eliminar cualquier proteína presente. Las técnicas conocidas para eliminar las proteínas del ARN no difieren mucho de lo que hacemos para quitar las manchas difíciles de la ropa. La lavamos con agua caliente, porque las altas temperaturas rompen e inactivan las cadenas de proteínas. Usamos detergentes, que también rompen las cadenas. Puede que incluso tratemos nuestra ropa con un «detergente enzimático», porque hay enzimas proteínicas bien conocidas que destruyen cualquier otra proteína que encuentran. Nuestro ARN había sido sometido a todos estos tratamientos y seguía rompiéndose, empalmándose y convirtiéndose en un círculo. Las pruebas no apoyaban la hipótesis de que nuestros preparados contuvieran una proteína contaminante. Sin embargo, yo sabía que si afirmábamos que no había ninguna proteína (que el ARN era capaz por sí solo de hacer todas esas acrobacias), seguro que algún científico escéptico comentaría que alguna vez había oído hablar de una proteína capaz de sobrevivir a todas las agresiones a las que las sometimos en nuestro proceso de purificación.

Lo que necesitábamos era producir el ARN previo al ayuste que aún conservaba su intrón, pero sin utilizar *Tetrahymena* para poder descartar con seguridad la contaminación por enzimas de dicho organismo. Si el ARN producido artificialmente sufriera el ayuste en los mismos sitios que se utilizan para el ayuste en las células vivas, podríamos afirmar que el ARN es su propio catalizador. Si eso fuera cierto, revolucionaría nuestra comprensión no solo de las enzimas, sino también de lo que es capaz el ARN.

La ingeniería genética aún estaba en sus inicios y mi laboratorio era uno de los muchos que aún no dominaban esta tecnología. El proceso que necesitábamos era el mismo que

Arrancar los pétalos de la margarita no era la forma de resolver la cuestión de si el ayuste del ARN ribosómico de *Tetrahymena* requería la participación de una enzima proteica.

utilizan hoy las empresas de biotecnología para crear nuevos medicamentos. Teníamos que engañar a *E. coli* para que produjera el gen del ARN ribosómico de *Tetrahymena*. Para ello fue necesario insertar el ADN de *Tetrahymena* en un *plásmido*, un ADN circular que se replicaría en la célula bacteriana. De este modo, se podría decir que convertimos las bacterias *E. coli* que teníamos en nuestras placas de Petri en fotocopiadoras genéticas, produciendo tanta cantidad del gen deseado como necesitábamos para nuestro trabajo.

Esta clase de experimentos, que hoy en día cualquier estudiante de mi laboratorio tardaría un día en completar, nos supuso muchos meses de tanteos en 1982, antes de que perfeccionáramos el proceso. Cuando por fin teníamos nuestro gen impoluto que nunca había sido expuesto a una célula viva de *Tetrahymena,* seguíamos necesitando la enzima proteica llamada ARN polimerasa para copiar ese material genético en ARN. Tuve la suerte de que mi mujer, Carol, era una experta en purificar la ARN polimerasa de *E. coli,* y nos proporcionó este ingrediente final. (A veces ayuda estar casado con una compañera bioquímica, aunque estoy seguro de que también me habría dado una pizca de este material si no hubiera sido mi mujer.)

Después de copiar el gen artificial en ARN, Art Zaug utilizó procedimientos muy perfeccionados para eliminar la única proteína que habíamos introducido en el experimento: la ARN polimerasa de *E. coli*. A continuación, sometió el ARN purificado a la reacción de ayuste, colocando todos los componentes necesarios en pequeños tubos de plástico a diferentes concentraciones. Una vez más, es algo similar a cocinar. Para hacer un pastel, hay una receta que contiene harina, azúcar, huevos, levadura en polvo y agua. En nuestro caso, la receta contiene ARN, algunas sales comunes a todas las células y guanosina, uno de los cuatro componentes básicos del ARN, el nucleótido G del alfabeto del ARN. Como antes, los productos de la reacción de ARN se separaron por electroforesis en gel y se visualizaron con los rayos X.

Mi amigo Jan Engberg, un profesor de Copenhague que me había hablado de *Tetrahymena* unos años antes, estaba de visita en Boulder cuando realizamos este experimento, para comprobar si la versión bacteriana artificial del ARN de *Tetrahymena* podía seguir haciendo su magia. Aún recuerdo la reacción de Jan cuando vio la película recién revelada. El intrón se había escindido del ARN mayor, formando un producto nítido de cuatrocientas bases en el gel. Esta vez sabíamos con certeza que no había ninguna enzima proteica implicada.[9] Con la voz entrecortada, Jan levantó la vista y dijo con su maravilloso acento danés: «Lo habéis conseguido».

Ahora era el momento de divertirse. ¿Cómo deberíamos llamar a este extraordinario ARN? Reservé una zona de la pizarra del laboratorio para el concurso de nombres y, a medida que pasaba la semana, iban apareciendo más y más propuestas. Entre ellas estaba el inevitable «ARN sex», por *self-excising* (autoescindido). Otra opción era «Circulón», un nuevo superhéroe capaz de convertirse en un círculo. Y también «ARNzima». Pero había una palabra que destacaba: *ribozima*, un ácido ribonucleico con actividad enzimática. El hecho de que el ARN no solo se empalmara a sí mismo, sino que también se soldara creando una forma circular, nos convenció de que actuaba como una enzima, ya que tenía suficiente potencia para seguir funcionando incluso después de llevar a cabo la reacción de ayuste.

Desde luego, fue un atrevimiento adoptar un término tan amplio. No teníamos más que un ejemplo y habíamos elegido un nombre para toda una clase de moléculas. Pero yo veía poco riesgo. Si nunca se encontraba un segundo ejemplo, nuestro descubrimiento seguiría siendo una rareza y no importaría mucho el nombre que le pusiéramos. Pero ¿y si *Tetrahymena* hubiera aportado al mundo el primer ejemplo de una gran clase de moléculas activas de ARN?

Esta pregunta no tardó mucho en ser respondida afirmativamente. Pocos meses después de la publicación, en diciembre de 1982, en la que anunciábamos el descubrimiento del autoempalme de ARN, tuve noticias de que algunos colegas de San Luis, Ámsterdam y Albany habían descubierto ribozimas intrónicas en un hongo,[10] en la levadura de panadería e incluso en un virus bacteriano.[11,12] Este último rompía la «regla» según la cual el ayuste de ARN era un fenómeno que solo se producía en eucariotas. Cuando los científicos supieron que podían existir ARN autoalimentados, empezaron a encontrarlos en toda la naturaleza.

Los ARN autoempalmantes parecían echar por tierra uno de los principios básicos de la biología: que todas las enzimas son proteínas. No es que Sumner estuviera muy equivocado. De hecho, la mayoría de las enzimas son proteínas. Sin embargo, todos estos ARN autoempalmantes hicieron especular con la posibilidad de que hubiera existido una época antigua, antes de la aparición de las proteínas, en la que las ribozimas dominaban la catálisis.

Esos descubrimientos también suscitaron especulaciones sobre la posibilidad de que hubiera catalizadores de ARN, aún por descubrir en la naturaleza, que llevaran a cabo todo tipo de reacciones deslumbrantes que hasta entonces se creían exclusivas de las proteínas. Y, efectivamente, resultó que un tipo muy distinto de ARN con actividad catalítica estaba a la vuelta de la esquina, esperando a ser descubierto.

UN GRANO DE SAL

A diferencia de la diosa Atenea, que surgió completamente formada e incluso armada de la cabeza de Zeus, las moléculas de ARN no se transcriben a partir del ADN en su forma activa final. En lugar de ello, sufren un proceso antes de ponerse en funcionamiento. El ayuste (*splicing*), en el que se cortan los intrones y se empalman las secuencias de ARN restantes, es solo un tipo de *procesamiento de ARN*, ciertamente drástico. Otros procesos en los que interviene el ARN tienen lugar en los extremos del ARN recién creado o cerca de ellos, e incluyen la eliminación de secuencias innecesarias, así como la adición de bases no codificadas por el ADN.

El ARN de transferencia, el adaptador que reconoce un codón de ARNm en un extremo y transporta el aminoácido correspondiente en el otro, es un buen ejemplo. Inicialmente se transcribe con ARN extra situado al principio del adaptador, y este apéndice debe cortarse (en una base determinada) para que el ARNt sea funcional. Una enzima que corta el ARN se denomina *ribonucleasa*, abreviada ARNasa, y la enzima particular que corta las secuencias extra no deseadas que preceden al ARNt se denomina *ribonucleasa P* (ARNasa P). La P es por procesamiento. La ARNasa P fue descubierta en *E. coli* por Sidney Altman cuando era becario posdoctoral en Cambridge, Inglaterra, en el mismo laboratorio en el que trabajaron Francis Crick y Sydney Brenner.

Más tarde, en su propio laboratorio de la Universidad de Yale, Sid Altman siguió investigando la ARNasa P. Y resultó ser una enzima muy curiosa. Cada vez que se purificaba a

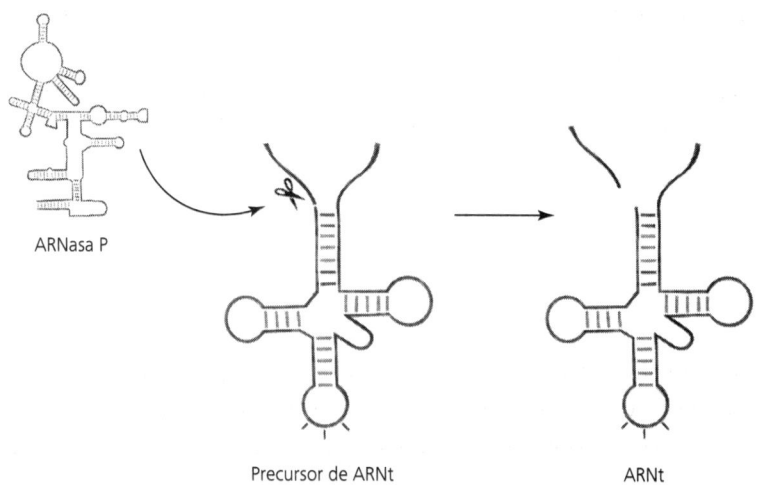

ARNasa P

Precursor de ARNt   ARNt

La ribonucleasa P, que en *E. coli* consiste en una molécula de ARN (véase ilustración) y una proteína asociada (no aparece en la ilustración), corta en un sitio específico del precursor de ARNt para generar el extremo correcto del ARNt.

partir de *E. coli* utilizando las técnicas desarrolladas durante décadas para la purificación de proteínas, aparecía una molesta molécula de ARN. Ben Stark, estudiante de posgrado de Sid, se vio obligado a purificar la ARNasa P para su tesis doctoral, y sufrió muchas burlas por no ser capaz de eliminar el ARN de sus preparaciones de la enzima.[13] Al fin y al cabo, TODAS LAS ENZIMAS SON PROTEÍNAS, y un estudiante de posgrado competente debería ser capaz de purificar la enzima ARNasa P hasta conseguir una sustancia libre de ARN. Pero Stark era lo bastante fuerte y hábil como para rechazar la idea de que era incompetente, y finalmente realizó experimentos que convencieron a Sid y a su tribunal de tesis de que, en efecto, el componente de ARN era esencial para la actividad enzimática de la ARNasa P.[14] Cuando purificaron el ARN y la proteína por separado, necesitaron mezclarlos de nuevo para restaurar la actividad del ARNt. Sin embargo, no creían estar reescribiendo la regla de oro de las enzimas, sino modificándola: seguían pensando que era el

85

componente proteico de su sistema, y no el ARN, el que debía producir la reacción.

Entonces, ¿por qué la ARNasa P necesita proteínas y ARN?[15] Hizo falta una buena dosis de suerte para averiguarlo. El laboratorio de Altman colaboraba con el laboratorio de Norm Pace, en Colorado, en una serie de experimentos en los que utilizaron y mezclaron elementos de diversas especies. Sid tenía la proteína ARNasa P purificada y el ARN de *E. coli*, y Norm tenía los dos mismos componentes, pero de una bacteria lejanamente emparentada, *Bacillus subtilis*. Tenían curiosidad por saber si alguna de las combinaciones entre especies, como la mezcla del ARN de *E. coli* con la proteína de *B. subtilis*, sería enzimáticamente activa. El experimento definitivo fue realizado el viernes 23 de septiembre de 1983 por una excelente científica del laboratorio de Sid, Cecilia Guerrier-Takada. Antes de empezar, llevó a cabo varios experimentos de control con las combinaciones de los elementos que he mencionado antes, al igual que Art había hecho en mi laboratorio. Y algo muy importante: volvió a probar las reacciones en las que se mezclaban únicamente el ARN y la proteína cuyo resultado anterior había sido negativo. Estaba segura de que no volverían a mostrar actividad alguna.[16]

Pero esta vez se incluyó algo diferente. Norm había sugerido a Sid por teléfono que podría ser útil añadir más cloruro de magnesio,[17] una sal común que se encuentra en todas las células vivas. Es lo que hacen muchos cocineros cuando ven una receta en un libro de cocina: la alteran un poco, probando si les gusta más el pastel si añaden un par de huevos más o un poco menos de azúcar. Así que Cecilia incorporó estas nuevas condiciones junto con sus condiciones estándar cuando mezcló su precursor de ARNt con los diversos componentes de ARN y proteínas de la ARNasa P. A continuación, utilizó la electroforesis en gel para separar el precursor de ARNt de cualquier producto de la reacción, lo colocó en una película de rayos X y lo dejó en exposición durante la noche.

86

Cuando reveló la película el sábado, vio que el precursor de ARNt había sido recortado en el sitio correcto por ambas enzimas ARNasa P, la de *E. coli* y la de *B. subtilis*, como siempre ocurría. Había visto resultados similares docenas de veces. Entonces, *voilà!* En la solución del tubo de ensayo que contenía solo el ARN de la ARNasa P (sin su proteína asociada) y la sal de magnesio añadida también se produjo el recorte preciso del precursor de ARNt.[18] Parecía, pues, que el ARN actuaba por sí solo como una enzima, mientras que las muestras que solo contenían proteínas permanecían inactivas.

Cecilia comprendió inmediatamente las implicaciones revolucionarias de su resultado, pero quiso comprobar una vez más que era correcto antes de contárselo a nadie. El mismo sábado repitió el experimento para asegurarse, por ejemplo, de que no había mezclado los tubos de ensayo. El domingo reveló la película de rayos X y, efectivamente, tanto las subunidades de ARN de *E. coli* como las de *B. subtilis* volvían a ser activas como enzimas en condiciones de alta salinidad, mientras que los componentes proteínicos no mostraban actividad alguna sin el ARN. Demasiado para la afirmación: «¡Todas las enzimas son proteínas!». Sid estaba en su despacho el domingo, así que Cecilia pudo mostrarle los asombrosos resultados y compartir su alegría por el descubrimiento.

Cuando llegó al laboratorio el lunes por la mañana, Sid ya había redactado un borrador de publicación científica anunciando el descubrimiento. Llamaron por teléfono al laboratorio de Norm para compartir los hallazgos con sus compañeros. Norm también se sorprendió; el axioma de que «todas las enzimas son proteínas» también formaba parte de su visión del mundo.[19]

El descubrimiento de que la ARNasa P era una ribozima, un año después de que presentáramos nuestro ARN autoempalmante, hizo que el concepto de ribozima adquiriera una nueva dimensión. En nuestros experimentos habíamos descubierto un ARN que podía empalmarse a sí mismo, que podía ser su propio *catalizador interno*. Ahora, el equipo de Sid había descubierto que el ARN podía funcionar como *catalizador externo*, actuando sobre otra cosa: los precursores de ARNt. En ambos casos, el ARN se había convertido en una molécula que no se limitaba a transportar información del ADN a las proteínas, sino que impulsaba activamente las reacciones celulares. Por eso, seis años más tarde, en 1989, los descubrimientos complementarios de Sid y míos fueron reconocidos con el Premio Nobel de Química.

Descubriendo más ARN catalíticos

La ciencia funciona de forma misteriosa. Se formula una hipótesis, se reúnen pruebas, se hacen experimentos y se comprueban los datos. Si tienes suerte, descubres algo que tus colegas consideran que es una contribución significativa al campo. Pero no se puede predecir qué ocurrirá después, quién tomará el testigo y hacia dónde lo llevará. En el caso de las ribozimas, los catalizadores del ARN aparecieron más adelante en Australia, escondidos en agentes infecciosos vegetales con nombres como viroide de la mancha del sol del aguacate. Estas ribozimas con forma de «cabeza de martillo» catalizaban una reacción muy sencilla: no clavaban un clavo, sino que se escindían a sí mismas o a otras moléculas de ARN en un lugar específico. Llamaron mucho la atención por su pequeño tamaño, unos treinta nucleótidos.[20] Así que no hacía falta un ARN enorme para actuar como una enzima.

Los científicos no tardaron en descubrir que el poder catalítico del ARN también se escondía en los ARNsn implicados en el ayuste del ARNm. Resulta que la naturaleza depende de los ARNsn para mucho más que simplemente marcar dónde debe producirse el ayuste, por importante que esto sea. Más allá de eso, un grupo de ARNsn colabora para catalizar las reacciones de corte y unión necesarias para el ayuste del ARNm. Muchos científicos que estudian diversos sistemas biológicos han contribuido a desentrañar estas funciones de los ARNsn, entre ellos Christine Guthrie, de la Universidad de California en San Francisco.

Podía parecer que el organismo elegido por Christine para sus experimentos no era el más idóneo, pero muchos otros científicos que empezaban a estudiar el ARN se decantaron, como ella, por la levadura que utilizamos para fabricar cerveza. Pero resulta que la levadura tiene una genética asombrosamente sencilla (es decir, es fácil hacer mutar un gen de levadura y ver qué ocurre como resultado) y, por lo tanto, prometía aportar conocimientos sobre la mecánica fundamental del ayuste, o eso pensaba Christine en 1980. A menudo ensalzaba «El asombroso poder de la genética de la levadura». Si podía encontrar los ARNsn de la levadura que correspondían a los ARNsn U1, U2, U4, U5 y U6 de los mamíferos (los que por entonces se consideraban esenciales para el ayuste del ARNm), creía que podría diseñar pequeños cambios en sus secuencias y averiguar si sus bases se emparejaban con el ARNm o con otros ARNsn. Si lo conseguía, ayudaría a desentrañar el mecanismo que explica las reacciones de corte y unión que hacen funcionar el mecanismo de ayuste del ARNm.

Fue una suerte que Christine sintiera tanta pasión por la investigación porque, a menudo, no recibía los ánimos que merecía. Su asesor de posgrado le dijo cosas como: «Las chicas no pueden dedicarse a la bioquímica. No pueden levantar rotores pesados (los que sostienen los tubos de ensayo en una centrifugadora) ni pasar largas horas en la cámara frigorífica (el refrigerador que se utiliza para realizar purificaciones bioquímicas)».[21] Durante los años en que tanto se esforzó por identificar los ARNsn de levadura (después de todo, no se puede hacer mutar un gen hasta que no se ha identificado), muchos miembros de la comunidad de investigadores del ARN la infravaloraban. En repetidas ocasiones señalaron que, dado que muy pocos genes de levadura tienen intrones, el mecanismo de ayuste del ARNm de levadura podría ser único y no estar relacionado con el de los humanos.[22] En retrospectiva, parece muy extraño que algunos biólogos, que conocen y ven a diario en su trabajo las consecuencias de la evolución, dudaran de que algunos aspectos fundamentales del ayuste se conservaran entre las especies que tenían intrones. Pero la dificultad que entrañaba la búsqueda de ARNsn de levadura alimentó su escepticismo. ¿Era posible que la levadura no tuviera ningún ARNsn?

Christine y su laboratorio pasaron cinco largos años examinando células de levadura antes de encontrar por fin su primer ARNsn, el llamado U5. Utilizando los trucos conocidos por los genetistas de levaduras, demostraron que las células desprovistas de este ARN dejaban de crecer y acumulaban ARN no empalmados, lo que indicaba que el U5 de la levadura debía participar en el proceso de ayuste.[23] Otros grupos de investigación se unieron a la búsqueda y pronto se encontraron más ARNsn responsables de distintos pasos de la reacción de ayuste.[24]

Christine ya había identificado las distintas piezas del mecanismo de ayuste, pero vio que podían encajar de más de una manera y que su posición cambiaba en el transcurso de la reacción. No era el tipo de problema que se pudiera resolver de la noche a la mañana.

En 1986 ya se habían logrado algunos progresos. Los investigadores confirmaron que el U1 se unía al extremo izquierdo de cada intrón,[25] como habían propuesto inicialmente Lerner y Steitz, pero más tarde U1 abandonaba la escena. El U2 se unía cerca del extremo derecho de cada intrón,[26] como demostró un estudiante del laboratorio de Christine, Roy Parker. Sin embargo, lo que ocurría después seguía siendo un misterio.

Por aquel entonces, yo formaba parte de un grupo de científicos del ARN que se reunían en las Montañas Rocosas para una aventura anual de esquí y cocina que Tom Steitz bautizó como «RiboSki». Tras pasar el día en la nieve, Christine, Joan Steitz y John Abelson dedicaban horas a comparar datos de ayustes de ARN, mientras Elsebet Lund y Jim Dahlberg, de la Universidad de Wisconsin, Olke Uhlenbeck, de Boulder, y yo observábamos. Todos nos preguntábamos cómo podrían acercarse los ARNsn entre sí en las distintas fases de la reacción de empalme del ARNm. Estoy seguro de que aquella agradable atmósfera generó muchas buenas ideas, pero Christine necesitó varios años más de tenaz investigación antes de ser capaz de trazar el mapa de cada paso de la reacción de ayuste.

Una noche de 1992 se produjo un gran avance. Ella estaba trabajando hasta tarde en su laboratorio de San Francisco, reflexionando sobre los nuevos resultados que había obtenido con su alumno Hiten Madhani en relación con el ARNsn llamado U6.[27] Esa resultó ser la clave. Cuando esbozó la solución al mecanismo de ayuste, no parecía tanto una reacción bioquímica como un ballet coreografiado. El U6 entra en escena estrechamente entrelazado con el U4 y juntos encuentran su lugar en el intrón. Pero entonces interviene U2, quedándose con U6 mientras U4 sale del escenario enfadado. Ahora U6 y U2, con la ayuda de U5, son libres de producir la química necesaria para completar la reacción de ayuste. Juntos actúan como una ribozima, catalizando el proceso de ayuste del ARNm.

Christine estaba tan impresionada por lo que había descubierto que tenía que contárselo a alguien, pero el edificio estaba casi a oscuras. Salió al vestíbulo, encontró a un conserje que barría el pasillo y compartió con él sus nuevos conocimientos.

«¡Y lo entendió!»[28]

¿Por qué tantos científicos, incluso los de mi laboratorio, el de Sid Altman y el de Norm Pace, rechazaban la idea de que el ARN pudiera ser una enzima? ¿Por qué estábamos tan atados a la idea de que una proteína debía estar siempre en el corazón de la catálisis? En parte, porque sabíamos que las proteínas enzimáticas se pliegan de formas intrincadas, hechas a medida para las tareas que deben realizar. Si se altera esa estructura hirviendo las proteínas o por una mutación genética, la actividad se detiene.

En cambio, por aquel entonces no sabíamos lo suficiente sobre la estructura del ARN como para ver cómo podía plegarse como catalizador. Por ejemplo, siempre imaginamos que los ARN mensajeros tenían forma de espaguetis hervidos, muy flexibles y sin ninguna forma estable. Aunque los espaguetis estuvieran enrollados y retorcidos en el plato, se enderezaban en cuanto se levantaban con un tenedor.

Respecto al ARN, los científicos pensábamos en una o dos dimensiones. Pensábamos en un orden lineal de bases, A, G, C y U, alineadas como las letras de esta frase, y en el emparejamiento de bases dentro de la secuencia, como en la estructura del ARNsn U1 de la que hemos hablado antes. Pero para entender cómo es posible que el ARN sea una enzima, hay que verlo en tres dimensiones. Recordemos lo poco que sabíamos sobre los mecanismos moleculares de la genética hasta que vimos la forma tridimensional del ADN, la doble hélice. Del mismo modo, no podíamos esperar entender los ARN catalíticos hasta que averiguamos cuáles eran sus variadas estructuras.

4

Formas cambiantes

«La forma sigue a la función» es un axioma famoso en arquitectura,[1] pero válido para casi todo el mundo físico. Un martillo y un destornillador tienen formas diferentes, cada una adaptada a su uso, pero ambos tienen un mango similar porque esa parte de su función (encajar en una mano humana) es la misma. El mismo principio se aplica a nivel celular. Si una enzima proteica descompone los alimentos en trozos pequeños para que puedan ser metabolizados, la enzima tiene una hendidura en la que caben las moléculas de alimentos, como la fécula de patata, que necesitan ser descompuestas. Si la función de una proteína es mover un músculo, entonces necesita una región elástica que pueda expandirse y contraerse.

Esta relación entre forma y función significa que no podemos entender realmente las moléculas de la vida hasta que no conozcamos su estructura, cómo están construidas y cómo encajan entre sí. Sin esa estructura, los investigadores de las ciencias de la vida son un poco como los mecánicos que intentan reparar el motor de un automóvil en la oscuridad total: el proceso sería muy lento, ineficaz y frustrante. Conocer la estructura es como encender las luces; ahora los mecánicos pueden ver todas las piezas del motor, cómo encajan entre sí, qué pieza o conexión está defectuosa y cómo arreglarla.

Para la primera generación de biólogos moleculares, descifrar la estructura física de las proteínas y luego la del ADN

93

fueron grandes y dignos desafíos. La técnica que utilizaron se llama *cristalografía de rayos X*. El método consiste en disparar un haz de rayos X a una muestra, como el cristal de una molécula de proteína, recoger imágenes de la radiación difractada y deducir la estructura que ha podido producir esa difracción. Pensemos en un guijarro arrojado a un estanque tranquilo. Produce una serie de ondas que pueden utilizarse para determinar el lugar exacto en el que el guijarro golpeó el agua. Ahora imagina que lanzas un puñado entero de guijarros al estanque. Los patrones de ondas son mucho más complejos y se superponen, pero la información sobre dónde cayó cada guijarro sigue ahí. Del mismo modo, el patrón de difracción producido por un haz de rayos X dirigido a un cristal de proteína puede revelar la ubicación de los átomos individuales que componen dicha molécula.

¿Y qué ocurre con el ARN? Hemos visto que el ARN tiene funciones maravillosas, y encontraremos muchas más. Cada una de estas funciones debe tener una forma correspondiente, una estructura específica que la posibilite. Pero la forma del ARN resultó ser mucho más difícil de identificar que la del ADN.

Jim Watson lo iba a comprobar muy pronto. Tras codescubrir la doble hélice, Watson pensó que también desentrañaría la estructura del ARN.[2] Pero se topó con un problema. El ADN solo tiene una forma, la doble hélice, en la que cada hebra se empareja con su hebra hermana. Esta escalera retorcida mantiene las dos hebras bloqueadas y bajo control o, como bromeamos a veces los científicos del ARN, impide que las dos hebras de ADN hagan algo muy interesante, como la catálisis. En cambio, el ARN no tiene una forma, sino millones de formas posibles. Liberado de las limitaciones de la doble hélice, el ARN puede adoptar un número prácticamente ilimitado de formas, lo que explica su asombrosa versatilidad. Sin embargo, el hecho de que el ARN cambie de forma hace que sea aún más importante comprender cada una de sus variantes, pero ha sido muy difícil cartografiar la posición de cada componente de esta sustancia escurridiza.

Watson se dedicó durante una década a estudiar la estructura del ARN. Primero purificó ARN de diversas fuentes, como virus de plantas, hígado de ternera y levaduras; realizó experimentos de difracción de rayos X y, basándose en los datos obtenidos, llegó a la conclusión de que estos diversos ARN tenían una única estructura común.[3] Era como ver un elefante y un Volkswagen a doscientos metros de distancia en un día de niebla y concluir que son iguales. Si tuvieras unos prismáticos y esperaras a que saliera el sol, llegarías a una conclusión muy diferente.

Antes de rendirse, Watson dio un paso en la dirección correcta. Pasó de estudiar una colección diversa de ARN diferentes (que tenían múltiples funciones y, por tanto, múltiples estructuras), a los ribosomas purificados,[4] cuyos ARN tienen estructuras específicas ajustadas a la función concreta que desempeñan en la síntesis de proteínas. Pero la tecnología y los conocimientos necesarios para desentrañar las estructuras de los ribosomas tardarían otros cuarenta años en desarrollarse.

Sin embargo, cuando por fin tuvimos ante nosotros estructuras complejas de ARN, pudimos ver con claridad cómo hace su magia: cómo sirve de máquina para sintetizar moléculas proteicas esenciales, cómo construye los extremos de nuestros cromosomas o cómo edita con precisión el ADN de las células humanas. Todos estos grandes descubrimientos sobre el poder catalizador del ARN estaban por llegar. Al principio, el éxito llegó a pequeña escala.

PASITOS DE BEBÉ

Bob Holley, de la Universidad de Cornell, retomó el trabajo donde lo había dejado Jim Watson. A finales de la década de 1950, se dio cuenta de que era una locura intentar hallar una estructura única a partir de una mezcla de ARN, así que se centró en el ARNt, el adaptador que conecta un aminoácido con su codón. El ARN de transferencia era lo suficientemente pequeño como para permitirle determinar su secuencia de nucleótidos, algo que hasta entonces no se había hecho con ningún tipo de ARN.[5]

¿Por qué Holley tuvo que secuenciar el ARN antes de que él o cualquier otro pudiera intentar determinar su estructura? Resolver la estructura de un ARN es un poco como hacer un análisis sintáctico de una frase. Aunque fueras el mejor gramático del mundo, no podrías hacerlo si primero no pudieras leerla. La secuencia de nucleótidos te da el orden en el que están dispuestas las bases químicas A, U, C y G (las letras de las palabras de tu frase), y una vez que las veas todas juntas puedes empezar a analizar tu molécula, imaginando cómo se colocan estos elementos en el espacio y cómo funcionan juntos.

Como fuente de ARNt, Holley eligió la levadura, la misma que utilizamos para hacer pan y cerveza. Sabía que, en este organismo, los ARNt eran relativamente abundantes y podía comprar toda la levadura Fleischmann que necesitara en una panadería local. Sin embargo, para purificar un gramo (aproximadamente la masa de una pasa) de un tipo de ARNt se necesitarían tres años y 150 kilos de levadura.[6]

El ARNt que Holley consiguió separar del resto resultó ser el que servía de adaptador para el aminoácido alanina.[7] Una vez que él y su equipo de investigación lo aislaron, empezaron a trocearlo en piezas lo bastante pequeñas como para analizarlas químicamente y averiguar cómo estaban ordenadas. Al cabo de un año habían descifrado la secuencia de nucleótidos, lo que les allanó el camino para desentrañar la primera estructura de un ARN.

En 1965, Elizabeth Keller, una experimentada investigadora del equipo de Bob Holley, aceptó el reto de predecir cómo podría plegarse sobre sí mismo el ARNt de alanina en dos dimensiones. Conocía la secuencia de bases, pero ¿cómo podrían interactuar?

Recuerda que el ARN suele ser monocatenario. En el ADN, las bases de una cadena se emparejan con las de la otra para formar los peldaños de la escalera del ADN, creando una forma doble helicoidal siempre similar con independencia de su secuencia. Pero en el ARN, la secuencia determina la forma, ya que las bases de una parte de la cadena encuentran bases en otra parte con las que emparejarse. Un solo par G-C es demasiado débil para mantenerse unido, pero, por poner un ejemplo, si hay cuatro G consecutivas que pueden emparejarse con cuatro C consecutivas, los cuatro pares de bases se mantienen unidos. Estos emparejamientos, determinados por la secuencia del ARN, hacen que este se pliegue sobre sí mismo, creando «horquillas», ramas, bucles, nudos y un sinfín de formas posibles. Keller vio rápidamente que podía formar pares de bases en muchas combinaciones diferentes para plegar el ARNt. ¿Cuál era la correcta?

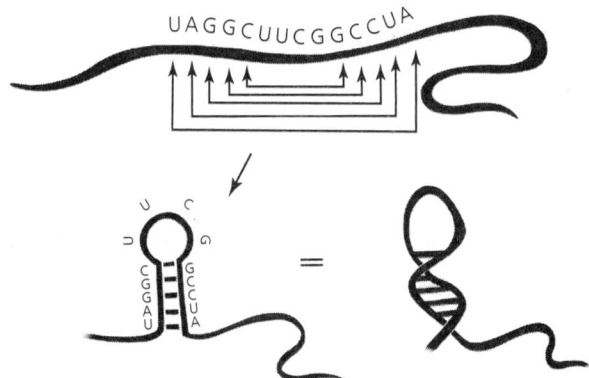

En el ARN monocatenario se pueden formar pares de bases dentro de la molécula para crear formas diversas como la «horquilla», o estructura en bucle, que se muestra aquí. La representación de la parte inferior izquierda permite ver qué bases están emparejadas, mientras que la imagen derecha muestra la forma tridimensional de la horquilla.

Una de las pistas tenía que ver con las tres bases del ARNt que establecían la conexión con el codón del ARNm. Este triplete se denomina anticodón porque tiene una secuencia complementaria a la del codón. A Keller y Holley les pareció razonable que este anticodón no estuviera enterrado en los pliegues de la estructura del ARNt, sino que sobresaliera para poder emparejarse fácilmente con el ARNm.[8]

Keller utilizó limpiapipas y trocitos de velcro para modelar diferentes formas de emparejamiento de bases posibles. Se decidió por un característico patrón de trébol de tres hojas, que cumplía con la condición de tener el anticodón sin emparejar en un bucle que remataba el brazo central de la estructura, listo para emparejarse con el codón de ARNm correspondiente.

Poco después se averiguó cuáles eran las secuencias de una docena de otros tipos de ARNt,[9] y se vio que todos y cada uno de ellos podían plegarse, en teoría, formando una estructura en forma de hoja de trébol. Dado que todos los ARNt debían encajar en las mismas ranuras del ribosoma para entregar sus aminoácidos para la síntesis de proteínas, debían tener la misma forma. El hecho de darse cuenta de que «esa forma sirve para todos» fue un gran respaldo para la hipótesis que aseguraba que el ARNt adoptaba una forma de hoja de trébol.

Aunque era claramente un gran avance, el modelo en forma de hoja de trébol de Keller tenía una gran limitación: se quedaba plano sobre el tablero, mostrando el ARNt solo en dos dimensiones. A veces me refiero a estas representaciones bidimensionales como «animales atropellados», porque nos muestran el aspecto que tendría el ARN si fuera atropellado por un camión. Del mismo modo que sería difícil entender el comportamiento de una ardilla analizando una ardilla aplastada, no se puede entender realmente el comportamiento del ARN a partir de un modelo 2D.

A finales de la década de 1960 comenzó una carrera para desentrañar la estructura tridimensional del ARNt. Era Cambridge (Estados Unidos) contra Cambridge (Reino Unido): un equipo estaba dirigido por Sung-Hou Kim y Alex Rich en

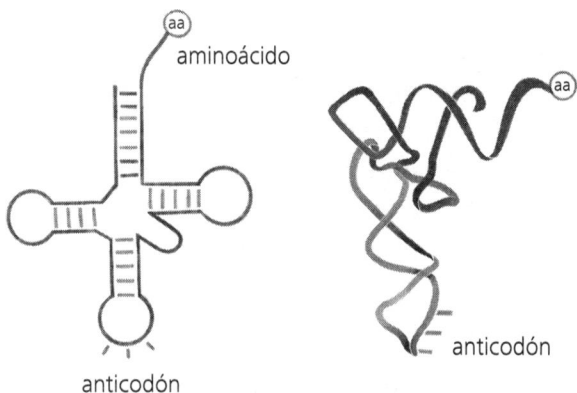

El emparejamiento de bases hace que la molécula de ARNt (izquierda) adopte una forma de hoja de trébol, que luego se pliega y pasa a tener forma de L en tres dimensiones (derecha). El anticodón de tres bases queda al descubierto, lo que le permite emparejarse con un codón de ARNm e introducir el aminoácido (aa) correcto en el ribosoma.

el MIT y el otro por J. D. Robertus y Aaron Klug en el Laboratorio de Biología Molecular del otro Cambridge.

El método elegido fue la cristalografía de rayos X, gracias al cual ya se estaban obteniendo un montón de estructuras de proteínas. Para conseguir los cristales en el laboratorio, se prepara una solución muy concentrada de las moléculas purificadas y luego se añaden a una fila de gotitas que contienen diferentes concentraciones de aditivos, por ejemplo, sales. Se buscan las condiciones ideales para obtener cristales adecuados. Si las moléculas son demasiado solubles en una gota determinada, la solución permanece transparente, sin cristales. Si las moléculas son demasiado insolubles en otra gota, precipitan fuera de la solución formando un grumo inútil. Pero en algunas gotas, donde la solución está justo en el límite entre soluble e insoluble, las moléculas se acurrucan unas junto a otras en filas y columnas rectas. Al microscopio, se ven hermosos cristales de bordes afilados que crecen lentamente y se agrandan día a día. A continuación, se coloca un solo cristal frente a un haz de rayos X y se recoge el patrón de rayos X difractados. Tras unos cuantos trucos más y muchos cálculos, se puede «resolver» la estructura, es decir, obtener un modelo de la posición de cada átomo de la molécula en el espacio tridimensional.

La cristalización es mitad ciencia y mitad arte, así que los investigadores se las arreglan con lo que obtienen. El ARNt que cristalizó con mayor facilidad fue el ARNt de la fenilalanina, por lo que fue el que desentrañaron los dos equipos competidores. Su estructura demostró que la hoja de trébol imaginada por Elizabeth Keller era una realidad. Esta hoja de trébol se plegó sobre sí misma para dar lugar a una molécula en forma de «L».[10] En un extremo de la «L» estaba el anticodón y en el otro, el aminoácido fenilalanina correspondiente.

Determinar la primera estructura tridimensional de un ARN con una función biológica conocida fue un logro emocionante, compartido por los dos equipos de Cambridge en 1974. En estos casos, el primer avance suele ir seguido de muchos más. La primera ficha de dominó cae e inicia una cascada. Pero no fue así en el caso de la estructura del ARN. En los quince años posteriores al ARNt de fenilalanina, no se desentrañó la estructura de ningún ARN mayor que el ARNt. A pesar de los grandes esfuerzos de innumerables investigadores, todos los demás tipos conocidos de ARN resultaron ser demasiado escurridizos para ser desvelados. Y sin una estructura que sirva de guía, averiguar las funciones de cada nucleótido en un ARN de gran tamaño (como la ribozima de *Tetrahymena*) es un proceso lento y tedioso.

EL CAZADOR DE MARIPOSAS

Mientras algunos esperaban a que la tecnología fuera lo bastante buena como para cristalizar tipos más complejos de ARN, François Michel empezó a soñar. François trabajaba en el Centro Nacional para la Investigación Científica (CNRS, por sus siglas en francés) en la localidad de Gif-sur-Yvette, en los alrededores de París. Una de sus pasiones era coleccionar, criar y comprender las bases genéticas de las distintas especies de mariposas, y coleccionaba secuencias de ARN con la misma avidez. Tenía una memoria asombrosa para estas secuencias. Se dice que las comparaba e intentaba encajarlas en varias disposiciones en su cabeza, incluso mientras dormía. Su aspecto era el de un genio excéntrico: una buena mata de pelo y una frondosa barba. Cuando le veía en conferencias, a veces pensaba que acababa de salir del bosque tras meses cazando mariposas.

Los colegas de François en Gif-sur-Yvette habían identificado un nuevo grupo de intrones en la mitocondria de la levadura, la parte de la célula que genera energía, cuyas propiedades genéticas eran fascinantes. Se dieron cuenta de que en nueve intrones diferentes había pequeños fragmentos de secuencias casi idénticas. De un intrón de levadura a otro, los trozos estaban en el mismo orden, lo que sugería que tenían una función similar. François sabía que estas secuencias similares eran vitales para la reacción de ayuste del ARN porque, cuando se producían mutaciones en estos trozos de ARN, la reacción de ayuste no funcionaba. Además, los pares de bases de estas secuencias eran complementarios entre sí, lo que sugería que se comprimían para formar estructuras como las de la ilustración anterior. En 1982, François propuso el modo en el que estas secuencias de ARN emparejadas podían generar una forma 2D similar para todos estos intrones mitocondriales de levadura.[11]

Pero ¿por qué tendrían que tener los intrones una forma específica? Después de todo, si eran similares a los intrones del ARNm que Phil Sharp y Rich Roberts habían descubierto, el ARN del intrón podría necesitar estar desestructurado para emparejarse con los ARNsn U1 y U2. El misterio de los intrones estructurados no duró mucho, porque poco después de que François propusiera su modelo estructural, informamos de nuestro descubrimiento de la ribozima en *Tetrahymena*.

François solo tardó un segundo en mirar la secuencia de nucleótidos del intrón de *Tetrahymena* y darse cuenta de que su modelo 2D también funcionaría para nuestro intrón autoempalmante.[12] Esto fue sorprendente e inesperado: las levaduras están muy alejadas evolutivamente de protozoos ciliados como *Tetrahymena*, y los genes mitocondriales son muy diferentes de los genes presentes en los núcleos de las células. Entonces, ¿por qué estos ARN, que de otro modo no estarían relacionados, se pliegan dando lugar a la misma forma? La respuesta, totalmente inédita, debía ser que esta forma era necesaria para que el catalizador autoempalmante cumpliera con su función, y los intrones mitocondriales de la levadura también deben ser autoempalmantes. De hecho, en 1985 un grupo holandés confirmó esta predicción.[13]

Los modelos 2D de François parecían versiones ampliadas del trébol de ARNt. El ARN de estos intrones era varias veces más grande que un ARNt y sus estructuras también eran más elaboradas, con una docena o más de tallos y bucles en horquilla en lugar de los cuatro que presentan los ARNt. Disponer de esta hoja de ruta para la estructura de una clase de ribozimas era un logro sustancial, pero François sabía que la catálisis del ARN no tenía lugar en dos dimensiones. Ansiaba construir un modelo tridimensional completo basado tan solo en secuencias, algo que nadie había hecho nunca para un ARN de gran tamaño.

En 1983, François conoció a Eric Westhof, de la Universidad de Estrasburgo, en un congreso científico. Eric había pasado su infancia en el Congo Belga, se había licenciado en Física en la Universidad de Lieja (Bélgica) y más tarde había estudiado la estructura del ARNt mediante cristalografía de rayos X en la Universidad de Wisconsin. La formación y los conocimientos de Eric complementaban a la perfección los de François, y ambos compartían la pasión por convertir modelos 2D de ARN en una realidad 3D.

Estrasburgo se encuentra en el valle del Rin, rico en viñedos, no muy cerca de París, por lo que François llevaba su saco de dormir cuando visitaba a Eric para las sesiones de construcción de modelos. Eric se sentaba frente al ordenador y construía hélices de ARN que correspondían a regiones de bases apareadas conocidas de la estructura del intrón de *Tetrahymena*. Esa parte no era difícil: las dobles hélices de ARN son como pequeños fragmentos de la doble hélice de ADN, y los detalles de sus ángulos helicoidales serían los mismos que se habían observado en las estructuras cristalinas del ARNt. Lo difícil era averiguar cómo estas pequeñas unidades helicoidales se unían en el espacio tridimensional para construir una forma catalítica. Con un poco de suerte, las secuencias de ARN que conectan las hélices les iban a proporcionar pistas sobre su disposición tridimensional, del mismo modo que dichas secuencias sirven para plegar el trébol de ARNt en su estructura tridimensional en forma de L.

François se sentaba junto a Eric y analizaban impresiones de ochenta y siete secuencias de intrones relacionados, todos del tipo autoempalmante. Estas impresiones complementaban las numerosas secuencias que llevaba en la cabeza. Mientras Eric movía partes del ARN en su ordenador, François buscaba cambios coordinados en las secuencias de diferentes intrones que indicaran que ciertos nucleótidos se estaban tocando en el espacio tridimensional. Cuando lo veía, François proclamaba: «¡Funciona!». Por la noche se acurrucaba en su saco de dormir junto al ordenador de Eric,[14] con visiones de secuencias de ARN bailando como mariposas en su cabeza.

En 1990, François y Eric ya tenían su modelo 3D del intrón de *Tetrahymena*.[15] Para un biólogo del ARN, aquello era una auténtica belleza. Recordaba a la forma de un bebé abrazado por sus dos progenitores. El «bebé» era una hélice de ARN que contenía el segmento que había que escindir y empalmar. Uno de los progenitores era una porción de la estructura del ARN que, tal como François había demostrado previamente, era necesaria para posicionar la guanosina, que servía de «tijera» para cortar el intrón.[16] El otro progenitor, llamado P4-P6 (regiones emparejadas 4-6), apoyaba el posicionamiento de estos elementos clave del ARN.

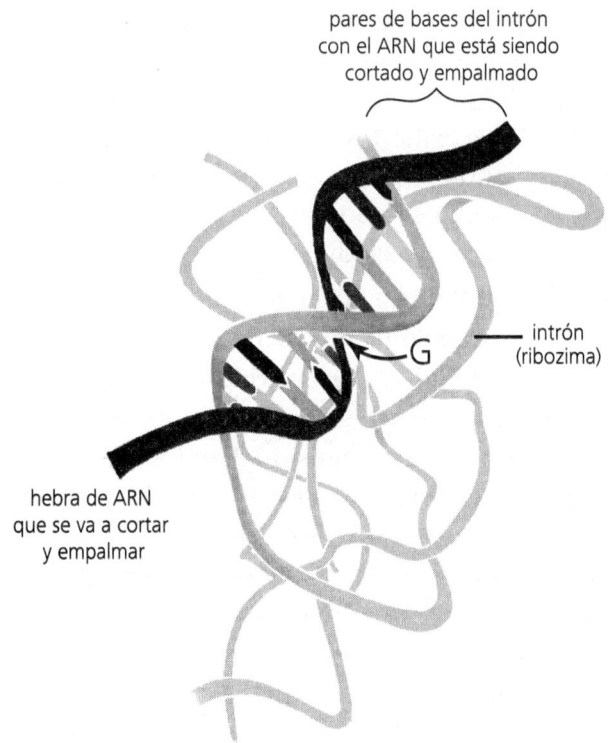

pares de bases del intrón
con el ARN que está siendo
cortado y empalmado

intrón
(ribozima)

hebra de ARN
que se va a cortar
y empalmar

Modelo de la estructura tridimensional del ARN autoempalmante de *Tetrahymena* propuesto por François Michel y Eric Westhof. El intrón (sombreado claro) se empareja con el ARN cerca del lugar de ayuste (sombreado oscuro). El intrón también se une a una molécula de guanosina (G), uno de los componentes básicos del ARN, y la utiliza como tijera química para cortar la cadena negra de ARN en el lugar del empalme.

El modelo encajaba perfectamente, pero ¿cuánto se parecía a la estructura real? Para averiguarlo, había que recurrir a la cristalografía de rayos X y al talento y la fortaleza de una joven hawaiana.

Jennifer Doudna creció en la verde costa oriental de la isla grande de Hawái. Explorando las maravillas de las pozas de marea locales y caminando con asombro por el borde del volcán activo Kilauea, se enganchó a la ciencia a una edad temprana.[17] Primero cruzó el Pacífico para ir a la universidad, especializándose en Bioquímica en el Pomona College de California, y luego el resto de Estados Unidos cuando se trasladó a la Facultad de Medicina de Harvard para hacer su doctorado. Allí, su tesis doctoral versó sobre la función de la ribozima de *Tetrahymena*.

Esto nos convirtió más o menos en competidores, pero la rivalidad siempre fue amistosa. Una vez, en plena carrera, Jennifer me visitó en Boulder y fue imposible no sentirse impresionado (si no un poco intimidado) por el nivel de aquella mujer. Tenía un talento asombroso para diseñar el experimento adecuado con el que probar cualquier hipótesis, y poseía más energía y empuje que ningún otro científico que yo hubiera conocido. Por eso, cuando se doctoró en 1989 y me pidió unirse a nosotros en Boulder para sus estudios posdoctorales, acepté de inmediato.

Tanto Jennifer como yo y muchos otros miembros de la comunidad del ARN, estábamos convencidos de que para entender el funcionamiento de cualquier ribozima sería necesario obtener una foto tridimensional de su forma. Pero la investigación de la estructura del ARN sufría una sequía: no se había descifrado ninguna gran estructura de ARN desde la del ARNt quince años antes. Sabíamos que obtener esa foto era una empresa ambiciosa. Pero si lo conseguíamos, sería un gran logro, uno destinado a aparecer en los libros de texto de todo el mundo.

La estructura de una ribozima prometía ser una mina de oro de respuestas a cuestiones fundamentales sobre la estructura del ARN en general, incluido el odioso misterio de cómo podía plegarse el ARN para dar lugar a una estructura catalítica específica. Las formas en que las proteínas se pliegan y crean sitios activos enzimáticos eran bien conocidas. La enzima proteica empaqueta todas sus cadenas laterales lipídicas en su interior, formando un núcleo hidrofóbico (que odia el agua), y una hendidura catalíticamente activa en su exterior hidrofílico (que ama el agua). Pero el ARN no podría basarse en los mismos principios para formar su estructura, porque no tiene unidades hidrófobas con las que jugar. Y lo que es peor, el ARN está cargado negativamente en cada paso de la cadena, mientras que, en su mayor parte, la cadena de una proteína no lo está.* Formar una estructura compacta a partir del ARN significa juntar todas esas cargas negativas, algo así como colocar un montón de imanes con sus polos sur apuntando hacia dentro e intentar juntarlos: se produce repulsión. La estructura del ARNt solo nos proporcionaba una pauta para la estructura del ARN, y no era catalítica; no hacía nada por sí misma, en ausencia del ribosoma y del ARNm. La estructura de la ribozima de *Tetrahymena* sería la primera imagen de cómo un ARN de gran tamaño podría plegarse como una proteína, a pesar de estar aparentemente mal equipado para hacerlo.

Tras su llegada a Boulder, en 1991, Jennifer y yo acordamos que sería demasiado ambicioso intentar resolver la estructura de toda la ribozima de *Tetrahymena,* que con sus 414 bases era unas seis veces mayor que el ARNt. En lugar de eso, decidimos aplicar la técnica de cristalización de rayos X inicialmente solo a media porción de la molécula, pero no a cualquier media porción, sino a una que fuera funcional y estructuralmente digna de estudio. Felicia Murphy, una estudiante de posgrado de mi laboratorio, había identificado una porción clave de la ribozima llamada «P4-P6» que enca-

---

* De los veinte aminoácidos que se encuentran en las proteínas, quince no tienen carga, dos tienen carga negativa, dos tienen carga positiva y uno (la histidina) tiene la propiedad muy útil de pasar de no tener carga a tener carga positiva a medida que su entorno se vuelve más ácido.

jaba a la perfección.[18] Descubrió que P4-P6 se plegaba sobre sí misma como una pinza antigua de la ropa y era esencial para colocar la parte del ARN que contenía uno de los dos lugares de ayuste, aunque se desconocían los detalles a nivel atómico. Sería tarea de Jennifer tratar de revelarlos.

Jennifer se asoció con Anne Gooding, una científica de mi laboratorio, y pronto sintetizaron el ARN P4-P6 y prepararon gotas de cristalización bajo una serie de condiciones salinas. En poco tiempo encontraron una receta que generaba de forma reproducible hermosos cristales de bordes afilados. Es de suponer que las moléculas de ARN estaban perfectamente alineadas en filas y columnas rectas, pero al principio estos cristales no daban muy buenos patrones de difracción con el haz de rayos X. La radiación estaba dañando el ARN de los cristales e impedía obtener una imagen nítida.

En 1993, Joan y Tom Steitz, los dos profesores de Yale que eran miembros destacados de RiboSki, pasaron un año sabático en Boulder. Visitaron mi grupo de investigación y el de mi colega Olke Uhlenbeck. Tom Steitz era uno de los mejores cristalógrafos de rayos X del mundo, y su grupo de Yale había desentrañado importantes estructuras de complejos ARN-proteína y ADN-proteína. A Tom le gustaba pasar el rato en nuestra sala de descanso hablando de ciencia, y en una conversación con Jennifer describió cómo su grupo había empezado a congelar sus cristales para minimizar el daño de los rayos X. Utilizaban nitrógeno líquido para mantener muy frío el propano líquido, y luego sumergían el cristal en el propano líquido para congelarlo muy rápidamente, antes de que pudieran formarse cristales de hielo. Jennifer y Anne dominaron la técnica y quedaron encantadas al comprobar que el patrón de difracción de rayos X del ARN P4-P6 había mejorado mucho. Era lo suficientemente bueno como para que pudiéramos ver dónde se encontraban los átomos individuales dentro de la estructura plegada del ARN.

Pero, como de costumbre, la investigación avanza dos pasos y retrocede uno, y eso en una semana buena. Nuestro gran «paso atrás» fue un problema técnico que nos frustró durante el resto de la estancia de Jennifer en Boulder.[19] Para determinar una estructura se necesitan cristales no solo de la molécula que se está estudiando, sino también de un «derivado con un átomo pesado» del cristal a estudiar, que tenga un átomo pesado situado en una o varias posiciones fijas de la molécula. Un «átomo pesado» es un átomo con un gran número de protones, neutrones y electrones, como el platino, el oro, la plata, el mercurio, el selenio, el tungsteno o el osmio. Solo comparando el patrón de difracción de la molécula original con el del derivado del átomo pesado se puede determinar la estructura tridimensional de la molécula. Los átomos pesados utilizados en las proteínas son bien conocidos, pero el ARN es una molécula diferente y los átomos pesados que funcionan para las proteínas no lo hacen para el ARN.

Así que, por el momento, la estructura de P4-P6 seguía sin resolverse. Sin embargo, después de tres años en Boulder, Jennifer tenía tal reputación gracias a su tesis en Harvard y a sus avances en la revolucionaria estructura del ARN en Boulder que las universidades competían por contratarla. Eligió Yale, en gran parte por la relación que ya había entablado con Tom y Joan Steitz. Llevó consigo a Jamie Cate, un estudiante de posgrado de Boulder, que siguió probando metal tras metal para usarlo como átomo pesado. Después de muchos fracasos, Jamie vio que un ion de osmio tenía el tamaño adecuado para sustituir al ion de magnesio en el ARN plegado. Un químico de Stanford, que estaba a punto de jubilarse, había conseguido sintetizar un compuesto de osmio adecuado. En un golpe de suerte, Jamie se puso en contacto con él justo antes de que vaciaran su laboratorio y consiguió que le regalara lo que resultó ser el metal mágico. En efecto, el compuesto de osmio sustituyó a tres de los iones de magnesio ligados a lugares específicos del ARN,[20] lo que permitió a Jamie y Jennifer resolver finalmente la estructura P4-P6 del ARN en 1996.

La estructura era impresionante. Mostraba cómo la molécula de ARN podía replegarse sobre sí misma para formar un núcleo interno compacto, algo que las proteínas hacían habitualmente pero que había parecido muy difícil para el ARN. Sin embargo, tenía sentido que un ARN catalítico formara una estructura similar a la de una proteína: el ARN actuaba como una proteína, así que ¿por qué no iba a parecerse también a una de ellas? La estructura también mostraba cómo los iones de magnesio cargados positivamente, que son componentes habituales de las células vivas, se posicionaban para resolver el problema de repulsión de carga que suponía plegar un ARN con una gran carga negativa. Volviendo de nuevo a los imanes, si quieres juntar los polos negativos de dos imanes y que permanezcan juntos, pon un polo positivo de imán entre ellos.

El siguiente paso era resolver la estructura de la ribozima completa. Barb Golden vino a Boulder para su investigación posdoctoral, y en 1998 consiguió un nuevo récord de tamaño para la cristalografía de ARN: una versión de 247 nucleótidos del intrón de *Tetrahymena* que era activo como biocatalizador.[21] Este ARN incluía el dominio P4-P6 y, como habíamos predicho, el dominio P4-P6 en el contexto de la ribozima activa y el dominio P4-P6 aislado parecían casi idénticos. La estructura del intrón de Barb también mostraba una especie de «cuna» formada por el ARN, esperando abrazar la hélice de ARN que contenía el sitio de ayuste. Se parecía mucho a lo que habían predicho Michel y Westhof ocho años antes.

El desciframiento de la estructura del dominio P4-P6 de *Tetrahymena* estimuló el reducido campo dedicado a la estructura del ARN, y pronto se resolvieron las estructuras cristalinas de otras moléculas de ARN grandes y funcionales.[22] Tomadas en su conjunto, estas estructuras permitieron vislumbrar las enormes capacidades del ARN. Cada ARN funcional tendría, por supuesto, su propia forma, pero los principios generales observados en la ribozima de *Tetrahymena* parecían ser aplicables a muchos otros ARN. Aquella estructura constituía un magnífico anuncio del tipo de máquinas complejas que podían formarse a partir únicamente de A, G, C y U.

Y en ese punto, más o menos, es donde se quedó el campo de estudio de la estructura del ARN durante la siguiente década. Cada año se desentrañaban una o dos estructuras más. Los científicos avanzaban con paso firme, pero mientras que hasta entonces se había descubierto la estructura de decenas de miles de proteínas, solo conocíamos menos del uno por ciento de las estructuras de ARN.[23] Esta situación no era nada satisfactoria, no solo porque ralentizaba nuestra comprensión de los fundamentos del ARN, sino también porque impedía el progreso de innovaciones médicas que podrían salvar vidas. Los científicos industriales que desarrollan fármacos para combatir enfermedades necesitan una imagen detallada de su molécula diana para guiar sus búsquedas. En el caso de las proteínas, es muy posible que puedan contar con su estructura, ya resuelta por otra persona o, cada vez más, deducirla a partir de la inmensa base de datos de estructuras estrechamente relacionadas. Sin embargo, se desconocía la estructura de la mayoría de las dianas de ARN, lo que dificultaba el desarrollo de fármacos. Lo que se necesitaba era un cambio de paradigma en la determinación de las estructuras de los ARN.

Mejor si somos muchos

Hay más de una forma de predecir la estructura del ARN, evitando el lento e incierto proceso de la cristalografía de rayos X. Ya hemos probado otro enfoque: encontrar algunas personas realmente inteligentes con un profundo conocimiento de los principios del plegamiento del ARN, como François Michel y Eric Westhof, y darles varios años para resolver el problema. Pero ¿qué hay de la táctica opuesta, encontrar a miles de personas sin formación científica que no tengan experiencia con la estructura del ARN y dejar que cada una de ellas dedique unas horas a resolver el problema? Todos hemos oído hablar del *crowdsourcing* (colaboración masiva voluntaria). ¿Podría funcionar en un tema tan misterioso como el plegamiento del ARN, y cuántas personas estarían interesadas en participar?

Un día de enero de 2017 me encontraba sentado en el despacho de Rhiju Das en la Universidad de Stanford con la mandíbula perpetuamente desencajada. Siempre es una lección de humildad cuando un colega científico te cuenta algo fantástico que ha hecho y que nunca habrías imaginado. Rhiju tenía a 37.000 personas de todo el mundo jugando a un juego de ordenador llamado eterna (o eteRNA). La misión de estos jugadores era encontrar soluciones al problema del plegamiento del ARN.[24]

En 2009, eteRNA anunció su primer reto en línea: diseñar un ARN que se plegara de manera que pareciera una estrella de cinco puntas o una cruz. En otras palabras, ¿qué secuencia de bases A, G, C y U permiten formar los pares de bases correctos para plegarse en la forma deseada? Los jugadores procedían de todos los ámbitos de la vida. Algunos eran estudiantes de posgrado que investigaban el ARN, mientras que otros eran aficionados al sudoku que apenas habían oído hablar del ARN, pero estaban ansiosos por probar un nuevo tipo de rompecabezas. Algunos habían desarrollado programas informáticos para plegar el ARN; otros se ceñían al papel y el lápiz. Los jugadores enviaron sus respuestas al sitio web de eteRNA y, a continuación, todos votaron por las secuencias que, en su opinión, tenían más probabilidades de plegarse en la forma deseada y no en otras. Las ocho secuencias más votadas fueron sintetizadas posteriormente en Stanford. Cada una de ellas se probó con un método ingenioso llamado SHAPE, ideado por Kevin Weeks, un investigador posdoctoral de mi laboratorio que ahora forma parte del profesorado de la

Universidad de Carolina del Norte en Chapel Hill. SHAPE consiste en tratar el ARN con un compuesto químico que reacciona solo con nucleótidos monocatenarios, identificando así qué nucleótidos son reactivos. Por ejemplo, si una secuencia de ARN se pliega realmente formando una estrella de cinco puntas, debería tener un patrón de reactividad SHAPE característico, como se muestra a continuación.

cruz   cruz asimétrica   estrella

reactividad SHAPE ↑

Los ganadores del concurso eteRNA idearon secuencias de ARN que predijeron que se plegarían formando una cruz, una cruz asimétrica o una estrella. Para comprobar si las predicciones eran correctas, se utilizó la reacción química SHAPE para identificar las regiones monocatenarias de cada estructura, algunas de las cuales se muestran con flechas.

37.000 jugadores aceptaron el reto y los mejores encontraron la solución para cada problema. Los resultados fueron tan sorprendentes que dieron lugar a una publicación que, excepcionalmente, fue firmada por cien participantes del juego eteRNA como coautores.[25] En 2022, esta comunidad (en su mayoría jugadores que poco sabían del ARN antes de engancharse al juego) había resuelto 4.181.632 rompecabezas de estructuras de ARN.

En los últimos años, eteRNA ha subido la apuesta y ha abordado problemas de investigación reales. Por ejemplo, en su concurso Open Vaccine de 2020, los participantes compitieron para diseñar una versión mejorada de una vacuna de ARNm para el COVID-19 que no requiriera almacenamiento en frío. La hipótesis (o, para ser más exactos, la conjetura fundamentada) era que al diseñar un ARNm que se plegara en una estructura con un alto emparejamiento de bases que mantuviera la capacidad de codificación de la proteína de la espícula del coronavirus, se obtenía un ARNm más estable durante el almacenamiento y también cuando se inyectara en los humanos. Dado que muchos de los aminoácidos se especifican mediante dos, cuatro o incluso seis codones, existe un número asombroso de secuencias que codifican la proteína de la espícula. Este número (10^{630}) bien podría ser infinito, porque ningún ordenador podría clasificar tantas secuencias. Así que eteRNA propuso el problema a cualquier videojugador que quisiera participar y esperó a que llegaran las respuestas. Como el concurso se lanzó el 18 de marzo de 2020, cuando mucha gente estaba encerrada en casa por la pandemia de COVID-19, la participación fue masiva.

Los jugadores dieron con muchas secuencias de ARNm muy dobladas, con la mayoría de las bases encerradas formando pares. Pero ¿eran de hecho más estables? En Stanford se analizó la estabilidad de ocho de los ARN superplegados, tanto durante su almacenamiento como una vez introducidos en células humanas. Resulta gratificante comprobar que estas secuencias eran hasta dos veces más estables que las diseñadas por los programas informáticos actuales.[26] Los investigadores de Stanford contenían la respiración: ¿estaban estos ARN tan plegados que no podrían pasar por el ribosoma para fabricar la proteína de la espícula? No había de qué preocuparse, la traducción de ARNm a proteína funcionaba a la perfección.[27] Finalmente, entregaron sus ARNm superplegados al grupo de vacunas de Pfizer, que probó su longevidad en una vacuna experimental. Tras dos semanas a temperatura templada, las vacunas superplegadas estaban prácticamente intactas y su estado era mucho mejor que el de las vacunas de ARNm diseñadas con la tecnología actual. Dado que las vacunas de ARNm para el COVID-19 aprobadas deben almacenarse y enviarse a temperaturas ultrafrías, lo que dificulta su distribución a los países pobres, el aumento de la estabilidad térmica constituye una señal esperanzadora de que, algún día, se contará con una vacuna más accesible y barata.

LA INTELIGENCIA ARTIFICIAL AL RESCATE

Aprovechar la sabiduría de la multitud es una forma única de resolver estructuras de ARN. Pero es más probable que el futuro de este campo pase por sustituir la capacidad intelectual humana por el aprendizaje automático. La inteligencia artificial (IA) ya puede escribir artículos de periódico y mensajes en las redes sociales; puede convertir frases habladas en texto; y permite, en principio, que los coches autónomos circulen por la ciudad de forma segura. Entonces, ¿podemos utilizarla para predecir estructuras de ARN? ¿Podría haber ahorrado a Michel y Westhof los siete años de trabajo que tardaron en predecir la estructura de un intrón autoempalmante? ¿Podría haber ahorrado a mi laboratorio los siete años que pasamos resolviendo la estructura de un intrón autoempalmante mediante cristalografía de rayos X? ¿Podría haber evitado que 37.000 personas jugaran al eteRNA para encontrar las mejores secuencias para plegarse en forma de estrella o de cruz? La respuesta es casi con toda seguridad «sí», y aunque todavía no hemos llegado a ese punto, el futuro parece claro.

114

En 2021, Rhiju Das, cocreador de eteRNA, y Ron Dror, su colega de Stanford, anunciaron un gran avance.[28] Habían conseguido diseñar un programa informático basado en la inteligencia artificial capaz de predecir con bastante éxito qué estructura tridimensional adoptará una secuencia de ARN determinada cuando se pliegue. Uno de los retos a los que se enfrentaron fue reunir un conjunto de datos adecuados para «entrenar» a la IA. Los programas de IA necesitan entrenarse con información real antes de lanzarse a lo desconocido. La IA no tiene problemas para distinguir las fotos de perros de las de gatos, porque el programa se entrena con millones de imágenes de Internet etiquetadas como «perro» o «gato». Pero en el caso del plegamiento del ARN, Das y Dror solo disponían de dieciocho secuencias de las que se conociera su estructura que fueran útiles para preparar a la IA. Además, le pedían que hiciera algo mucho más difícil que reconocer una estructura de ARN cuando la viera; querían que utilizara la secuencia de nucleótidos A, G, C y U para predecir la estructura 3D correcta. Es sorprendente que las dieciocho secuencias de entrenamiento fueran suficientes para que su programa superara a los anteriores métodos de predicción de estructuras.

¿Cómo se mide el éxito de las predicciones de estructuras tridimensionales de ARN? Eric Westhof ha reclutado a biólogos de todo el mundo especializados en este campo para que participen en un juego que él llama Rompecabezas de ARN.[29] Cuando un científico participante resuelve una nueva estructura de ARN, por ejemplo, mediante cristalografía de rayos X, se compromete a no hacer pública la solución hasta que los jugadores hayan tenido un mes para intentar predecir la estructura basándose únicamente en la secuencia de nucleótidos. En resumen, los jugadores no conocen la respuesta. Algunos jugadores han desarrollado servidores web automáticos para la predicción de la estructura del ARN, mientras que otros adoptan un enfoque más artesanal.

Se reúnen todas las entradas y, cuando llega la fecha límite, se revela la verdadera estructura.

En los cuatro rompecabezas de ARN analizados, el método de Das-Dror basado en IA proporcionó un modelo más preciso que el enviado por cualquier participante. Aún no es perfecto, pero va camino de convertirse en una herramienta fiable para la comunidad. Se vislumbra un futuro en el que este tipo de estructuras se resolverán sin necesidad de ir al laboratorio, una perspectiva emocionante para el progreso científico, pero bastante triste para los que nos hemos pasado la vida preparando recetas moleculares en el laboratorio y saboreando los resultados.

Desentrañar la estructura tridimensional de los ARNt y luego de las ribozimas tuvo un enorme impacto en la ciencia del ARN. Los científicos pudieron ver cómo se plegaban los ARNt para encajar en el ribosoma, donde no solo aportaban los aminoácidos correctos, sino que también los dirigían para que se colocaran unos frente a otros y así pudieran reaccionar y construir una cadena proteica. Los científicos pudieron ver los detalles atómicos de cómo la ribozima de *Tetrahymena* posicionaba la guanosina para atacar en un lugar de ayuste del ARN, cómo la ARNasa P catalizaba la escisión de un enlace específico para crear un ARNt maduro y cómo los ARNsn orquestaban el ayuste del ARNm.

Más allá del simple intento de comprender cómo funciona la biología, conocer la estructura de un ARN permite a los científicos y bioingenieros diseñar variantes para reutilizarla en nuevas aplicaciones. Por ejemplo, un bioingeniero puede diseñar una ribozima que pueda usarse como parte de un circuito molecular cuyo objetivo sea detectar un compuesto tóxico o un virus concreto en una muestra ambiental. Existe todo un campo de la biología sintética que utiliza ribozimas como sensores e interruptores, pero para ello es necesario conocer previamente la estructura del ARN.

Los avances en la determinación de estructuras tridimensionales de ARN cada vez más grandes animaron a los científicos a incrementar sus objetivos. Algunos intrépidos empezaron incluso a fijarse en la última frontera de la célula, la madre de todas las máquinas moleculares, cuya fuente de energía secreta había sido durante mucho tiempo un misterio. Su objetivo era resolver la estructura del ribosoma.

5

La nave nodriza

Harry Noller no es como la mayoría de los bioquímicos. Rara vez las palabras «guay» y «bioquímico» aparecen en la misma frase, pero Harry es así, muy guay. Profesor de la Universidad de California en Santa Cruz, también es músico de jazz y ha tocado el saxo con Chet Baker. Dedica su tiempo libre a restaurar Ferraris de época. También domina varios idiomas. He asistido a conferencias en el extranjero con Harry, y no importa en qué parte del mundo nos encontremos, cuando nos sentamos en un café, parece capaz de pedir lo que desea en el idioma local.

La Universidad de California en Santa Cruz tiene un entorno impresionante, enclavada entre imponentes secuoyas en el extremo norte de la bahía de Monterrey. Cuando Harry estableció allí su laboratorio de investigación, en 1968, su objetivo era entender cómo funcionaba el ribosoma. Esta poderosa máquina molecular, que fabrica todas las proteínas de los seres vivos, es una auténtica victoria de la naturaleza. Como una locomotora en una vía férrea, el ribosoma recorre un ARN mensajero. Se detiene un instante en cada codón, espera a que el ARN de transferencia correcto se empareje con él y, a continuación, añade el aminoácido correcto a una cadena proteica en crecimiento. Y su versatilidad es impresionante: dale mil ARNm diferentes y producirá las mil proteínas correspondientes.

Cuando Harry empezó a investigar, todo el mundo seguía pensando que las proteínas eran los únicos elementos de la naturaleza capaces de catalizar reacciones biológicas, así que se propuso averiguar qué proteínas del ribosoma realizaban el trabajo duro de la síntesis proteica.[1] Supuestamente, una proteína ribosómica podría «agarrar» el ARNm, una o dos harían lo mismo con los ARNt y otra podría catalizar lo que los científicos denominan *transferencia del peptidilo*, la reacción química que une dos aminoácidos.

No importaba que la masa del ribosoma estuviera compuesta por un tercio de proteínas y dos tercios de ARN ribosómico. Los científicos creían que esos ARN (había tres en los ribosomas bacterianos, incluido el ribosoma de *E. coli* que estudió Harry) debían proporcionar algún tipo de andamiaje que ayudara a las proteínas clave a organizarse.[2] En otras palabras, la proteína era la reina, y los ARN ribosómicos no eran más que campesinos poco avispados al servicio de la monarca.

Pero el plan «encontremos las proteínas clave» no fue como se esperaba. Harry diseñó un sistema que le permitía construir ribosomas a partir de sus componentes (ARN y proteínas) y así podría comprobar si los ribosomas reconstituidos eran activos en la síntesis de proteínas. Esto le permitió prescindir de una proteína cada vez y determinar cuáles eran esenciales, algo parecido a hornear pan y prescindir de un ingrediente en cada intento para ver cuáles eran esenciales. En el caso del ribosoma, Harry eliminó una proteína cada vez y no pasó prácticamente nada: el ribosoma siguió haciendo su trabajo.

Decepcionante y bastante desconcertante. ¿Dónde estaban esas proteínas catalizadoras clave?

En 1972, un estudiante del laboratorio de Harry, Jonathan Chaires, tenía que terminar su tesis, así que Harry le propuso probar un método radicalmente nuevo. Harry sabía que una sustancia química llamada ketoxal reaccionaba de forma muy específica con las bases G del ARN, provocando que algunos de sus átomos fueran más grandes de lo normal, sin afectar a las proteínas vecinas. Hasta ese momento, no había conseguido nada manipulando las proteínas del ribosoma. ¿Quizá la clave estaba en dejarlas en paz y jugar con el ARN?

El método que iban a usar para observar la síntesis de proteínas era el mismo que Marshall Nirenberg utilizó para descifrar el código genético: coger ribosomas de *E. coli* (tratados con ketoxal o sin tratar), añadir poli(U) como ARNm sintético y buscar la producción de la cadena de aminoácidos correspondiente, la polifenilalanina. La primera vez que Harry y Jonathan trataron los ribosomas con ketoxal, vieron que la síntesis de proteínas se detenía en seco.[3] Es más, solo diez de los cientos de G de cada ARN ribosómico reaccionaron con el ketoxal, y eso había sido suficiente para desbaratar la síntesis de proteínas.[4] Al ribosoma no le gustaba nada que manipularan su ARN.

Según este experimento, parecía ser que era el ARN ribosómico, y no una de las proteínas ribosómicas, el encargado de la tarea clave: unir los ARNt.[5] Harry se sintió como si su Ferrari acabara de despeñarse en el Pacífico desde la Ruta Estatal 1. ¿Qué hacer a partir de ahora?

CORRECCIÓN DEL RUMBO

Para desentrañar la estructura del ribosoma, Harry tendría que convertirse en un auténtico especialista del ARN. Este es un acontecimiento recurrente en la ciencia; cuando un científico ha estado trabajando duro para demostrar una hipótesis y los datos indican de repente que la verdad podría hallarse en una dirección totalmente diferente. Fue algo muy parecido a lo que yo viví diez años después, cuando mi laboratorio perseguía la furtiva enzima proteica que debía de esconderse en nuestras reacciones de ayuste del ARN, para acabar dándome cuenta de que el ARN lo estaba haciendo él solito. Decidir qué camino tomar en estas encrucijadas nunca está del todo claro, y muchos científicos están tan centrados en su formación en un campo concreto que son reacios a dar el salto. Como dice la cita (a menudo atribuida a Winston Churchill): «Los hombres tropiezan de vez en cuando con la verdad, pero la mayoría se levantan y salen corriendo como si nada hubiera pasado».[6]

Harry Noller, no. Sabía que, para entender su función, necesitaría comprender la estructura del ARN ribosómico. Pero, en 1972, la estructura del ARN era en gran parte inescrutable, siendo el trébol del ARNt la única excepción. Harry sabía que cuanto más grande fuera el ARN, más difícil sería descifrar su estructura. Esa era una mala noticia, pues dos de los tres ARN ribosómicos eran gigantescos: en *E. coli*, uno tenía 1.542 nucleótidos y el otro, 2.904 nucleótidos. El tercero era más pequeño, de 120 nucleótidos, pero aún mayor que el ARNt.

Harry estaba disfrutando de un año sabático en 1975 cuando, de repente, tuvo una revelación. Al poder estar más tiempo en la biblioteca, se topó con un artículo reciente de Carl Woese, microbiólogo de la Universidad de Illinois. Unos años más tarde, Carl descubriría un dominio de la vida completamente nuevo, las arqueas, organismos que habitan en las aguas termales sulfurosas del Parque Nacional de Yellowstone, entre otros entornos aparentemente inhóspitos. Pero ya en 1975, Carl y su investigador asociado, George Fox, habían dado con la estructura 2D del ARN ribosómico más pequeño, el de 120 nucleótidos. Su método se basaba en la misma idea que había funcionado para la estructura en forma de hoja de trébol del ARNt en la década de 1960. Disponían de las secuencias de este pequeño ARN ribosómico de una docena de organismos diferentes, en su mayoría bacterias y una rana. La forma sigue a la función, por lo que supusieron que todos estos ARN se plegarían de la misma manera, a pesar de que las secuencias de cada especie eran diferentes, porque se asumía que todos estos ARN desempeñaban la misma función en el ribosoma. De las muchas formas en que podía plegarse la estructura del ARN, respetando siempre la regla de los pares de bases A-U y G-C, solo una de las formas funcionaba para los doce organismos que formaban parte del estudio.[7] Una bombillita se encendió en la cabeza de Harry: este sería el camino que le conduciría hacia la estructura de los grandes ARN ribosómicos, aunque sería cuesta arriba y tardaría años en llegar a la cima.[8]

Cuando Harry telefoneó a Carl Woese en 1975, se dio cuenta de que eran almas gemelas. Ambos eran casos atípicos. El noventa y nueve por ciento de los científicos seguían pensando que debían ser las proteínas inherentes al ribosoma las que se encargaban del trabajo pesado y utilizaban el ARNm para fabricar nuevas proteínas. El uno por ciento restante, que creía que era el ARN ribosómico el que hacía el trabajo pesado, estaba formado por Harry y Carl. «No nos tomaban en serio —dijo Harry—. Pero la ventaja de eso fue que tuvimos una década sin ninguna competencia.»[9]

Como Santa Cruz (California) y Urbana (Illinois) no están muy cerca, la colaboración se llevó a cabo sobre todo por teléfono y por correo, intercambiando listas de secuencias de fragmentos cortos de ARN ribosómico. Obtuvieron estos pedazos cortos troceando el ARN con una enzima llamada ribonucleasa T1, que corta después de cada G en el alfabeto del ARN. El proceso era como pasar una página de un documento por una trituradora de papel. Esto era necesario porque, en aquella época, solo se podían secuenciar trozos cortos de ARN. En el ARNr de 1.542 nucleótidos leyeron más de cien «palabras», cadenas cortas de nucleótidos de ARN. Los equipos de Woese y Noller averiguaron cómo se deletreaban estas palabras (por ejemplo, CUCAG y UACACACCG). Después de deletrear todas las palabras que componen el ARNr, tuvieron que ensamblarlas en una frase larga. Fue todo un reto, tan difícil como coger los trocitos cortados por una trituradora de papel y volver a reconstruir el documento original. Solo entonces estuvieron preparados para anunciar que habían desentrañado la secuencia completa del ARN de 1.542 nucleótidos.* Cuando tuvieron la secuencia del ARN en sus manos, pudieron analizar cómo las partes de la secuencia se emparejaban entre sí para plegar el ARN, tal y como Fox y Woese habían hecho con el ARN ribosómico más pequeño y como François Michel haría más tarde con las ribozimas.

El mapa 2D resultante de este ARNr se dio a conocer en 1980.[10] Se parecía en cierto modo al mapa de terminales del aeropuerto internacional O'Hare de Chicago: muchos vestíbulos que sobresalían de un eje central, algunos de ellos ramificados como la letra Y.

Le siguió, un año después, la estructura 2D del ARN ribosómico de 2.904 nucleótidos, un conjunto aún mayor de terminales y vestíbulos.[11]

Estos dos mapas de lo que Harry y Carl llamaban «la nave nodriza» darían a cientos de biólogos estudiosos del ribosoma en todo el mundo un marco en el que planificar e interpretar sus resultados experimentales. Pero, en última instancia, los mapas no bastaban. La catálisis no se produce en dos dimensiones, y no había forma de entender realmente cómo funcionaba la nave nodriza si no se podía ver en la vida real. Y, como suele ocurrir con cierta frecuencia, cuando se descubrió cómo funcionaba el ribosoma no solo progresó la ciencia, sino que también se sentaron las bases para mejorar los antibióticos que podrían salvar vidas, mejoras con las que Harry no podría haber soñado cuando comenzó su búsqueda.

---

* Hay que destacar que la secuenciación de este ARN, que en la década de 1970 requería unos veinte años-persona para completarse, se realiza ahora de forma rutinaria en un solo día mediante secuenciadores automáticos. Este avance tecnológico ha hecho posibles los proyectos existentes sobre el microbioma humano, ya que las secuencias de ARN ribosómico identifican inmediatamente qué bacterias están presentes en una muestra ambiental o en un frotis de una zona del cuerpo humano.

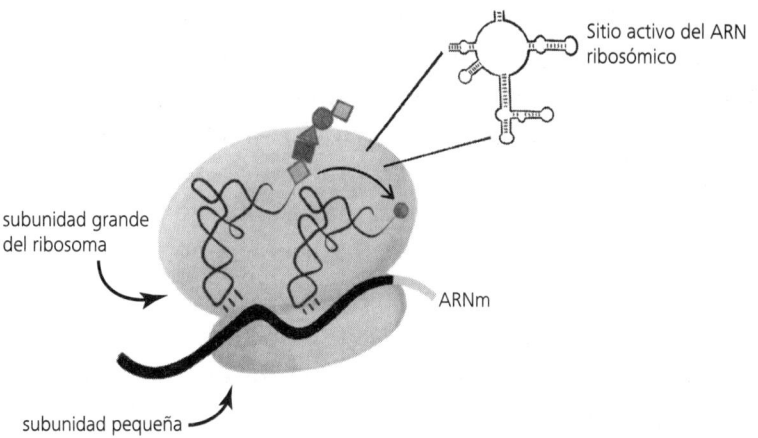

El ARN de la subunidad grande del ribosoma se pliega formando una estructura multirramificada; aquí solo se muestra la parte que cataliza la reacción de transferencia del peptidilo (estructura de arriba a la derecha). El ribosoma mostrado contiene dos ARNt unidos a codones adyacentes en el ARNm. Un ARNt transporta la cadena proteica en crecimiento (las formas representan cinco aminoácidos diferentes), mientras que el siguiente aminoácido que se añade a la cadena (una única esfera oscura) ha sido introducido en el ribosoma por un ARNt diferente. Debido a la dificultad de representar el objeto tridimensional en un diagrama bidimensional, los extremos portadores de aminoácidos de los dos ARNt aquí se muestran separados, pero en realidad se mantienen juntos en el ribosoma tridimensional.

Lagartos hibernadores y el mar Muerto

Puede que Harry Noller fuera casi el único científico que estaba absolutamente convencido de que el ribosoma utilizaba ARN como fuente secreta de energía, pero no era el único que quería obtener una imagen clara del mismo. Los biocientíficos de todo el mundo ansiaban conseguir una visión tridimensional de la máquina molecular que sintetizaba las proteínas presentes en todos los organismos. Pero conseguir una imagen nítida resultó ser tan difícil como fotografiar al monstruo del lago Ness.

Al igual que ocurrió con el ARNt y las ribozimas, la técnica de moda fue la cristalografía de rayos X. Ada Yonath empezó a sentar las bases de la cristalización de ribosomas bacterianos en la década de 1970 en el Instituto Weizmann de Ciencias de Rehovot (Israel). Como muchos otros investigadores que intentaban cristalizar ribosomas en todo el mundo, Ada se encontró con dificultades increíbles y encadenó una larga serie de fracasos. Podría haberse dado por vencida, pero la animó enterarse de que los ribosomas se agrupaban en conjuntos cristalinos en osos y lagartos hibernadores del sur de Italia.[12] Si los ribosomas podían formar conjuntos cristalinos ordenados en animales que vivían en zonas de bajas temperaturas, razonó, entonces debería poder conseguir que cristalizaran en el laboratorio.[13]

En 1980, Yonath consiguió cultivar cristales de ribosomas bacterianos que difractaban los rayos X bastante bien.[14] Pero no eran estables en soluciones salinas, el medio preferido para la cristalización; algunas de las proteínas se desprendían del ribosoma, dejando una mezcla de partículas ribosómicas incompletas. Así que ella y su equipo pensaron que un organismo amante de la sal podría tener ribosomas que permanecieran estables en condiciones de alta salinidad. Dada su proximidad al mar Muerto, probaron con *Halobacterium marismortui* («bacteria de la sal del mar Muerto») y en este caso tuvo éxito.[15]

A la vista de todos estos avances, se podría pensar que descifrar la estructura tridimensional del ribosoma (con sus tres moléculas de ARN y sus cincuenta y cinco proteínas) estaba a la vuelta de la esquina. Pero, de hecho, se emplearon otros quince años. Y es que, como Jennifer Doudna y mi laboratorio descubrieron al intentar resolver la estructura de la ribozima de *Tetrahymena,* tener buenos cristales que difracten rayos X es solo la mitad de la batalla. La otra mitad es resolver de nuevo el «problema del átomo pesado». Para calcular la estructura tridimensional de un ARN, se necesitan datos claros de difracción de rayos X para la molécula de ARN con y sin un átomo pesado unido a ella. Y es, en este momento, que hemos de hablar de Tom Steitz y Venki Ramakrishnan.

DESCUBRIENDO EL PALACIO DE CRISTAL

Hasta ahora hemos hablado del ribosoma en singular. Pero, en realidad, el ribosoma no es una entidad única, sino un par de enormes complejos compuestos cada uno por ARN y proteínas (llamados subunidad grande y subunidad pequeña) que se unen para realizar el trabajo de síntesis de proteínas en todas las especies. La *subunidad pequeña del ribosoma* contiene el segundo mayor (1.504 nucleótidos) de los tres tipos de ARNr y veintidós proteínas. Es la primera en ensamblarse con el ARNm. A continuación, hace su entrada la *subunidad grande del ribosoma,* formada por los otros dos ARNr (2.904 y 120 nucleótidos) y unas treinta y tres proteínas. La subunidad grande alberga el centro catalítico, responsable de unir los aminoácidos, uno tras otro, produciendo así la cadena de aminoácidos que llamamos proteína. Estos detalles son importantes porque los dos siguientes actores de nuestro drama se ocuparon cada uno de una subunidad diferente: Tom Steitz de la subunidad grande y Venki Ramakrishnan de la pequeña.

En 1995, Tom Steitz gozaba de una gran reputación en la resolución de las estructuras de las máquinas moleculares más importantes de la biología. Había determinado las estructuras de las ADN polimerasas, que copian la información del ADN al ARN. También fue quien descifró la estructura de la transcriptasa inversa del VIH, que copia el ARN del VIH en ADN que luego se inserta en un cromosoma humano. Y otro de sus logros fue dilucidar la estructura de una enzima que añade el aminoácido correcto a una molécula de ARNt.

Pero ¿podría Tom descifrar la nave nodriza? En 1995, reunió a un equipo de tres becarios posdoctorales que estaban preparados para esta aventura.[16] A ellos se unió Peter Moore, amigo de Tom y colega de Yale desde hacía mucho tiempo, experto en ribosomas. Eligieron la bacteria del mar Muerto como fuente de sus subunidades ribosómicas, porque Ada Yonath ya había allanado el camino. El grupo de Steitz se centró en la subunidad grande, que catalizaba la unión de aminoácidos que da lugar a las proteínas correspondientes. Para descifrar su estructura necesitaban resolver el temido problema de los átomos pesados.

Tom, marinero experto, explicó este problema con una anécdota marinera. Comparó las mediciones de átomos pesados en cristalografía de rayos X con el problema de medir el peso del capitán de un barco restando el peso de un barco vacío del peso del barco más el capitán. Si el barco fuera un pequeño velero, esto funcionaría razonablemente bien. Pero ¿y si el barco fuera el RMS *Queen Mary*? Entonces, restar el peso del *Queen Mary* del peso del *Queen Mary* más el capitán sería una forma realmente difícil de determinar cuánto pesaba el capitán. Y el ribosoma, con sus 250.000 átomos, era el *Queen Mary* de las máquinas biomoleculares.[17]

Uno de los momentos clave fue cuando el equipo de Steitz encontró una solución al problema de «cómo pesar al capitán del barco»: utilizar un capitán de barco muy pesado. Se trataba de un grupo de dieciocho átomos de tungsteno, que casualmente encajaban en una hendidura específica de la subunidad ribosómica. Como el tungsteno es el elemento utilizado para fabricar los filamentos que brillan dentro de una bombilla tradicional, se podría decir que este truco «iluminó» la estructura. A lo largo de los años siguientes, el laboratorio de Steitz obtuvo una sucesión de fotos cada vez mejores de la gran subunidad del ribosoma, que culminó con una imagen inimaginablemente nítida en el año 2000.[18]

¿Qué se siente al resolver la estructura tridimensional de una máquina biomolecular? Es como si existiera un palacio de cristal que lleva mucho tiempo cubierto por un enorme velo. Cientos de investigadores han utilizado métodos indirectos para averiguar qué hay dentro: debe haber una cocina, un comedor y varios dormitorios y cuartos de baño. Pero nadie sabe cómo están dispuestas las habitaciones unas respecto a otras. ¿Cuál es la distribución y cómo se organizan las funciones del palacio? Y entonces, en un momento, se resuelve la estructura. Se retira el enorme velo y se puede mirar a través de las paredes transparentes para ver todo lo que hay dentro, e incluso se puede caminar por todas las habitaciones. Eso es lo que se siente al resolver una estructura atómica mediante cristalografía de rayos X. De repente se ven los detalles de todo lo que los científicos han propuesto, sondeado y postulado en laboratorios de todo el mundo durante muchos años, y se puede discernir cuáles son las ideas correctas y cuáles las erróneas.

Para el equipo de Steitz, el momento de la revelación llegó cuando observaron el centro catalítico de la subunidad ribosómica grande y vieron que estaba formado exclusivamente por ARN. No había proteínas en las proximidades.

Todo lo que Harry Noller y Carl Woese habían propuesto sobre la centralidad del ARN basándose en sus minuciosos experimentos y en una intuición bien orientada resultó ser cierto. El ribosoma es, de hecho, una ribozima, una máquina catalítica de ARN.[19] Es cierto que el ARN se apoya en un elenco de proteínas, del mismo modo que el ARN de la ARNasa P se apoya en una proteína que ayuda a mantener el ARN bien organizado en condiciones celulares. Pero el corazón del ribosoma es ARN puro.

Sin embargo, he de decir que, llegados a este punto, nuestra historia solo está contada a medias. Sí, la estructura de la subunidad grande del ribosoma mostraba con detalle atómico que era una enzima de ARN, y no de proteína, la que catalizaba el encadenamiento de aminoácidos en proteínas. Pero ¿qué hay de los pasos clave necesarios para leer el código del ARNm y alinear los ARNt adecuados, los adaptadores que determinan qué aminoácidos se encadenan? Los secretos de la descodificación del mensaje se encuentran en la subunidad pequeña del ribosoma.

Venki Ramakrishnan creció en la India, se doctoró en Física en la Universidad de Ohio y se aficionó a los ribosomas como becario posdoctoral en Yale. En 1995, Venki se incorporó al cuerpo docente de la Universidad de Utah y se dedicó a resolver la estructura de la subunidad pequeña del ribosoma. Él y su estudiante Bil Clemons perfeccionaron métodos para obtener cristales decentes de las subunidades del ribosoma y se enfrentaron al temido problema de los átomos pesados. Probaron con todos los átomos pesados que consiguieron y, como ocurrió con la subunidad grande en el laboratorio de Steitz, fueron grupos de átomos de tungsteno los que finalmente iluminaron la estructura. En 1999, Venki se trasladó al famoso Laboratorio de Biología Molecular de Cambridge (Inglaterra) y, en aproximadamente un año, su equipo terminó el trabajo que habían empezado en Utah. Desentrañaron la estructura de la subunidad pequeña del ribosoma.[20] Se asomaron a su propio palacio de cristal y lo vieron con asombroso detalle.

Pero faltaba algo en la estructura de la subunidad pequeña. La familia que vivía en el palacio, el ARNm y los ARNt, no estaban en casa, por la sencilla razón de que no se habían incluido en la mezcla de cristalización. El objetivo de estudiar el ribosoma era comprender la síntesis de proteínas y, como ya hemos aprendido, el ribosoma no fabrica proteínas por sí solo. Necesita un ARNm que le especifique qué proteína debe fabricarse y necesita ARNt que aporten los aminoácidos correspondientes. Por tanto, observar la estructura del ribosoma era todo un reto para comprender cómo se formaban las proteínas. El siguiente paso era ver dónde encajaban exactamente el ARNm y los ARNt; había que ver la casa con sus ocupantes dentro.

El reto de visualizar el ribosoma en su totalidad, con los miembros de su familia funcional, los ARNt y el ARNm, recayó en Jamie Cate, que se había trasladado al laboratorio de Harry Noller en la Universidad de California en Santa Cruz para llevar a cabo una investigación posdoctoral. Por suerte, estaba bien preparado para este trabajo, ya que se había curtido en Yale con Jennifer Doudna determinando la estructura de la ribozima. En 1999, Jamie y Harry consiguieron descifrar la primera estructura cristalina de un ribosoma en su estado funcional, habitado por ARNt y ARNm.[21] Sin embargo, sus cristales difractaban los rayos X de forma limitada, por lo que la fotografía resultante era un poco borrosa. Estaban observando su palacio de cristal a través de unas gafas empañadas.

Pero a pesar de no ser perfectas, las dos imágenes (la nublada del ribosoma completo con todos sus socios obtenida por Jamie y Harry y la imagen muy nítida de una pequeña subunidad vacía de Venki) se complementaban muy bien.[22] La superposición de las ubicaciones del ARNm y los ARNt en la estructura de alta resolución reveló cómo las bases del ARN ribosómico ayudaban a leer el código del ARNm. Algunas bases del ARNr sujetaban los ARNt en su sitio, mientras que otras posicionaban el ARNm para descodificarlo.

Todo giraba en torno al ARN. Los sitios funcionales que sujetaban los ARNt y el ARNm estaban formados casi en su totalidad por ARN. ¿Y qué ocurría con la superficie crítica que conectaba la subunidad ribosómica pequeña con la grande? De nuevo, era en su mayor parte ARN. Solo una de las veintidós proteínas de la subunidad pequeña colaboraba en el proceso. El resto de la acción estaba claramente organizada por el ARN.

En tan solo cuarenta años, la ciencia había pasado de descifrar el código del ARNm a ver con gran detalle cómo se descodificaba para que se pudieran sintetizar proteínas. Una vez más, Noller y Woese fueron reivindicados. Ya no podían lamentarse de pertenecer a la minoría del uno por ciento que creía que el ARN era la clave de la síntesis proteica y que las proteínas desempeñaban papeles secundarios. Ver para creer. Ahora toda la comunidad científica estaba obligada a enfrentarse al hecho de que el ARN era el rey.

Que el ribosoma que sintetiza las proteínas funciona casi totalmente gracias al ARN puede ser una revelación alucinante para bioquímicos como Harry y yo, pero te perdonamos si te preguntas por qué este tema debería interesarle a todo el mundo. ¿Tiene alguna utilidad práctica conocer la estructura y la función del ARN ribosómico?

Pensemos en los antibióticos. El descubrimiento de las estructuras de los ribosomas nos ha permitido comprender mejor cómo funcionan muchos antibióticos, cómo puede surgir la resistencia a ellos y cómo pueden mejorarse en el futuro.

Un antibiótico eficaz debe interrumpir una infección bacteriana sin afectar a los procesos humanos relacionados. Podría pensarse que el ribosoma sería un mal objetivo, porque sus características fundamentales (subunidad grande, subunidad pequeña, unión de ARNt y ARNm, catálisis del ensamblaje de aminoácidos) son comunes a todas las formas de vida. Pero resulta que en los mil millones de años transcurridos desde que los humanos y las bacterias han seguido sus propios caminos, evolutivamente hablando, los ribosomas humanos y bacterianos han divergido entre sí lo suficiente como para que se puedan encontrar fármacos que inhiban solo los ribosomas bacterianos. Por ello, casi la mitad de todos los antibióticos útiles tienen como diana los ribosomas bacterianos.[23]

En la década de 1960, los antibióticos empezaban a utilizarse de forma generalizada en medicina, lo que suscitó un enorme interés por comprender su funcionamiento. Fue la misma época en que se descubrieron los ribosomas, el ARNm, el ARNt y el código genético, y ambos campos convergieron. Resultó que muchos antibióticos comunes, incluidos los que tratan la tuberculosis, la gonorrea e incluso el acné, mataban a las bacterias inhibiendo su capacidad de fabricar proteínas. Los científicos descubrieron muy pronto que estos antibióticos se unían directamente a los ribosomas bacterianos.

A este respecto, es útil tener en cuenta la escala. Una molécula típica de antibiótico está formada por unos cien átomos, mientras que un ribosoma bacteriano tiene unos 250.000. El ribosoma es 2.500 veces más grande que el fármaco, pero este puede inactivar un ribosoma grande si se une a un lugar funcionalmente crítico. Si un fármaco solo se uniera a la superficie exterior del ribosoma, no causaría ningún daño y nunca habría pasado el corte para ser considerado antibiótico. Por esta razón, ver los antibióticos unidos a un ribosoma bacteriano tiene interés no solo para la industria farmacéutica, sino también para los científicos que quieren entender cómo funciona el ribosoma.

Una de las primeras claves para entender el proceso fueron las bacterias resistentes a los antibióticos. Tan pronto como un antibiótico empieza a usarse de forma generalizada, algún bicho afortunado adquiere una mutación que lo protege del fármaco. A medida que sus vecinos vayan muriendo, ese bicho afortunado se multiplicará y se hará con el control de la población. Parece inevitable: en cuanto haya un antibiótico que mate eficazmente algún tipo de bacteria, aparecerá la resistencia a ese fármaco concreto. ¿Cómo puede una mutación en el ribosoma conferir resistencia a los antibióticos?

Imagina de nuevo el ribosoma como una locomotora que se desplaza por una vía férrea de ARN mensajero. Cada antibiótico es como una llave inglesa de tamaño y forma muy específicos. Una de ellas podría encajar en un pistón de la locomotora e impedir que se mueva, mientras que otra podría deslizarse en una rueda motriz e impedir que gire. Hay cientos de formas en que distintas llaves inglesas pueden estropear una locomotora, igual que hay cientos de formas en que distintos antibióticos pueden estropear un ribosoma. Ahora imaginemos que una locomotora tiene algunas sutiles diferencias de diseño con respecto a las demás. Sus pistones tienen un tamaño diferente y la ranura que conduce a sus ruedas motrices es un poco más estrecha. Las llaves inglesas que estropearon otras locomotoras ahora no tienen ningún efecto en la nueva; podemos decir que es resistente.

Dado que la resistencia a los antibióticos es tan común, los científicos no tuvieron problemas para hacerse con varios ribosomas resistentes a dichos fármacos. En cada uno de los casos, se plantearon la pregunta: ¿dónde está la mutación que confiere resistencia a los antibióticos? ¿Está en el ARN ribosómico o en una de las numerosas proteínas ribosómicas? A partir de la década de 1970, los científicos secuenciaron el ARN ribosómico y las proteínas ribosómicas de las células resistentes a los fármacos y encontraron ejemplos de ambas situaciones. En algunos casos, un cambio en la secuencia de aminoácidos de una proteína ribosómica confería resistencia a los antibióticos. Pero en otros, el cambio se producía en la secuencia de bases de uno de los ARN ribosómicos. Estos últimos casos respaldaron la idea, aún incipiente, de Harry Noller, Carl Woese y sus colegas de la comunidad de investigadores del ARN de que el ARN ribosómico era fundamental para la función ribosómica.

Todas estas pruebas eran un poco indirectas, así que cuando la cristalografía de rayos X aplicada a los ribosomas se hizo realidad alrededor del año 2000, varios investigadores, entre ellos Tom Steitz, Venki Ramakrishnan y Ada Yonath, aprovecharon la oportunidad para ver exactamente en qué lugar encajaban los antibióticos. Lo ideal habría sido examinar los ribosomas de las bacterias patógenas a las que iban dirigidos los antibióticos. Pero esos ribosomas no se habían cristalizado, así que añadieron los antibióticos a ribosomas de bacterias afines, pensando que funcionarían de forma similar, y echaron un vistazo.

El laboratorio de Steitz fotografió siete antibióticos diferentes unidos a la gran subunidad ribosómica, y todos ellos estaban unidos a su centro catalítico.[24] Cada fármaco se unía en una posición ligeramente diferente, pero en todos los casos la unión impedía claramente que los extremos de los ARNt se acoplaran al ribosoma para iniciar la síntesis de proteínas. Además, todos los fármacos se unían al ARN ribosómico grande, no a una proteína. Al fin y al cabo, si se quiere ganar una partida de ajedrez contra el ribosoma, tal vez sea mejor eliminar al rey ARN que a uno de los peones proteínicos.

Se descubrió que la eritromicina, eficaz en el tratamiento de infecciones bacterianas como la faringitis estreptocócica, se une a una zona específica de la subunidad ribosómica grande.[25] Durante la síntesis de proteínas, el ribosoma expulsa la proteína que está construyendo por una especie de «túnel de salida». La eritromicina se unía en una posición que bloqueaba ese túnel de salida, impidiendo así la prolongación de la cadena proteica en crecimiento. A Tom Steitz le gustaba referirse a este mecanismo de inhibición como «estreñimiento molecular».[26]

La subunidad pequeña del ribosoma tenía sus propias vulnerabilidades que los antibióticos podían aprovechar. El grupo de Venki fotografió seis antibióticos, entre ellos la estreptomicina y la tetraciclina, adheridos al ARN de la subunidad ribosómica pequeña.[27] Cada uno de ellos proporcionó información sobre el funcionamiento del ribosoma. Hablemos de la espectinomicina, que se utiliza para tratar la gonorrea. Uno de los trucos utilizados por el ribosoma es la *translocación*, el movimiento de un codón de ARNm, con su ARNt unido, de un sitio a otro dentro del ribosoma. Esto ocurre cada vez que se lee un codón para dejar sitio al siguiente ARNt entrante.

Para que se produzca la translocación, se ha de mover la «cabeza» de la subunidad pequeña. Es como asentir con la cabeza: un movimiento de cabeza por cada paso de translocación. La espectinomicina es una molécula rígida, literalmente una pequeña llave inglesa que encaja en un nicho específico del ARN ribosómico cerca del punto de giro de la cabeza. Esto bloquea su movimiento, impidiendo la translocación. No es de extrañar, pues, que la espectinomicina mate

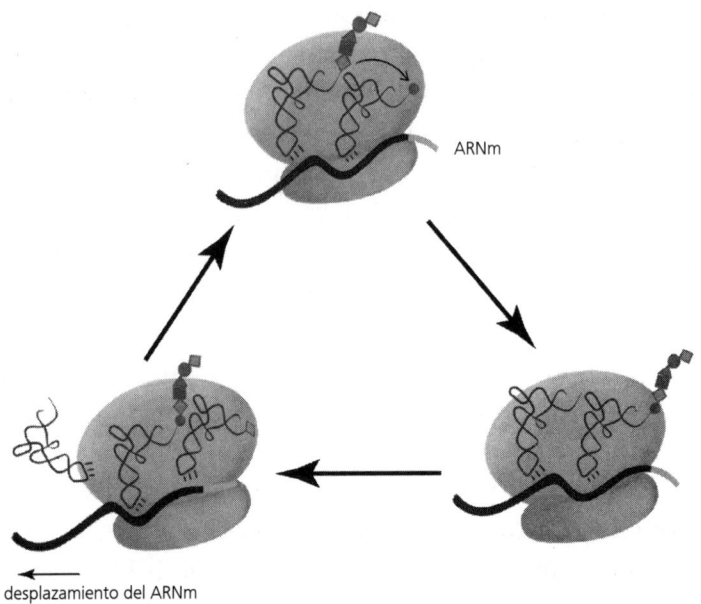

ARNm

desplazamiento del ARNm

El ribosoma utiliza la información de los codones del ARNm para conectar los aminoácidos e ir formando así la cadena proteica. La reacción de transferencia del peptidilo, mostrada por la flecha curva (arriba), da lugar a una cadena que tiene un aminoácido más (abajo a la derecha). A continuación, el ARNm se transloca, trasladando los dos ARNt a nuevos sitios en el ribosoma y dejando espacio para que se una el siguiente ARNt, el que porta el aminoácido en forma de diamante (abajo a la izquierda). Este ciclo se repite para cada aminoácido que se añade.

a las bacterias: si sus ribosomas no pueden inclinar la cabeza, no pueden fabricar ninguna de las proteínas que necesitan para vivir.

Las diversas estructuras de los ribosomas ofrecen a la comunidad biomédica una nueva y poderosa herramienta para combatir las bacterias resistentes a los antibióticos. En lo que se denomina diseño de fármacos basado en estructuras, los científicos examinan la superficie de una proteína causante de enfermedad o, en el caso de los antibióticos, cualquier proteína esencial de una bacteria patógena. Cuando encuentran una hendidura en una parte funcionalmente crítica de la molécula diana, utilizan programas informáticos de «acoplamiento» para predecir la forma de una pequeña molécula de fármaco que rellenaría la hendidura: una llave inglesa que encaja en la maquinaria. Por tanto, lo más importante es que no se puede diseñar un fármaco basado en la estructura sin un modelo detallado de la misma, pero ahora ya podemos conocer la estructura de los ribosomas.

En algo más de veinte años, la imagen del ARN en el mundo de la ciencia había mejorado radicalmente. A mediados de la década de 1960, se pensaba que tan solo era un conducto entre el ADN y las proteínas, un mensaje. Luego estaba el ARN ribosómico, que no codificaba nada, pero cumplía alguna función dentro de la maquinaria de síntesis de proteínas, y que inicialmente se suponía que era un andamiaje para organizar proteínas clave. También estaban los ARN de transferencia, adaptadores esenciales que conectaban los codones del ARNm con los aminoácidos correctos, pero que no se creía que fueran precursores de una amplia gama de funciones no codificantes del ARN. En la década de 1980 se descubrió que el ARN podía ser un biocatalizador, que los ARNsn orquestaban el ayuste de los ARNm y que los ARN ribosómicos eran responsables directos de uno de los procesos más esenciales de toda forma de vida: la síntesis de proteínas. El ARN había pasado de ser un mero corista a estrella del escenario.

Todos ellos fueron avances sísmicos que reescribieron los libros de texto de biología y conducirían a una mejor comprensión y tratamiento de las enfermedades humanas. Pero la investigación del ARN no solo estaba reescribiendo las reglas de la ciencia en el presente. También estaba a punto de aclarar una de nuestras preguntas más antiguas y profundas: ¿cómo empezó la vida en nuestro planeta?

6

Orígenes

La primera vez que vi Mesa Verde, en el suroeste de Colorado, fue hace más de cincuenta años. No recuerdo todos los detalles, pero sí el frío que sentía a primeras horas de la mañana en mi piel mientras subía por la escalera de madera que conducía al acantilado.

«Pisa con cuidado —advirtió el guarda del Parque Nacional—. Todavía hay escarcha en los peldaños.»

También recuerdo lo que se veía desde la cima, cómo emergía todo el esplendor de las antiguas murallas de arenisca del asentamiento, brillando doradas bajo el sol de la mañana. Las 150 habitaciones, diminutas para los estándares actuales, estaban situadas en un enorme hueco excavado al borde del acantilado. Aunque este lugar había sido abandonado hacía casi un milenio, las torres de piedra y las viviendas parecían muy bien conservadas.

Cuando el resto de nuestro grupo ascendió, el guarda nos indicó que nos reuniéramos sobre una sala redonda revestida de piedra que parecía hundida en la roca.

«Los ancestrales indios pueblo construyeron estas kivas para sus ceremonias espirituales —explicó—. Si miráis hacia abajo, veréis una gran estructura redonda en el suelo: es la hoguera. ¿Veis ese pequeño agujero redondo que hay en el suelo? Es el sipapu. Los indios pueblo creían que ahí es donde los humanos vinieron por primera vez a este mundo.»

Cuando vi el Palacio del Acantilado por primera vez, ya sabía que cada cultura tenía su propia historia de la creación, ya fuera la ajetreada semana de Dios en el Génesis, Gaia surgiendo de un destello de luz o los antepasados de los indios pueblo arrastrándose por un sipapu. La cuestión de cómo llegamos aquí, de cómo empezó la vida en la Tierra, es quizá la pregunta fundamental. Pero, aunque he dedicado mi carrera a estudiar los componentes de la vida, los fundamentos moleculares de la creación, durante muchos años pensé que la cuestión de cómo empezó todo era más adecuada para filósofos y teólogos que para químicos como yo.

Con esto no quiero decir que no se pueda abordar esta cuestión desde el punto de vista químico. Otra forma de preguntarse cómo empezó la vida en la Tierra es cuestionarse cómo lo inorgánico se transformó en orgánico. Hace mucho, mucho tiempo, no había nada vivo en nuestro planeta, ni siquiera la forma de vida más primitiva, solo roca y océano. Un instante después, había vida. ¿Qué aspecto tenía ese ser vivo primigenio? ¿Cómo surgió?

Cualquier conversación sobre el origen de la vida debe comenzar con una definición de lo que significa esta palabra de cuatro letras. Los científicos no son unánimes en esta cuestión. Se ha dicho que hay tantas definiciones de vida como personas que intentan definirla.[1] Muchas definiciones incluyen que una entidad crezca, se metabolice y responda a estímulos. Sin embargo, las definiciones más sencillas de la vida solo tienen dos requisitos básicos: un ser vivo debe poder reproducirse y debe poder mutar.

El primero de estos requisitos (reproducción o replicación) parece obvio; es esencial para que una entidad viva se perpetúe en generaciones futuras. Esto la distingue de un ser inerte, como una roca, que no se reproduce. Puedes quedarte mirando una roca durante un millón de años y no verás aparecer ningún vástago. El segundo requisito, la mutación, puede resultar sorprendente. Después de todo, ¿la mutación no es algo malo? En el caso de la replicación del ácido nucleico, las cuatro letras del alfabeto del ADN o el ARN se copian con una fidelidad alta pero no perfecta. Si la replicación fuera perfecta, la vida primitiva seguiría siendo primitiva. No surgirían formas alternativas; y estas formas variantes son necesarias para que actúe la selección natural. La mutación es necesaria para dar a los descendientes de una forma de vida la oportunidad de mejorar con el paso de las generaciones, de adaptarse, de evolucionar.

Así pues, podemos reformular la pregunta sobre el origen de la vida: «¿Cómo surgió la primera entidad capaz de replicarse y evolucionar?».

Cuando los científicos han reflexionado sobre el origen de la vida, se han topado inmediatamente con un problema. Si la vida significa replicación, entonces debe haber algunas instrucciones, alguna información, que se transmita de una generación a la siguiente. En las formas de vida modernas, esa información se encuentra en la doble hélice del ADN. Pero, aunque el ADN nos proporciona el manual de instrucciones para la vida, no puede copiarse a sí mismo sin ayuda externa. Unas pequeñas máquinas proteínicas llamadas *replicasas* actúan como fotocopiadoras moleculares, copiando cada cadena parental de ADN en una cadena hija, convirtiendo una doble hélice en dos copias.

Esto explica por qué el origen de la vida se considera a menudo la madre de todos los problemas tipo «¿fue primero el huevo o la gallina?». Los científicos nunca han podido averiguar qué fue primero, si la molécula informativa, el ADN, o la molécula funcional, la proteína que la reproduce. Ambas cosas tuvieron que surgir de manera simultánea, pero la idea de que algunas reacciones químicas aleatorias pudieran haber producido ADN y su máquina copiadora impulsada por proteínas al mismo tiempo y exactamente en el mismo lugar parecía inconcebible. Era igualmente improbable que uno de estos elementos esenciales evolucionara primero y luego esperara unos millones de años a que surgiera el otro. Estas sustancias tienen una estabilidad limitada, dictada por las leyes de la química, y habrían desaparecido si no se replicaran.

Así que, para resolver el enigma del origen de la vida, los científicos necesitaban encontrar una molécula que pudiera desempeñar ambas funciones: transportar la información, el código de la vida, *y* reproducir ese código por sí misma. En otras palabras, necesitábamos que el huevo y la gallina fueran lo mismo.

El mundo es un pañuelo (de ARN)

Después de que mi grupo de investigación descubriera el autoempalme del ARN en *Tetrahymena*, el teléfono empezó a sonar con invitaciones de otras universidades para hablar de nuestro trabajo sobre la ribozima. Eran oportunidades importantes, sobre todo para un profesor novel. Cada vez que expones una investigación, entre el público puede haber profesores que más tarde revisarán tus solicitudes de subvención o los manuscritos que presentes, así como estudiantes de posgrado que podrían verse estimulados a solicitar una beca de investigación posdoctoral en tu laboratorio. Además, dar a conocer el trabajo de tus becarios a un público amplio les ayuda a conseguir buenas ofertas de trabajo. Dicho de otra forma, como en muchas otras profesiones, la red de contactos es clave.

Así que intenté aceptar todas las invitaciones que pude. En los doce meses siguientes a la publicación de nuestro artículo clave sobre la ribozima,[2] en 1982, recorrí todo el país dando conferencias en una docena de universidades y en cinco congresos. Era agotador, pero estaba dando a conocer nuestra investigación, recibiendo valiosos comentarios y conociendo a gente nueva. Sentía que iba en la dirección correcta, pero no tenía ni idea de que estaba a punto de caer de cabeza en el oscuro agujero de un sipapu.

En noviembre de 1983, llegué a Los Ángeles para dar una charla vespertina en la UCLA, esperando que fuera un seminario de investigación más. La invitación procedía de una entidad llamada Grupo sobre Evolución, lo que no me sorprendió, porque los bioquímicos hablan de evolución todo el tiempo. Al igual que Darwin había observado cómo los pinzones de las Galápagos evolucionaban para adaptarse a diferentes fuentes de alimento, los biólogos modernos veían cómo las bacterias evolucionaban para escapar de los antibióticos y cómo las moléculas evolucionaban para asumir nuevas funciones. Así que, cuando di mi charla, esperaba preguntas provocadoras del estilo: «¿Cómo cree que el intrón de *Tetrahymena* llegó al gen?». Me había planteado esas preguntas, estaba dispuesto a especular, y otros miembros del Grupo sobre Evolución habrían aportado sus propias ideas. Pero en lugar de eso, recibí preguntas como: «¿Cree que su ribozima podría explicar cómo empezó la vida en el planeta?». No había pensado mucho en los orígenes de la vida, así que no me sentía preparado para decir nada útil. Terminé el seminario bastante desconcertado por las preguntas que me hacían.

Por un lado, ni siquiera sabía que existía una comunidad de científicos que reflexionaban sobre acontecimientos tan primigenios. Tampoco entendía por qué estaban tan animados con mi investigación. Uno de los participantes era Bill Schopf, profesor de Paleobiología de la UCLA, que estaba encontrando microfósiles de estructuras celulares en rocas muy antiguas. Pronto anunciaría que una roca de Warrawoona (Australia) parecía contener formas de vida unicelulares de entre 3.300 y 3.500 millones de años de antigüedad.[3] La gran pregunta era qué había dentro de esas células: ¿ADN, ARN o algo completamente distinto? A diferencia de lo que ocurre con el exterior de las células fosilizadas, las moléculas del interior son demasiado pequeñas para conservar su forma cuando se convierten en roca. De lo contrario, habrían dado a Schopf pistas sobre su composición y estructura.

La idea de que los fósiles podían aportar pruebas de hechos antiguos no era nueva para mí. Cuando cursaba cuarto de primaria, en la escuela Dr. Howard de Champaign (Illinois), coleccionaba conchas y caracoles fosilizados, criaturas que en otro tiempo vivieron y que ahora están enterradas en la piedra caliza. Mi *Guía de rocas y minerales* de bolsillo mostraba cómo los fósiles a veces estaban encerrados en concreciones de hierro, y cuando encontraba una roca con una forma similar, la ponía de canto, la golpeaba con mi martillo de geólogo Estwing y, para mi asombro, se revelaba un helecho fosilizado perfecto. Llevaba trescientos millones de años esperando a que yo llegara. Así que estaba familiarizado con los fósiles del periodo carbonífero, pero los orígenes mismos de la vida en la Tierra habían eludido mi atención, hasta aquella tarde en la UCLA.

Al volver de Los Ángeles, empecé a leer algunos artículos científicos antiguos. Entonces caí en la cuenta. Durante décadas, los científicos que se dedican a estudiar los orígenes de la vida habían estado reflexionando sobre cómo podría haberse iniciado el primer sistema autorreplicante en la Tierra, hace casi 4.000 millones de años. Y cuando se encontraron con el problema del huevo o la gallina, ya pensaban que el ARN podría ser la respuesta que buscaban.

Está claro que el ARN es una molécula informativa: actúa como mensajero del ADN, transporta el código que dirige el orden en que los aminoácidos se disponen en una proteína; y en los virus de ARN, es el depósito de toda la información genómica que necesita el virus para llevar a cabo su ciclo infeccioso. Así que no había duda de que el ARN podía transportar información, las instrucciones necesarias para poner en marcha la vida. La cuestión era cómo podía replicarse o reproducirse en un mundo primigenio sin proteínas. Sin replicación, no se puede crear una nueva generación de ARN a partir de la anterior.

Uno de los científicos que trabajaba en este problema era un químico británico llamado Leslie Orgel, que por entonces formaba parte del profesorado del Instituto Salk de La Jolla (California). Desde la década de 1960, Leslie buscaba moléculas de ADN o ARN que pudieran reproducirse sin una enzima proteica, resolviendo así el problema del huevo o la gallina. Sin embargo, en un famoso artículo de 1968,[4] Leslie afirmaba que no había «ninguna prueba» de que existiera una molécula de este tipo y dudaba de que una forma primitiva de ARN hubiera podido abrir el libro de la vida.

Pero añadió, dejando una puerta abierta: «No se puede estar seguro del todo».

En ese artículo, Leslie había estado especulando con la idea de los catalizadores de ARN. Por eso, el Grupo de Evolución de la UCLA (y como pronto descubriría, también el propio Leslie) estaba tan entusiasmado con nuestro descubrimiento de las ribozimas. *¡El ARN contenía información y era funcional!* *¡Todo en la misma molécula!* Pero era aún mejor. Todas las reacciones catalizadas por nuestro intrón de autoempalme implicaban la creación de nuevos enlaces químicos entre nucleótidos de ARN.* Ese era exactamente el tipo de actividad que una ribozima replicasa necesitaría poseer para lograr la autorreplicación del ARN. Quizá al principio solo había ARN, y las proteínas y el ADN vinieron después.[5]

A pesar de mi perplejidad aquella noche en la UCLA, cada vez me interesaban más estas cuestiones sobre el origen de la vida. A lo largo de la década de 1980, mantuve muchas discusiones animadas sobre el origen de la vida con Leslie en su despacho con vistas al Pacífico, considerando la posibilidad de que las ribozimas se copien a sí mismas.

Pero por muy emocionante que nos pareciera a los químicos como Leslie y a mí la idea de un «mundo de ARN» semejante, debo admitir que visitar un lugar así no habría sido muy emocionante. Si pudiéramos retroceder en el tiempo para

---

* Las tres reacciones incluían la adición de una guanosina al intrón, la unión de las secuencias de ARN ribosómico que habían sido interrumpidas por el intrón y la ligadura del intrón recortado creando un círculo.

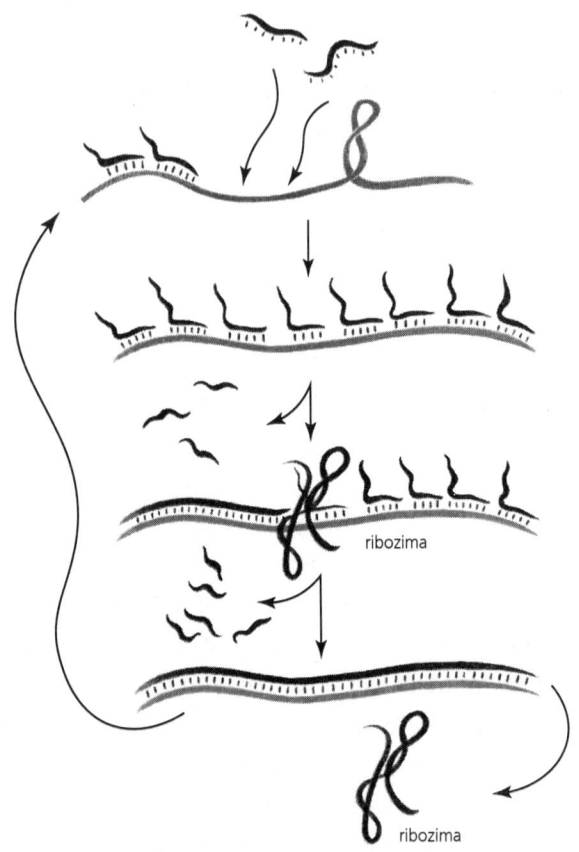

ribozima

ribozima

Autorreplicación hipotética del ARN en la que pequeños fragmentos de ARN se unen por emparejamiento de bases a una cadena de ARN preexistente (sombreado claro) y luego son unidos por una ribozima (sombreado oscuro). El producto es un ARN de doble cadena. La energía que aporta la luz solar «funde» este ARN de doble cadena, separándolo en sus dos hebras. La hebra oscura se pliega sobre sí misma para formar una nueva ribozima, mientras que la hebra sombreada proporciona una plantilla para otra ronda de replicación.

echar un vistazo, ¿qué veríamos en ese mundo en el que la vida en la Tierra daba sus primeros pasos? Muy poco, sin la ayuda de un microscopio muy potente. Toda la acción tendría lugar a nivel molecular, en pequeñas gotas de agua en las rocas o, según algunos estudiosos, tal vez en gotitas de aerosol suspendidas en la atmósfera o en fumarolas hidrotermales en las profundidades del océano. En ese momento, la vida no habría sido capaz de construir nada que hiciera visible su existencia, y mucho menos de transformar el planeta. Tendríamos que examinar un millón de hábitats diferentes del planeta para encontrar el más mínimo rastro de vida y esperar luego unos cien millones de años a que ese ARN incipiente encendiera la mecha de la evolución.

PARA CONSTRUIR UN MURO, PRIMERO HAY QUE CONSEGUIR LADRILLOS

Hoy en día, para construir una pared de ladrillos hay que encargarlos. Vas a un almacén o a una fábrica de ladrillos, eliges unos colores y haces el pedido. Unos días después llega un camión, descarga los palés de ladrillos y empiezas a construir. Pero en la época anterior a los aserraderos tenías que fabricar tus propios ladrillos. Se mezclaba barro, paja y agua, se vertía en moldes rectangulares y se ponían a secar al sol. Solo cuando tenías un número suficiente podías empezar a levantar el muro.

El ARN, como una pared de ladrillos, también se construye a partir de bloques de construcción, los cuatro nucleótidos: A, G, C y U, cada uno con tres grupos fosfato que los activan químicamente y los hacen propensos a unirse entre sí. Así que cualquiera que intente argumentar que el ARN fue realmente la primera forma de vida en el planeta necesita también dar una explicación satisfactoria sobre cómo surgieron los bloques de construcción del ARN.

En la actualidad, la mayoría de los investigadores que estudian la autorreplicación del ARN compran sus «ladrillos» (es decir, nucleótidos) en forma pura en un almacén químico y los reciben por correo urgente. En la era prebiótica, es decir, antes de la aparición de la primera forma de vida, los ladrillos debían formarse espontáneamente a partir de sustancias químicas presentes en el medio ambiente. Estas sustancias químicas serían similares al barro, la paja y el agua necesarios para fabricar ladrillos. El carbono, el hidrógeno y el nitrógeno que se encuentran en cada nucleótido procederían de gases atmosféricos simples como el cianuro de hidrógeno, que contiene estos tres elementos. Se cree que el cianuro de hidrógeno era abundante en la atmósfera de la joven Tierra y, aunque es venenoso para los humanos y otras criaturas, ninguno de nosotros existía entonces. El oxígeno necesario para los nucleótidos procedería del agua. El quinto elemento necesario para formar un nucleótido es el fósforo, que tendría que proceder de rocas terrestres ricas en fosfatos llamadas apatitos o de meteoritos extraterrestres que bombardearan la Tierra.

¿Hasta qué punto es factible que los nucleótidos que componen el ARN pudieran haberse formado espontáneamente utilizando materiales presentes en la Tierra primitiva hace unos 4.000 millones de años? Los químicos pioneros Stanley Miller y Harold Urey demostraron en 1952 que muchos de los aminoácidos que se encuentran en las proteínas modernas se podían crear en el laboratorio al encender gases simples con una chispa eléctrica que sustituía a los rayos primitivos.[6] ¿Podrían los «ladrillos» que forman el ARN, los nucleótidos, formarse también en condiciones prebióticas? De hecho, los trabajos del laboratorio del químico británico John Sutherland han demostrado que compuestos químicos simples que contienen nitrógeno, oxígeno, carbono, hidrógeno y fósforo (compuestos que seguramente estaban presentes en la Tierra primitiva) pueden reaccionar para formar nucleótidos.[7]

Pero surgió un enojoso problema: las condiciones de reacción necesarias para fabricar los ladrillos U y C eran muy diferentes de las necesarias para fabricar los ladrillos A y G, y los dos conjuntos de condiciones eran en gran medida incompatibles. Si vamos a construir un muro con ladrillos de cuatro colores diferentes, tenemos que reunirlos todos en el mismo lugar. En 2019 se produjo un gran avance en el laboratorio del bioquímico alemán Thomas Carell. Comenzando con moléculas que podrían haber existido en la Tierra prebiótica, el equipo de Carell descubrió que los ciclos entre condiciones húmedas y secas permitían que los cuatro nucleótidos se acumularan en un recipiente.[8] Es muy probable que el medio ambiente de la Tierra primitiva pasara por condiciones húmedas y secas: el día seguía a la noche, igual que ahora, y las gotas de agua y los compuestos disueltos que se condensaban en las rocas en el frescor de la noche habrían empezado a evaporarse cuando aparecían los rayos solares. Esta evaporación concentraría primero los compuestos disueltos en el agua, lo que favorece las reacciones químicas, antes de que las gotas se secaran por completo. No se trata de elaborar un retrato de una Tierra ancestral apacible. En aquella época, la Tierra era un lugar violento, lleno de tormentas eléctricas, bombardeos de cometas, erupciones volcánicas y una potente radiación ultravioleta procedente del Sol. Este duro entorno aportaba la energía necesaria para impulsar las reacciones químicas.

Si Sutherland, Carell y los demás científicos que trabajan en la síntesis prebiótica de nucleótidos tienen razón, es muy posible que los nucleótidos se formaran espontáneamente en la Tierra ancestral. Entonces tendríamos nuestros ladrillos y estaríamos listos para construir nuestro muro, siendo el «muro» una cadena de nucleótidos con la capacidad de reproducirse a sí misma. A principios de la década de 1980, Leslie Orgel llevó a cabo en su laboratorio del Instituto Salk diversos experimentos para probar dicha hipótesis. Sintetizó nucleótidos y demostró que, si los calentaba a fuego lento en concentraciones muy altas y esperaba durante días, reaccionaban de manera espontánea entre sí para formar cadenas cortas de ARN. Si empezaba con el nucleótido C, los productos de la reacción eran CC, CCC, CCCC y CCCCC. Cuando añadía nucleótidos G, se alineaban en las cadenas de C por emparejamiento de bases C-G y reaccionaban para formar cadenas cortas compuestas por G.

Aunque era emocionante ver cómo se formaban estos segmentos cortos de ARN sin ninguna enzima que impulsara su ensamblaje, la reacción era extremadamente lenta e ineficiente.[9] Las ribozimas podían ser el ingrediente que faltaba. ¿Y si uno de los trozos de ARN producidos de forma aleatoria por Leslie fuera lo bastante largo y tuviera la secuencia de nucleótidos adecuada para poder plegarse y funcionar como catalizador capaz de copiarse a sí mismo? Entonces, en lugar de crecer a trompicones, el ARN podría reproducirse por completo, y ese sería el tipo de replicación que habría permitido al ARN ser la molécula milagrosa que catalizó la vida en la Tierra.

La probabilidad de que esto ocurra de forma espontánea es casi seguro mucho menor que la de que te toque la primitiva. Pero el juego del ARN prebiótico se jugaría en millones de lugares de toda la Tierra. Si se tarda cien millones de años en encontrar un ganador, no hay problema: la vida puede esperar.

CONSTRUIR EL MURO

¿Es realista la autorreplicación de ARN catalizada por ARN? ¿Es posible reproducirla en el laboratorio? Eso demostraría al menos su viabilidad, y sería una prueba de que el ARN fue realmente el trampolín de todos los seres vivos.

En enero de 1986, dos años después de aquel seminario vespertino en la UCLA, me invitaron a la Universidad de California, en San Francisco, para dar una charla. Almorzaba con el director del Departamento de Bioquímica, Bruce Alberts, en un café de Parnassus Heights, sobre el Golden Gate Park. Bruce, que más tarde sería presidente de la Academia Nacional de Ciencias, solía invitar a científicos a San Francisco para que compartieran los resultados de sus últimas investigaciones.

«Jack Szostak estuvo aquí la semana pasada —dijo Bruce entre bocado y bocado de su sándwich de pastrami—. Está muy entusiasmado con su investigación sobre los orígenes de la vida y está reorientando todo su programa de investigación para estudiar tu ribozima.» Estuve a punto de tragarme una aceituna de mi ensalada nizarda. Jack Szostak, un joven profesor de Harvard, ya tenía una enorme reputación por haber descifrado los fundamentos de la recombinación del ADN y el intercambio de secuencias de ADN de un cromosoma a otro. Por un lado, me entusiasmó que un genetista tan reputado como Jack trabajara en nuestra ribozima. Por otro, sentí un escalofrío de terror al saber lo creativo y productivo que era. ¿Haría Jack todos los experimentos que yo quería hacer, pero más rápido?

Jack pensaba que el origen de la vida era la mayor pregunta sin respuesta de la ciencia. Creía entonces (y sigue creyendo hoy) que, si podemos recrear las condiciones de la Tierra prebiótica en el laboratorio y lograr la autorreplicación del ARN, se puede estar razonablemente seguro de cómo empezó la vida en nuestro planeta.

Jack tenía un arma secreta: Jennifer Doudna. Antes de venir a mi laboratorio como investigadora posdoctoral, Jennifer hizo su tesis doctoral con Jack en el Hospital General de Massachusetts. El gran objetivo de su proyecto de tesis doctoral era ir más allá del tipo de reacciones que Leslie Orgel había logrado, es decir, aquellas en las que obtenía fragmentos de ARN al azar. En su lugar, pretendía replicar un ARN que sirviera para un propósito útil. Su objetivo era conseguir que una ribozima hiciera una copia de sí misma en el tubo de ensayo, demostrando así la viabilidad de uno de los pasos clave necesarios para la autorreplicación del ARN. Cuando llegaba al trabajo por la mañana, Jack se dirigía directamente al rincón del laboratorio en el que trabajaba Jennifer: allí estaba la acción. Y, a menudo, tenía un nuevo avance que compartir.

En la naturaleza, todas las reacciones de corte y pegado de ARN catalizadas por la ribozima de *Tetrahymena* tienen lugar dentro de una única cadena de ARN. En 1986, mi grupo de investigación demostró que la parte intrónica de la ribozima podía catalizar el corte y pegado de moléculas de ARN separadas, un primer paso en la creación de una ARN replicasa.[10] Pero nuestro sistema estaba limitado en cuanto a las secuencias de ARN que podía manejar, por lo que carecía de la versatilidad necesaria para la autorreplicación del ARN. En 1989, Jennifer y Jack anunciaron un gran avance: habían retocado la ribozima de *Tetrahymena* para que fuera capaz de copiar cadenas de ARN más largas de secuencias diversas.

Para comprender la importancia que tenía este logro para los estudios sobre los orígenes de la vida, tenemos que volver a los fundamentos de cómo se copian los ácidos nucleicos (tanto el ARN como el ADN) en la naturaleza. Ese proceso nunca es directo. Una sola cadena de ácido nucleico no se duplica sin más, por ejemplo, GGG → GGG. Primero tiene que copiarse en una plantilla, una cadena complementaria, y solo entonces puede utilizarse la magia del emparejamiento de bases complementarias para dirigir la síntesis de otra copia de la molécula original. En otras palabras, si se quiere reproducir GGG, primero hay que copiarla en CCC, que a su vez puede utilizarse para dirigir la formación de otra GGG. Por tanto: GGG → CCC → GGG.

El proceso funciona de forma parecida al vaciado de un objeto 3D a partir de un molde. Supongamos que tienes un gnomo de jardín de escayola y quieres hacer una copia idéntica. Primero tienes que hacer una réplica inversa para usarla como molde. Todos los detalles estructurales de tu gnomo (su larga barba, su sombrero puntiagudo y su vientre redondo) se convierten en concavidades en tu molde. Una vez que tengas el molde, puedes verter yeso y moldear una réplica idéntica del gnomo original. En el caso de la autorreplicación del ARN, una ribozima con capacidad de replicación sería el gnomo de jardín, y el molde sería un ARN con su secuencia complementaria. Este complemento no tendría actividad catalítica, pero sería necesario como molde para fabricar más ribozimas. Por último, volver a copiar la cadena molde en una ribozima sería como verter yeso en el molde para hacer otro gnomo.

Lo que Jennifer y Jack consiguieron en 1989 fue rediseñar la ribozima de *Tetrahymena* para que, cuando se le aportara una plantilla de ARN, catalizara la síntesis de una cadena complementaria. Partiendo de un molde, podían fabricar otro gnomo. Su ribozima modificada podía copiar todo tipo de secuencias de ARN, pero las que serían relevantes para la autorreplicación del ARN serían la secuencia de la ribozima y su complemento: ribozima → secuencia complementaria → ribozima. Así pues, habían conseguido recrear un paso clave en el viaje que conecta los bloques de construcción del ARN con la autorreplicación del ARN.[*]

Pero había otra laguna en el camino de la autorreplicación del ARN que Jennifer y Jack querían resolver: la cadena más larga que habían sido capaces de fabricar era de cuarenta y dos nucleótidos, un récord mundial en aquel momento, pero muy lejos de los cuatrocientos nucleótidos necesarios para fabricar la propia ribozima de *Tetrahymena*. Solo podían fabricar la cabeza del gnomo, no la criatura entera.

Para superar esta limitación de tamaño, Jennifer adoptó un doble enfoque. En primer lugar, dejaron de lado la ribozima de *Tetrahymena* y optaron por otra. Los investigadores de la Universidad Estatal de Nueva York (SUNY), en Albany, habían encontrado hacía poco una ribozima de bacteriófago, SunY,[11] que mostraba el mismo tipo de actividad de autoempalme que la ribozima de *Tetrahymena*, pero cuyo tamaño era aproximadamente la mitad, por lo que sería más fácil de replicar. La mitad de la batalla estaba ganada. Jennifer decidió entonces dividir y conquistar: cortó la ribozima

---

* Se trata de un paso intermedio en la autorreplicación del ARN, ya que no aborda la cuestión de cómo un ARN tan sofisticado como la ribozima de *Tetrahymena* podría surgir a partir de reacciones químicas aleatorias. Es difícil concebir experimentos de laboratorio que puedan resumir esos primeros pasos, ya que estos podrían haber necesitado cien millones de años para completarse en la Tierra primitiva.

SunY en tres trozos que se encontrarían en el tubo de ensayo y se ensamblarían por emparejamiento de bases. Estos fragmentos eran ahora lo bastante pequeños como para que la ribozima SunY pudiera copiarlos. De esa forma, Jennifer y Jack demostraron que era factible que fragmentos de ARN (del tipo de los que podrían surgir espontáneamente por reacciones como las de los experimentos de Leslie Orgel) se ensamblaran entre sí para formar una pequeña máquina capaz de autorreplicarse.[12]

Los científicos han podido recrear en tubos de ensayo muchos de los pasos necesarios para la autorreplicación del ARN prebiótico: fabricar nucleótidos, unirlos en moléculas de ARN y encontrar una ribozima capaz de ensamblar una copia de sí misma creando una molécula de ARN independiente.[13] Aunque aún no han conseguido producir un ciclo completo de autorreplicación del ARN (mezclar nucleótidos de ARN en un tubo de ensayo y volver más tarde para encontrar una molécula de ARN ensamblada haciendo copias de sí misma), la propuesta de que la vida empezó con un mundo primigenio de ARN parece, al menos, plausible.

POR FAVOR ENVUÉLVEME

Los investigadores estaban elaborando una sólida teoría sobre el origen de la vida en la Tierra (el mundo de ARN), pero todavía tenían un problema importante que resolver. Un montón de moléculas en una gota de líquido no es, por supuesto, un organismo. Un organismo, aunque sea primitivo, tiene que ser una entidad distinta de su entorno y de otros organismos. Tiene que estar encerrado en algún tipo de envoltura.

Al igual que el envoltorio de plástico protege tu bocadillo de atún para que no se deshaga ni se ensucie, las células animales están rodeadas por una membrana que las protege, al menos en parte, de los peligros que acechan en el exterior: toxinas del medio ambiente, bacterias, virus y otros agentes patógenos. Evidentemente, esta protección no es total y algunos de estos invasores penetran en nuestras células, pero la gran mayoría son repelidos. Las *membranas celulares* están formadas por *lípidos,* moléculas *grasas* que tienen la maravillosa propiedad de autoensamblarse formando láminas de dos capas lo bastante resistentes para soportar la presión, lo bastante impermeables para proteger el contenido celular y lo bastante flexibles para permitir el movimiento y la división celular.

En un mundo de ARN primigenio, las células antiguas también se beneficiarían de una membrana que las rodeara y protegiera. Por ejemplo, una membrana podría excluir a las moléculas de ARN competidoras. Al igual que los perros tienen pulgas que se benefician de su ubicación, pero no hacen ningún bien al perro, las moléculas de ARN que se replican sufren a causa de los ARN parásitos que pasan por ahí y les roban nutrientes sin hacerle ningún bien. Los vemos en los experimentos de laboratorio sobre la evolución que llevamos a cabo en nuestros tubos de ensayo, y es inevitable que aparezcan en la naturaleza. Una membrana mantendría el ARN autorreplicante en su interior e impediría la entrada de ARN parásitos.

Además, las envolturas facilitan la evolución. Si se mezclan varias moléculas de ARN autorreplicante en la misma gota de agua, cualquier mutación que haga que una molécula funcione mejor como replicasa beneficiará a todas las moléculas cercanas. Aunque este comportamiento altruista pueda parecer admirable, inhibe la evolución. Para que las formas de vida mejoren con el tiempo, tiene que haber una «supervivencia del más apto», y solo cuando las formas de vida están separadas y son distintas entre sí puede una entidad beneficiarse de la adquisición de una mutación favorable y superar a las demás. Esto puede sonar maquiavélico, pero al menos cuando se trata de la evolución de la especie, el egoísmo individual beneficia a la comunidad a largo plazo.

El grupo de investigación de Jack Szostak ha estado estudiando el comportamiento de los ácidos nucleicos dentro de envolturas de membrana en lo que él denomina «protocélulas», aproximaciones artificiales del aspecto que podría haber tenido una célula primitiva. Es fácil atrapar un ácido nucleico como el ARN dentro de una protocélula. Primero se mezclan los ácidos grasos que forman la protocélula con el ácido nucleico, luego se deja secar la mezcla y se rehidrata o se somete a ciclos de congelación y descongelación, y el ácido nucleico queda encapsulado al azar.[14] Jack ha visto que los ácidos nucleicos pueden formar cadenas más largas en una reacción como las llevadas a cabo por Leslie Orgel dentro de las protocélulas.[15] Su grupo también ha demostrado que estas protocélulas pueden crecer y luego dividirse, aunque no con la regularidad con la que las células modernas experimentan la división celular. Las protocélulas suponen un paso más hacia la autorreplicación del ARN en el laboratorio y nos ofrecen una hipótesis verosímil de cómo lo inorgánico pudo transformarse en orgánico.

Los científicos están cada vez más cerca de demostrar, al menos en el laboratorio, que la vida podría haber iniciado su camino en un mundo de ARN. Han conseguido algo tan asombroso como que el ARN se construya a sí mismo en un tubo de ensayo, pero aún les queda un largo camino por recorrer antes de alcanzar su ambicioso objetivo. Aún tienen que averiguar cómo podría producirse la autorreplicación completa de la ribozima en una protocélula en las condiciones climáticas de la Tierra prebiótica. Y tienen que ver cómo esas protocélulas se dividen y mutan, desencadenando el tipo de acontecimiento evolutivo que podría haber sido el trampolín para el origen de la vida.

Pero, aunque los químicos consigan todo esto en el laboratorio, seguirá existiendo un problema fundamental: el origen de la vida no es tanto una cuestión científica como histórica. El hecho de que el ARN pueda autorreplicarse no prueba que lo hiciera, iniciando así todo el proceso evolutivo que condujo a la aparición de la vida en la Tierra tal y como la conocemos.* ¿Sabremos alguna vez si fue realmente el ARN, o algún primo del ARN actual, el que habitó las células fosilizadas de Bill Schopf? ¿Es posible saber cómo empezó la vida en la Tierra hace casi 4.000 millones de años?

Cuando observamos la kiva e intentamos asomarnos a la oscuridad del sipapu, se podría decir que estamos tendiendo la mano a través de los milenios, conectando con otros seres humanos que han reflexionado sobre los orígenes de la vida. Dado que vivimos en una época en la que la ciencia nos asombra continuamente, creemos que podemos distinguir la forma que hay ahí abajo en la oscuridad, y tenemos buenas razones para creer que esa forma se parece mucho al ARN. Pero no estamos seguros. La ciencia puede sugerirlo. La ciencia puede decir «es posible». Pero la ciencia probablemente nunca podrá demostrar si la vida empezó con el ARN.

La imposibilidad de conseguir tal prueba siempre me ha inquietado un poco en lo que respecta a la investigación sobre el origen de la vida, un campo que a veces se mueve por caminos de especulación que rozan la exageración. Recuerdo haber confesado mi malestar a Leslie Orgel durante una de nuestras conversaciones en el Instituto Salk.

«Mientras se estén descubriendo principios fundamentales de la química de los ácidos nucleicos —dijo—, la investigación sigue siendo muy valiosa, y buscar los orígenes de la vida es lo bastante atractivo como para hacerla avanzar.» Siempre pensé que tenía razón. Claro que Leslie lo decía con su mara-

---

* Una teoría competidora postula que «primero fueron las proteínas» y, de hecho, las proteínas pueden tener cierta capacidad para dirigir la síntesis de nuevas moléculas proteicas. Sin embargo, no está nada claro cómo un «mundo proteico» de este tipo podría crear ácidos nucleicos como moléculas informativas, mientras que el mundo del ARN sí podría formar un ribosoma primitivo para sintetizar proteínas.

villoso y autoritario acento británico, lo que puede haber influido en mi disposición a aceptar su consejo.

En última instancia, el origen de la vida puede ser la pregunta más profunda surgida del estudio de la naturaleza del ARN. Pero por intrigante que resulte contemplar la contribución del ARN a la historia de la vida, es hora de volver a las formas en que el ARN está remodelando nuestro presente y nuestro futuro. El ARN ya está catalizando una revolución en la medicina y, como veremos, tiene el potencial de prolongar vidas sanas más allá de los límites actuales impuestos por la naturaleza.

SEGUNDA PARTE

LA CURA

7

¿Es la fuente de la juventud una trampa mortal?

En mi despacho de la universidad tengo una estantería llena de recuerdos de viajes que realicé para asistir a diferentes conferencias y pequeños regalos de antiguos alumnos. Entre ellos hay un bote de pastillas de plástico de color verde que alguien pensó que me serviría de tema de conversación. Su etiqueta promete el «Rejuvenecimiento celular a través de la activación de la telomerasa».

Estas píldoras son uno de los muchos suplementos novedosos que pretenden aprovecharse del halo de «inmortalidad» asociado a una enzima impulsada por ARN llamada *telomerasa*. En Amazon se puede comprar una crema antienvejecimiento «protectora de los telómeros» llamada «Youth Shots» por el aparentemente asequible precio de 25,99 dólares. Por su parte, las cápsulas «HealthyCell Telomerase Activator» han recibido cuatrocientas críticas de cinco estrellas, incluida la de un cliente que afirma que el producto curó la enfermedad de Alzheimer de su madre. Otra reseña indicó que también «sabe muy bien».

Me resulta muy extraño ver cómo esta enzima, la telomerasa, ha pasado de ser un tema científico misterioso a convertirse en una palabra de moda en tan solo unas décadas. En los años ochenta, la telomerasa interesaba a un pequeño grupo de científicos que estudiábamos las algas que cubren los estanques. Ahora se comercializa como una auténtica Fuente de la Juventud, y forma parte de la multimillonaria industria del antienvejecimiento.[1] Podría pensarse que la búsqueda de la inmortalidad es una quimera reservada a quijotescos multimillonarios. Pero, al menos a nivel celular, la inmortalidad ya existe. Y la telomerasa es la salsa secreta que la hace posible.

Formada por proteínas y ARN, la telomerasa permite a las células seguir dividiéndose añadiendo material genético protector a los *telómeros*, los extremos de los cromosomas. Los cromosomas son como pequeñas cadenas de perlas de ADN anidadas en el interior del núcleo celular. En ausencia de telomerasa, la perla del extremo de la cadena se pierde cada vez que una célula se divide y entonces toda la cadena se acorta ligeramente. Este proceso de desgaste hace que las células dejen de dividirse y entren en un estado llamado *senescencia*, el equivalente celular de la vejez. Pero la telomerasa impide este proceso. Añade perlas a los extremos de la cadena cromosómica, previniendo la senescencia y haciendo que las células sean eternamente jóvenes.

La telomerasa es producida por las células de crecimiento rápido del embrión humano, pero esta acción se desactiva en la mayoría de nuestras células cuando nacemos. Entre las pocas excepciones están las células madre, una verdadera maravilla de la naturaleza. Se dividen de manera asimétrica, lo que significa que, a diferencia de la mayoría de las células, que producen dos copias idénticas de sí mismas al dividirse, las células madre producen descendientes que difieren entre sí. Una «célula hija» de una célula madre se convertirá en una nueva célula madre, igual que su progenitora, mientras que la segunda se convertirá en una célula que el cuerpo necesita reponer, ya sea en nuestra piel, nuestro torrente sanguíneo, nuestro pelo, nuestro sistema digestivo u otros órganos y tejidos internos. La proliferación controlada de células madre permite al cuerpo humano renovarse, y este proceso vital no sería posible sin la telomerasa. Sin embargo, aunque la telomerasa es clave para el buen funcionamiento de las células madre, también es un rasgo distintivo de la mayoría de los cánceres. Cuando las células tumorales encuentran un modo de reiniciar la producción de telomerasa, escapan al proceso normal de envejecimiento celular y alcanzan la inmortalidad, lo que a menudo tiene consecuencias letales para nosotros.

Entonces, ¿es la telomerasa un milagro o una maldición? Dado que este mecanismo impulsado por ARN confiere a las células la capacidad de dividirse continuamente en lugar de envejecer, es natural preguntarse si se podría aprovechar de algún modo su poder para prolongar la vida no de una sola célula, sino de todo un organismo. ¿Podría algún fármaco basado en la telomerasa mantener en marcha nuestros relojes biológicos? Para empezar a responder a esta pregunta, tenemos que volver a mi «bola de pelo» unicelular favorita, *Tetrahymena*.

Otra lección extraída de las algas que cubren los estanques

En 1977, cuando aún era investigador posdoctoral en el MIT, conduje de Cambridge a New Haven en mi viejo Volvo de transmisión manual para pasar un día visitando el laboratorio de Joe Gall, profesor de Yale. Por aquel entonces, me estaba dando cuenta de las posibilidades que el bicho microscópico *Tetrahymena* podía ofrecer a un investigador, y quería visitar el laboratorio de Joe porque acababa de descubrir un conjunto inusual de genes de *Tetrahymena* que existían en forma de *minicromosomas*, cada uno de ellos de menos de una milésima parte del tamaño del cromosoma humano más pequeño. Estas moléculas individuales de ADN albergaban los genes del ARN ribosómico de *Tetrahymena*. Pocos años después, nos conducirían al conocimiento del autoempalme del ARN y al descubrimiento de la primera molécula catalítica de ARN, pero, por entonces, nada de eso estaba cerca.

Después de pasar la mañana en el laboratorio de Joe mirando por el microscopio, observando cómo *Tetrahymena* se desplazaba por el limitado entorno de un portaobjetos de cristal, llegó la hora de comer. El grupo de Joe me llevó a la cafetería de la última planta de la Torre de Biología Kline, el edificio más alto del campus de Yale, cuyo diseño claramente rehuía el principio según el cual la conectividad horizontal estimula la interacción y la colaboración. Pero todos estábamos mucho más interesados en el debate científico que en la crítica arquitectónica. El grupo de Joe quería hablar sobre la investigación de la australiana Liz Blackburn, su becaria posdoctoral.

Liz creció en Hobart, en la isla de Tasmania. Desde muy joven le picó el gusanillo de la ciencia y mantuvo su interés por la biología hasta licenciarse en la Universidad de Cambridge. Allí, trabajando con Fred Sanger, dos veces premio Nobel, secuenció el ADN de un virus bacteriano, un logro puntero en aquella época. Estos conocimientos le sirvieron para emprender una nueva aventura como investigadora posdoctoral en Yale, donde no tardó en determinar la secuencia de ADN de los extremos de los minicromosomas de *Tetrahymena*.

En aquel momento, Liz no pensaba en abrir nuevos caminos en la comprensión del cáncer ni estudiar el proceso de envejecimiento. Tampoco pensaba en abrir un nuevo capítulo en la ciencia del ARN, sino en contar otra historia sobre el ADN. Ninguno de nosotros sabía qué tipo de ADN podía constituir los extremos de los cromosomas, las moléculas lineales de ADN que residen en el núcleo celular de cualquier organismo. El interés de los biólogos celulares por estos extremos de los cromosomas, o *telómeros* (literalmente «partes finales»), se remonta a las observaciones de Hermann Muller en sus trabajos con moscas de la fruta y a las de Barbara McClintock con el maíz. En 1938, tanto McClintock como Muller informaron de que, si un cromosoma se rompe, como puede ocurrir de forma espontánea en la naturaleza o puede inducirse con radiación de rayos X, los extremos rotos del cromosoma se vuelven inestables, fusionándose con otros extremos rotos o degradándose. En cambio, los extremos naturales de los cromosomas están protegidos de algún modo para evitar ese destino. Del mismo modo que los cordones de los zapatos tienen pequeñas fundas de plástico en sus extremos, llamadas herretes, para mantenerlos intactos y evitar que se deshagan, los cromosomas tienen telómeros. Pero durante los cuarenta años siguientes, nadie descubrió qué era lo que permitía a los telómeros cromosómicos funcionar como herretes.

Numerosos laboratorios de todo el mundo trabajaban en la secuenciación de las regiones centrales de los cromosomas (las que contienen genes), pero los extremos permanecían casi completamente inexplorados. Así que Liz y Joe centraron allí sus energías. ¿Cómo era el ADN de los extremos de los cromosomas y cómo estaban protegidos? Decidieron utilizar el minicromosoma de *Tetrahymena* porque sus 10.000 copias por célula suponían una oportunidad.

Al final de cada minicromosoma de *Tetrahymena*, Liz descubrió algo muy extraño: una breve secuencia de seis letras repetida muchas veces.[2] Una hebra tenía repeticiones de CCCCAA, y la otra de la secuencia complementaria, TTGGGG:

```
TTGGGGTTGGGGTTGGGG…
AACCCCAACCCCAACCCC…
```

Era como leer una novela y encontrarse con una frase, por lo demás sensata, que terminaba con *etc.etc.etc.etc.etc.etc.* Un «etc.» podía tener sentido, pero una larga cadena de ellos parecía completamente redundante. ¿Qué podría significar?

En la actualidad, Liz y Joe son ampliamente reconocidos por haber determinado la primera secuencia de ADN de un telómero. Pero es fascinante que, en su artículo de 1978 en el que informaban de sus hallazgos, nunca se mencionara la palabra *telómero*. Anunciaron la primera secuencia telomérica de ADN, ¡y no dijeron ni una palabra al respecto! ¿Por qué tanta cautela? Los minicromosomas de *Tetrahymena* eran tan extraños (mucho más pequeños que los cromosomas humanos y, además, tenían muchas copias) que habría parecido presuntuoso por parte de los autores afirmar que los telómeros de los grandes cromosomas normales serían similares. Es algo que suele ocurrir en el mundo científico. Si tu trabajo está muy adelantado a tu tiempo, la mayoría (incluido tú mismo) tarda un tiempo en apreciar toda su importancia.

GRANDES PISTAS APORTADAS POR ORGANISMOS DIMINUTOS

Fue necesario otro experimento decisivo para convencer a Liz Blackburn de que había descubierto la clave de los telómeros. En 1978 se trasladó a la Universidad de California en Berkeley para dirigir su propio laboratorio como profesora ayudante. En un congreso celebrado en Nuevo Hampshire en 1980, Liz entabló conversación con Jack Szostak, por entonces un nuevo miembro de la facultad que trabajaba en el Instituto Oncológico Dana Farber de Boston. Jack estudiaba los cromosomas de la levadura de panadería. Había descubierto que podía introducir círculos artificiales de ADN en las células de levadura y que permanecían allí como minicromosomas, pero que las moléculas lineales de ADN tratadas del mismo modo no sobrevivían. Esto parecía un contrasentido, porque los cromosomas naturales de la levadura son moléculas de ADN lineales, no circulares.

Jack y Liz se preguntaron si las moléculas lineales de ADN eran inestables en la levadura porque carecían de alguna característica estabilizadora especial en sus extremos. Quizá estos cordones necesitaban herretes. Los únicos herretes de ADN conocidos eran los que Liz había encontrado en los extremos de los minicromosomas de *Tetrahymena*. ¿Podría ser que tuvieran esa función estabilizadora en la levadura?

En 1982, Jack y Liz colaboraron en lo que sin duda era un experimento con pocas probabilidades de funcionar. Trasplantaron las terminaciones del ADN de *Tetrahymena* (las repeticiones TTGGGG) a los extremos de un segmento de ADN de levadura. Y su corazonada resultó ser cierta. Los extremos del ADN de *Tetrahymena* permitieron que el ADN lineal se mantuviera estable en la levadura. Esto resultó especialmente sorprendente dada la enorme distancia evolutiva que separa a estos organismos: *Tetrahymena* está tan lejos de la levadura como de los humanos.

Janis Shampay, estudiante de posgrado en el laboratorio de Liz, secuenció los extremos del ADN lineal que ahora era estable en la levadura.[3] No estaba garantizado que el resultado fuera interesante. Podría haber visto que los extremos seguían acabando con las repeticiones TTGGGG de *Tetrahymena*. Pero lo que vio fue notable. Las moléculas de ADN ya no terminaban en *etc.etc.etc.etc.etc.* sino en *etc.etc.etc.etc.etc.vs. vs.vs.vs.* Y la secuencia *vs.* resultó ser la misma que la levadura utilizaba para finalizar los extremos de sus cromosomas naturales de tamaño completo. Era la propia secuencia telomérica de la levadura.[4] Así que, aunque *Tetrahymena* y la levadura eran especies totalmente distintas, sus secuencias teloméricas eran lo bastante similares como para que cuando la levadura detectara el telómero importado (*etc.*), empezara a añadir su propia marca de repeticiones teloméricas (*vs.*) a los extremos del minicromosoma.

A Janis, Jack y Liz solo se les ocurrió una forma de interpretar los resultados de estas secuencias. Las secuencias repetidas (*etc.* en *Tetrahymena* y *vs.* en la levadura) debían actuar como telómeros, confiriendo estabilidad a los extremos cromosómicos e impidiendo que se erosionaran. Además, la levadura parecía tener una enzima telomérica que reconocía las repeticiones de *Tetrahymena* como una «semilla» y les añadía sus propias secuencias teloméricas. Esto significaba que en *Tetrahymena* también debía existir una enzima alargadora de telómeros que creaba sus propias repeticiones. Todo encajaba a la perfección, pero ¿estaban construyendo un castillo de naipes? La prueba definitiva sería encontrar esa hipotética enzima que alarga los telómeros. Y una nueva estudiante del laboratorio de Liz estaba preparada para el reto.

La telomerasa existe y necesita ARN

Carol Greider lo pasó mal incluso para entrar en la universidad. Era disléxica y sacaba malas notas en los exámenes estándar. Pero el Departamento de Biología Molecular de la Universidad de Berkeley vio más allá de sus calificaciones y quedó impresionado por su investigación universitaria, así que se arriesgaron con ella.[5] Y fue todo un acierto.

Por su parte, Carol estaba encantada no solo de estar en Berkeley, sino también de unirse al joven laboratorio de Liz, donde asumió la ambiciosa tarea de purificar la todavía hipotética enzima de extensión telomérica de *Tetrahymena*. Si efectivamente existía, la enzima sería capaz de añadir repeticiones TTGGGG a los extremos del ADN. Se trataba de un proyecto arriesgado para una estudiante de doctorado principiante: encontrar algo que nunca antes se había encontrado y que, de hecho, podría no existir siquiera. Carol no se imaginaba entonces que la recompensa no solo sería el título de doctora, sino también una parte de un Premio Nobel y una oportunidad para profundizar en la cuestión de la inmortalidad.

Carol se incorporó al laboratorio de Liz en mayo de 1984. Inmediatamente empezó a cultivar *Tetrahymena* en botellas de vidrio de un litro, rompiendo las células y aislando sus núcleos. Después de todo, la elongación de los telómeros tenía lugar en el núcleo de la célula, por lo que era el lugar idóneo para buscar la enzima que catalizaba la elongación.

A continuación, congeló y descongeló los núcleos, lo que provocó que se abrieran y liberaran su contenido. El objetivo era aislar la salsa secreta que extendía los extremos de los cromosomas tras la división celular.

Carol y Liz pensaron que no sería necesario un cromosoma entero para desencadenar la actividad de la enzima, sino simplemente el extremo del telómero, donde se producía la acción. Así que Carol sintetizó cadenas cortas de ADN compuestas por repeticiones de TTGGGG (la secuencia telomérica de *Tetrahymena*), con la esperanza de que fuera suficiente para que la enzima reconociera el telómero y lo ampliara con repeticiones adicionales. Luego, incubó estos telómeros artificiales en tubos de ensayo con los núcleos rotos de *Tetrahymena*. En las Navidades de 1984, Carol se alegró enormemente al ver que el ADN se extendía siguiendo un patrón de repetición de seis nucleótidos (repeticiones TTGGGG, una tras otra). Había encontrado pruebas directas de la presencia de la enzima que más tarde se denominaría *telomerasa*.[6]

Como suele ocurrir en la ciencia, la respuesta a una gran pregunta genera inmediatamente otra. ¿Cómo es posible que una enzima proteínica sepa cómo fabricar una secuencia específica de ADN de seis nucleótidos? Nunca se había encontrado una enzima semejante. Las ADN y ARN polimerasas son capaces de sintetizar largas cadenas de nucleótidos, pero no lo hacen por sí solas, sino que utilizan ADN como molde. Las *transcriptasas inversas,* como las de los retrovirus, utilizan el ARN del mismo modo para producir ADN. Así que Carol y Liz se preguntaron si podría existir un ARN que actuara como molde para la adición de secuencias TTGGGG. Después de todo, el poder del emparejamiento de bases complementarias facilitaría que el ARN «recordara» TTGGGG; simplemente utilizaría A para especificar las T y C para especificar las G. Para probar esta idea, Carol se dispuso a pretratar la preparación de telomerasa de *Tetrahymena* con ribonucleasa (ARNasa), la enzima que degrada el ARN, para ver si había alguna diferencia.

Casualmente yo estaba en Berkeley, dando un seminario, el mismo día de enero de 1986 en que Carol realizó el experimento. Durante una reunión que tuve con ella y Liz esa mañana, Carol me habló de su idea de buscar un componente de ARN en la telomerasa. Ahora que yo era un «especialista en ARN», me entusiasmó la posibilidad de que el ARN pudiera estar realizando otro truco de magia. A lo largo del día, mientras varios profesores me acompañaban por el departamento a mis citas programadas, me asomé varias veces al laboratorio de Carol para preguntar cómo iba su experimento. Nos estábamos divirtiendo un poco, pues se tarda al menos un día en hacer un experimento de este tipo, así que era poco probable que tuviera algo nuevo que contar cada media hora.[7]

Cuando regresé a Boulder, me enteré de que Carol había descubierto que el tratamiento con ARNasa destruía la actividad de la telomerasa. Como casi todas las enzimas son proteínas y no tienen ARN, no les afecta ese tratamiento. Pero la actividad de la telomerasa parecía requerir la presencia de ARN.[8] Así, la telomerasa pasó a engrosar la corta lista de excepciones a la regla de que «todas las enzimas son proteínas». La lista estaba compuesta por nuestra ribozima de *Tetrahymena*, los ARN autoempalmantes relacionados de otras especies, la ribonucleasa P y la máquina de síntesis de proteínas del ribosoma. Y ahora se unía la telomerasa.

Unos años más tarde, en 1989, Carol identificaría y secuenciaría el componente de ARN de la telomerasa de *Tetrahymena*. Para entonces, ya se había doctorado en Berkeley y trabajaba en el laboratorio de Cold Spring Harbor, el famoso faro de la investigación biológica de Jim Watson a orillas del estrecho de Long Island. Y he aquí que ese ARN contenía un tramo de secuencia AACCCC que podía codificar los TTGGGG de los telómeros de *Tetrahymena*,[9] lo que validaba su presentimiento y el de Liz de que una plantilla de ARN indica qué secuencia de ADN se añade a los extremos de los cromosomas.

Poco tiempo después, también se identificó el ARN de la telomerasa humana y se vio que servía de molde para las repeticiones de una secuencia similar (TTAGGG) que componía los telómeros humanos.[10] Así pues, se había descubierto que el ARN estaba en el centro de otro proceso vital crítico: la construcción de los extremos de los cromosomas que garantizaban la integridad del genoma.

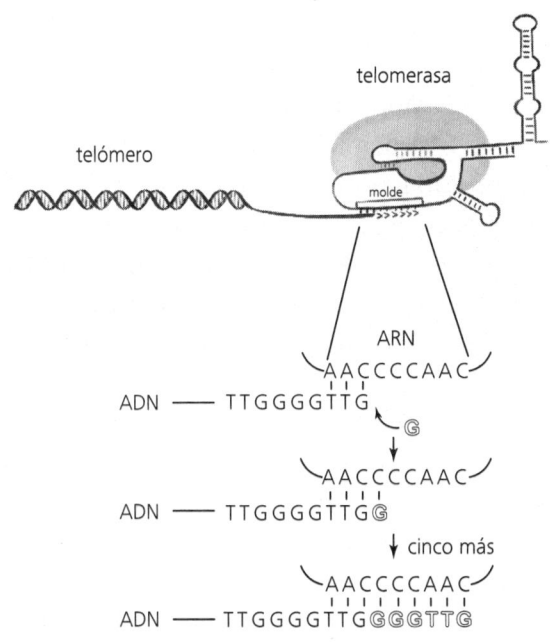

La telomerasa utiliza una porción corta de su cadena de ARN como molde, dirigiendo la secuencia que se añade al final del ADN telomérico. Los nucleótidos se añaden de uno en uno con la ayuda de una proteína (óvalo sombreado). En esta ilustración se muestra la secuencia telomérica de *Tetrahymena* con sus repeticiones de TTGGGG. Una vez que se forma una repetición telomérica completa, el ADN puede deslizarse hacia atrás a lo largo del ARN, dejando espacio para la adición de la siguiente repetición (no se muestra aquí).

Todas las investigaciones cuyo objetivo era comprender los telómeros y la telomerasa habían sido impulsadas por la curiosidad, por el afán de saber cómo funcionaban los cromosomas a un nivel básico. Al principio, no se vislumbraban aplicaciones médicas. Pero esto estaba a punto de cambiar, a medida que aumentaban las pruebas de que la telomerasa resulta crucial tanto para el cáncer como para el envejecimiento.

INMORTALIDAD... A NIVEL CELULAR

Leonard Hayflick nació en 1928 y creció en Filadelfia. Cuando tenía unos diez años, su tío le compró un juego de química Gilbert y, con la bendición de sus confiados padres, Hayflick construyó su propio laboratorio en el sótano,[11] donde experimentó preparando mezclas químicas explosivas y construyendo cohetes. En la Universidad de Pensilvania descubrió la biología y en 1958 consiguió un puesto en el Instituto Wistar de Filadelfia, una entidad sin ánimo de lucro. Allí Hayflick se convirtió en un maestro en el cultivo de células humanas, como las pulmonares, libres de virus y cáncer, por lo que sus cultivos celulares llegaron a ser muy codiciados por la industria farmacéutica para su uso en la producción de vacunas contra enfermedades como la rubeola.

Otros investigadores que cultivaban células humanas normales habían descubierto que sus cultivos dejaban de crecer al cabo de un tiempo. Creían que era por algún problema en la técnica utilizada, así que los desechaban y empezaban de nuevo. Hayflick era un experimentador tan excepcional y un observador tan cuidadoso que, cuando sus cultivos dejaron de crecer, supo que le estaban diciendo algo: las células humanas normales pueden dividirse un número limitado de veces, generalmente entre cincuenta y sesenta, antes de entrar en estado de senescencia.[12] Las células senescentes no están muertas: cambian de forma, modifican su metabolismo y siguen viviendo, pero simplemente no se dividen. Ahora decimos que tales células han alcanzado el «límite de Hayflick».

Hayflick siempre creyó que tenía mucho sentido que las células humanas normales se dividieran solo hasta cierto punto. Así como es fundamental que las células de la piel, el hígado, los huesos y el cerebro sigan dividiéndose en un embrión y en un niño, también lo es que dejen de hacerlo en una persona adulta. Esto es especialmente cierto porque la alternativa (la división sin fin) es la principal característica del cáncer.

Pero ¿quién lleva la cuenta del número de divisiones celulares por las que ha pasado una célula? Debe haber algún tipo de reloj. El descubrimiento de la telomerasa dio pie a la idea de que la longitud de los telómeros podría marcar el límite de Hayflick. Si la telomerasa estuviera desactivada en la mayoría de las células del cuerpo humano, la replicación incompleta de los telómeros provocaría su encogimiento, lo que podría desencadenar la senescencia. En cambio, en organismos de crecimiento continuo como las levaduras y *Tetrahymena*, así como en las células cancerosas, la telomerasa estaría siempre «activada», los telómeros mantendrían su longitud y nunca se alcanzaría el límite de Hayflick. En 1990, el biólogo celular Cal Harley, que entonces tenía un laboratorio en la Universidad McMaster de Canadá, contrató a Carol Greider para poner a prueba la hipótesis de la contracción de los telómeros. En un estudio que resultó ser muy influyente, descubrieron que a medida que envejecía un tipo concreto de células humanas de la piel, sus telómeros se acortaban de forma constante en unos cincuenta pares de bases por división celular.[13] Esta correlación era intrigante, pero la conclusión de Cal y Carol fue muy acertada: «No se sabe si esta pérdida de ADN desempeña un papel causal en la senescencia», es decir, si es realmente responsable del cese de la división celular.

¿Era realmente la telomerasa «la enzima de la inmortalidad» que promueve la longevidad? Y cuando los científicos descubrieron que el aumento de la actividad de la telomerasa es un sello distintivo de todos los tipos de cáncer,[14] ¿significaba eso que la telomerasa debería convertirse en el gran

cromosoma

telómero

sin telomerasa,
los telómeros
encogen con el
paso de los años

en el cáncer,
la telomerasa
se reactiva,
los telómeros
crecen y proliferan
las células tumorales

Senescencia

Resumen de la hipótesis sobre el envejecimiento basada en los telómeros. Para que las células humanas mantengan la longitud de sus telómeros es necesaria la telomerasa. Pero en la mayoría de las células somáticas la telomerasa no está presente, por lo que sus telómeros se reducen a medida que las células se dividen. Cuando los telómeros se acortan de forma crítica, las células dejan de dividirse y entran en senescencia. La reactivación de la telomerasa es uno de los pasos necesarios para que el cáncer prospere. Las células cancerosas son inmortales y se dividen sin parar.

objetivo para la terapéutica del cáncer? Estas conexiones propuestas entre la telomerasa, el envejecimiento y el cáncer llevaron a las empresas biotecnológicas y a las grandes farmacéuticas a la caza de la proteína telomerasa, porque por muy crítico que sea el ARN de la telomerasa, solo podría actuar si estaba presente su parte proteica. Para desentrañar los secretos de la telomerasa era necesario purificar toda la máquina (ARN y proteína), lo que suponía un gran reto porque la telomerasa es rara incluso en las células cancerosas donde ejerce su efecto más terrible. Basta una pizca para que las células sigan dividiéndose una y otra vez. Para superar el reto que suponía purificar la telomerasa iba a ser necesaria la participación de un investigador posdoctoral suizo llamado Joachim Lingner y otro bichito de los estanques lejanamente emparentado con *Tetrahymena*.

EL ARN NO ES SUFICIENTE

Basilea, en Suiza, es una ciudad de cuento de hadas situada a orillas del Rin. Es el lugar donde Suiza hace frontera con Alemania y Francia. Sus museos de arte son maravillosos: paredes de hormigón que exhiben enormes Rothkos de colores deslumbrantes. Sus cinco puentes cruzan el Rin, y entre ellos se encuentran los cuatro transbordadores de la ciudad, Wilde Maa, Leu, Vogel Gryff y Ueli, que permiten cruzar el río sin ayuda motorizada. Los transbordadores son ingeniosos, ya que utilizan la fuerza natural de la corriente del río para cruzar en una dirección, y luego con un golpe de timón se utiliza la misma corriente para regresar. Igual de ingeniosa es la ciencia que se lleva a cabo en la ciudad, tanto en la Universidad de Basilea como en el Instituto Friedrich Miescher y en dos de las empresas farmacéuticas más importantes del mundo, Roche y Novartis.

En 1992 viajé al Biozentrum de la Universidad de Basilea para impartir un seminario sobre mi investigación. Durante mi visita conocí a un estudiante, Joachim Lingner, que estaba terminando sus estudios de doctorado bajo la dirección de uno de los principales científicos de Suiza especializados en ARN.[15] Joachim me preguntó si podía venir a Boulder para purificar telomerasa. La enzima debería contener una subunidad de ARN, como mostraron Carol y Liz. Y es de suponer que contendría uno o más componentes proteínicos para impulsar su actividad de extensión del ADN. En 1993, di la bienvenida a Joachim a Boulder y le convencí de que podríamos tener éxito donde todas las empresas habían fracasado, trabajando con un organismo que tenía un asom-

175

broso don para amplificar todo lo relacionado con los telómeros.

El organismo que elegí fue *Oxytricha nova,* un bicho que vive en el mismo hábitat que *Tetrahymena,* en los estanques de todo el mundo. Lo conocí gracias a mi colega David Prescott, que había aislado varias criaturas unicelulares que vivían en el estanque Varsity del campus de Boulder. David había descubierto algo increíble: *Oxytricha* tiene cien millones de cromosomas diminutos, cada uno con un solo gen. Como cada cromosoma tiene dos extremos, cada célula contiene doscientos millones de telómeros. En cambio, los humanos tenemos veintitrés pares de cromosomas y, por tanto, cuarenta y seis cromosomas o noventa y dos telómeros en una célula normal de nuestro cuerpo. Suponiendo que la cantidad de telomerasa presente está relacionada con el número de telómeros, *Oxytricha* podría darnos una ventaja de más de un millón de veces sobre los equipos de científicos que intentan purificar la telomerasa a partir de células cancerosas humanas.

Como muchas «grandes ideas» promovidas por directores de investigación, mi propuesta tenía algunos fallos. Como pronto descubrió Joachim, era difícil cultivar muchas de estas *Oxytricha.* Las cultivábamos en bandejas abiertas para hornear lasaña que comprábamos en el supermercado King Soopers, y se arrastraban por el fondo a la caza de bacterias y algas. Era tedioso recoger los protozoos separándolos de los organismos que les servían de alimento, por lo que Joachim decidió cambiar de especie, un primo de *Oxytricha* llamado *Euplotes aediculatus,* que era tan grande para los estándares microbianos (casi visible a simple vista) que se pegaba a la estopilla mientras las bacterias y las algas la atravesaban. El cultivo de estas criaturas seguía requiriendo mucho tiempo, así que contratamos a estudiantes de la Universidad de Colorado para que lo hicieran por nosotros. Los estudiantes cultivaban algas para alimentar a nuestros ejemplares de *Euplotes,* los observaban al microscopio para asegurarse de que les iba bien y los trasladaban a bandejas de lasaña limpias a medida que crecía su población.

Pero ¿cómo purificar la telomerasa de estas bestias? Joachim decidió identificar la subunidad de ARN y utilizarla como «asa» para purificar la enzima intacta. En colaboración con un estudiante universitario, consiguió aislar y secuenciar el gen de la subunidad de ARN de la telomerasa de *Euplotes*.[16] El ARN de la telomerasa de *Euplotes* era similar pero no idéntico al de *Tetrahymena*. Eso era justo lo que habíamos predicho: como estos dos ARN realizaban la misma función biológica, pero en especies diferentes, se habían adaptado y habían cambiado a lo largo del proceso evolutivo.

La idea de Joachim consistió entonces en pescar la telomerasa en células de *Euplotes* rotas, utilizando como anzuelo un trozo corto de ADN que fuera complementario de la subunidad de ARN. El anzuelo de ADN se uniría a la plantilla de ARN telomerasa al producirse el emparejamiento de pares de bases complementarias, y así podría extraer el ARN de la compleja mezcla celular con sus codiciadas proteínas aún adheridas. Funcionó a la perfección. Un año en la cámara frigorífica (donde trabajan los bioquímicos cuando quieren evitar que se dañen enzimas sensibles, igual que guardamos nuestros alimentos refrigerados para que se mantengan frescos) y Joachim había conseguido la primera purificación bioquímica de telomerasa a partir de un organismo.[17]

Por desgracia, teníamos muy poca telomerasa de *Euplotes* purificada, solo unos diez microgramos. Un microgramo no es mucho, es la milésima parte de un gramo, e incluso un gramo es solo la masa de una pasa. Tendríamos una única oportunidad de obtener algunas secuencias de proteínas de este precioso material, o habría que volver a la cámara frigorífica durante meses. Así que necesitábamos un colaborador de talla mundial. En la primavera de 1996, nos pusimos en contacto con Matthias Mann, por entonces en el Laboratorio Europeo de Biología Molecular de Heidelberg, que acababa de inventar un nuevo método de secuenciación de proteínas y quería probarlo con una proteína desconocida. Le enviamos nuestra insustituible telomerasa y, en poco tiempo, tuvo la amabilidad de enviarnos catorce fragmentos de la secuencia de aminoácidos de la proteína telomerasa de *Euplotes*, información más que suficiente para que Joachim aislara el gen correspondiente.

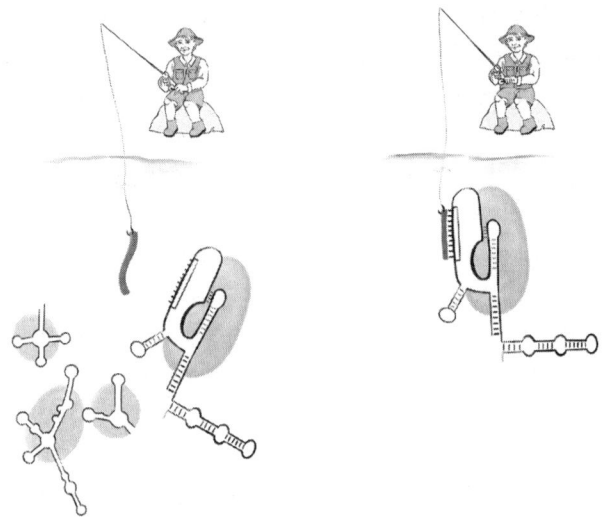

La purificación de la proteína telomerasa se consiguió gracias a su ARN asociado. El «cebo» era un ácido nucleico con una secuencia cuyas bases se emparejaban con el ARN de la telomerasa, lo que permitía capturar ese ARN y la proteína asociada (óvalo sombreado) y desechar otros componentes celulares.

Una de las empresas biotecnológicas obsesionadas con la relación existente entre el envejecimiento y la longitud de los telómeros era Geron Corporation («Geron» como en «gerontología»), situada en Menlo Park, California. Habían estado trabajando sin descanso para purificar la telomerasa humana a partir de células cancerosas, pero les había resultado muy difícil. Así que organizaron una conferencia, el Simposio Geron sobre Telomerasa y Cáncer, en el hotel Hapuna Beach, en la costa de Kona, en la isla grande de Hawái, que se celebró durante cuatro días en agosto de 1996. Tal vez esperaban que los conferenciantes, relajados por estar en un lugar tropical encantador y tomarse unos cuantos Mai Tai, revelaran alguna información clave sobre la proteína oculta durante tanto tiempo que se asociaba con el ARN para impulsar la telomerasa.

En el simposio, mientras me tomaba un café, entablé conversación con una vieja amiga, Vicki Lundblad, entonces profesora de la Escuela de Medicina Baylor de Houston. Vicki había sido alumna mía cuando yo era profesor ayudante de prácticas de Química General en la Universidad de Berkeley. Más tarde, fue alumna de posgrado de Jack Szostak y, posteriormente, de Liz Blackburn. Vicki quería comprender los fundamentos del mantenimiento de los extremos de los cromosomas en la levadura. Curiosamente, acababa de descubrir dos nuevos genes de levadura y había observado que, cuando se inactivaban, entonces la levadura tenía *telómeros cada vez más cortos*. En consecuencia, bautizó los genes con el nombre de *Est* (del inglés, *ever shorter telomeres*).

Las levaduras son organismos unicelulares. Habitualmente, se multiplican de forma indefinida y su telomerasa está siempre activa. En este sentido, son como las células madre humanas o las células cancerosas: se dividen una y otra vez. Una posible explicación sobre la naturaleza de los nuevos genes *Est* de Vicki era que codificaban partes críticas de la telomerasa. Si se eliminan estos genes, los telómeros de la levadura se encogen con cada división celular, lo que conduce al envejecimiento celular o senescencia. Las secuencias de ADN de los genes *Est* de Vicki no coincidían con nada que se hubiera visto antes, así que no sabía qué hacer. Le hablé de los resultados de *Euplotes* y nos preguntamos si estaríamos buscando el mismo objetivo. Mientras hablábamos de intercambiar secuencias genéticas, Titia de Lange, una famosa científica especializada en telómeros de la Universidad Rockefeller, se servía el café muy despacio cerca de nosotros.

Quería conocernos y sentía una gran curiosidad por saber cuál era el resultado.

Mientras Vicki y yo estábamos en Hawái, Joachim hizo un descubrimiento sorprendente en Boulder. Al observar la secuencia de la nueva proteína telomerasa de *Euplotes,* tuvo una extraña sensación de *déjà vu.* Había visto antes esta secuencia, o al menos algo muy parecido, en la famosa enzima transcriptasa inversa del virus de la inmunodeficiencia humana. ¿Por qué iba a parecerse nuestra proteína telomerasa a una proteína clave de un virus como el VIH? Cuanto más pensaba Joachim en ello, más sentido tenía. La telomerasa (como el VIH) debe utilizar una plantilla de ARN para sintetizar su ADN, y una proteína transcriptasa inversa podría impulsar ese proceso.

Cuando volví de Hawái, puse en contacto a Joachim con Tim Hughes, un estudiante de Vicki en Baylor. El objetivo era comparar las secuencias genéticas de *Euplotes* y de las levaduras y ver si había alguna base para seguir adelante con un proyecto de colaboración. Y así fue. La proteína Est2 de la levadura coincidía claramente con la mayor de nuestras proteínas de *Euplotes,* especialmente en torno a las supuestas secuencias de la transcriptasa inversa. Pero a diferencia de *Euplotes,* organismos para los que no se disponía de herramientas de genética molecular, la levadura nos permitiría sustituir varias versiones de un gen y ver cuáles funcionaban y cuáles no.

El proyecto que pusimos en marcha fue muy intenso. Creamos genes *Est2* de levadura con mutaciones solo en las secuencias de transcriptasa inversa que Joachim había identificado. Recuerdo que una tarde entré en el laboratorio y vi a uno de los científicos de mi equipo con un sobre de FedEx en la mano mientras Joachim introducía en él los tubos con el ADN. Bajó las escaleras para interceptar al repartidor de FedEx. Se dirigían a Houston para analizar sus telómeros.

Unos meses más tarde, todo estaba resuelto. La mutación de un solo aminoácido en la parte de la proteína Est2 que, según nuestra hipótesis, se encargaba de alargar los telómeros provocó la contracción de los telómeros de la levadura y su senescencia. Envejecían sin control ante nuestros ojos. Así pues, la proteína Est2 de la levadura de Vicki y, por extensión, nuestra proteína de *Euplotes* eran fundamentales para la elongación de los telómeros en las células vivas.

Por muy emocionante que fuera haber encontrado algunos de los ingredientes secretos que impedían el proceso de envejecimiento, nuestros descubrimientos se limitaban, al menos por el momento, a la levadura y a algunos organismos que viven en los estanques. ¿Serían aplicables a los seres humanos? Para comprobar la relación entre la telomerasa, el envejecimiento y el cáncer sería necesario contar con la proteína telomerasa humana, el socio fundamental del ARN que Carol y Liz habían encontrado.

Eran los primeros días del Proyecto Genoma Humano, cuando se publicaban a diario nuevas secuencias de ADN. Poco antes de que apareciese nuestro artículo en *Science*,[18] un fragmento de una secuencia no identificada de ADN humano que era muy parecida a la de *Euplotes* y a la de las levaduras apareció en la pantalla del ordenador de nuestro laboratorio. Sería la clave para encontrar la proteína telomerasa humana. Pero una vez publicado nuestro artículo, seguro que otros también establecerían esta conexión. Contábamos con unas pocas semanas de ventaja sobre el resto del mundo para aislar el gen humano. La carrera había comenzado.

Un grupo que buscaba el gen de la telomerasa humana estaba dirigido por uno de los biólogos del cáncer más reputados del mundo, Bob Weinberg, del Instituto Whitehead del MIT. El destino quiso que yo formara parte de la Junta de Científicos Asesores del Whitehead. En el retiro anual del instituto en las Montañas Blancas de Nuevo Hampshire, hablé con Chris Counter y Matt Meyerson, investigadores posdoctorales de Weinberg, y me enteré de que andaban tras la pista de la telomerasa humana. Les dije algo parecido a:

«Puede que necesitéis un nuevo proyecto, porque nosotros ya la tenemos». No fue muy inteligente decírselo a dos investigadores posdoctorales de gran talento y ambición, que inmediatamente redoblaron sus esfuerzos.

Al final, mi laboratorio ganó la carrera, pero no por mucho. El artículo en el que describíamos el gen *TERT* humano (*telomerasa transcriptasa inversa*) se publicó en *Science* el 15 de agosto de 1997.[19] El grupo de Bob Weinberg publicó un buen artículo sobre el gen *TERT* humano en *Cell* apenas una semana después.[20] Y efectivamente, mezclando la subunidad de ARN con la proteína TERT se obtenía telomerasa activa, tanto en el laboratorio como en células vivas.[21]

¿PREFIERES ENVEJECER O SER INMORTAL?

Con el ARN y la proteína TERT de la telomerasa humana en la mano, pudimos finalmente poner a prueba la idea de que la telomerasa fija el reloj para el límite de Hayflick. Los primeros científicos en obtener esta respuesta tan esperada fueron el profesor Woody Wright y su equipo del Centro Médico del Suroeste de la Universidad de Texas en Dallas, en colaboración con científicos de Geron. Introdujeron el gen *TERT* en células retinianas humanas normales que ya contenían el ARN de la telomerasa, pero no el *TERT*. Las células se dividieron sin parar.[22] Por el contrario, las células retinianas sin *TERT* dejaron de dividirse y mostraron los signos distintivos de la senescencia después de dividirse entre cincuenta y sesenta veces. Esto demostró de forma contundente que, de hecho, la reducción de los telómeros es el criterio que determina el límite de Hayflick y que la telomerasa activa impide la senescencia. Este truco se utiliza ahora en la investigación biomédica y en la industria para evitar que las células humanas envejezcan cuando se cultivan en incubadoras. Si quieres que tus células humanas cultivadas se sigan dividiendo sin fin, solo tienes que añadir el gen *TERT*.

El hecho de que la telomerasa pueda conseguir que las células humanas sean inmortales, manteniéndolas en continua división en el laboratorio sin sufrir senescencia, es un hecho científico. Pero eso se ha utilizado, por desgracia, para sugerir que un aumento del nivel de telomerasa podría alargar la vida humana. Es una idea demasiado simplista: si nuestras células no mueren, nosotros tampoco moriremos. Esto nos lleva de vuelta a mi estantería de fruslerías con sus cremas teloméricas «Life Extension» y las píldoras «activadoras de la telomerasa, clínicamente probadas para alargar los telómeros». Como los ingredientes de estas píldoras y cremas son productos vegetales naturales, pueden venderse en la categoría de suplementos dietéticos sin tener que someterse a los ensayos clínicos controlados con placebo que exige la FDA para aprobar los productos farmacéuticos. De hecho, no están «clínicamente probados».

Pero imaginemos por un momento que estas píldoras y cremas funcionaran como se anuncia. ¿Y si impidieran que nuestros telómeros se redujeran y nuestras células envejecieran? ¿Sería eso bueno? Es muy difícil imaginar qué pasaría si todas nuestras células se dividieran continuamente. Pero, si nos permitimos especular, uno de los resultados podría ser que nos convirtiéramos en personas realmente grandes, que siguieran creciendo sin fin. O, dada la relación entre la división celular continua y el cáncer, quizá estas hipotéticas personas con telomerasa activa morirían por culpa de un tumor gigante.

Por lo tanto, para que sea beneficiosa, la manipulación de la actividad de la telomerasa y de la longitud de los telómeros deberá hacerse con mayor precisión. Hay dos situaciones en las que esto podría tener un gran impacto sobre nuestras vidas, si algún día podemos descubrir cómo convertir esta investigación en una terapéutica práctica.

La primera está relacionada con nuestras células madre, que tienen la misión de reponer las células desgastadas de nuestro cuerpo y, por tanto, necesitan seguir dividiéndose durante toda la vida. Hay algunas personas que nacen con telómeros extremadamente cortos. Tienen los telómeros más cortos que el noventa y nueve por ciento de las personas de su edad. Como resultado, no hace falta que los telómeros se acorten mucho para que sus células madre entren en senescencia, de modo que ya no pueden mantener tejidos críticos. Una enfermedad hereditaria llamada disqueratosis congénita surge precisamente por esta razón. Los pacientes presentan una pigmentación anormal de la piel, uñas de manos y pies deformadas, lesiones orales y problemas dentales, y muchos mueren posteriormente de anemia. Un análisis más detallado revela que tienen una mutación en un gen de uno u otro de los componentes de la telomerasa, lo que provoca que las células que necesitan seguir dividiéndose mueran. Del mismo modo, muchos casos de anemia aplásica y fibrosis pulmonar, una enfermedad común de la sangre, están causados por la escasez de telomerasa y el consiguiente acortamiento de los telómeros. Todas estas personas se beneficiarían enormemente si existiera una forma segura de alargar los telómeros de sus células madre. Si pudiéramos desarrollar un auténtico fármaco estimulante de la telomerasa, el siguiente reto sería dirigirlo principalmente a las células madre.

La segunda situación es la otra cara de la primera. La mayoría de las células cancerosas comienzan como células normales que solo tienen unas pocas mutaciones fatídicas que provocan que empiecen a dividirse rápidamente. En el noventa por ciento de los cánceres humanos, la telomerasa también se reactiva y convierte a las células en inmortales. Por poner solo un ejemplo de lo duraderas que son estas células tumorales, las células HeLa (una parte de la primera línea celular inmortal obtenida del tumor de la famosa paciente de cáncer Henrietta Lacks en Baltimore en 1951) tienen la telomerasa activa y siguen vivas en miles de laboratorios de todo el mundo setenta años después. Si todas las células HeLa cultivadas se colocasen una al lado de la otra, se calcula que se extenderían a lo largo de casi 110.000 kilómetros, lo suficiente para dar tres vueltas alrededor de la Tierra.[23]

Dado el terrorífico poder que la telomerasa confiere a las células tumorales, la esperanza sería encontrar una forma no de potenciar sino de inhibir la telomerasa en los tumores o de evitar su activación. Pero para ello, los científicos tendrían que resolver otro misterio: cómo se reactiva la telomerasa en los tumores.

UN CAMBIO MUY PEQUEÑO MARCA UNA DIFERENCIA MUY GRANDE

A principios de la década de 2000, científicos de todo el mundo habían secuenciado el gen *TERT* en tumores, pero no encontraban ninguna mutación que pudiera explicar cómo se activaba. Hasta que llegó Franklin Huang.

Franklin, hijo de inmigrantes taiwaneses, creció en Oklahoma. Obtuvo el doctorado en Medicina en Harvard y en 2012 empezó a trabajar como becario médico en el laboratorio de Levi Garraway en el Instituto Oncológico Dana Farber de Boston. Levi era un experto en el uso de una nueva y potente tecnología de la empresa Illumina diseñada para secuenciar el ADN de los tumores. Los miembros de su laboratorio buscaban mutaciones que pudieran ser la causa del cáncer y también dianas para intervenciones farmacéuticas.

El laboratorio disponía de una vasta colección de secuencias del genoma del melanoma, que ya había aportado información útil sobre este cáncer de piel. Sin embargo, Franklin volvió a analizar los datos. Rápidamente se dio cuenta de que algo intrigante ocurría en el gen denominado *TERT*. En diecisiete de las diecinueve muestras de melanoma había una mutación de un solo par de bases en la misma posición. No se encontraba en la región codificante del gen, donde todos los demás habían estado buscando, sino en la parte del gen denominada «promotor», porque esta parte promueve la transcripción del ADN en ARNm. Parecía que la alteración crearía un sitio de unión para una proteína llamada «factor de transcripción», cuya unión podría impulsar la transcripción del gen. ¿Era este el error genético que volvía a activar la telomerasa, dando a estos cánceres espacio para crecer?

Los compañeros de laboratorio de Franklin se mostraron escépticos. Pensaban que era prácticamente imposible que una mutación causante de cáncer apareciera con una frecuencia tan alta. ¿Quizá se trataba de un error? ¿Tuvo algún problema el secuenciador de ADN de alta tecnología con esta secuencia en particular y la leyó mal?[24]

Franklin secuenció las muestras de ADN con un método de la vieja escuela, uno que no utilizaba el secuenciador de alta tecnología y que, por tanto, no sucumbiría a sus trampas, si es que las había. Tardó toda la noche en hacerlo, pero al día siguiente ya tenía la respuesta. La mayoría de las secuencias de ADN de melanoma presentaban efectivamente la mutación en la misma posición del gen *TERT* que había visto antes. Es más, cuando secuenció el ADN tomado de la sangre de los mismos pacientes, que no era cancerosa, descubrió que ninguna de las secuencias del gen *TERT* de ese ADN tenía la mutación. En otras palabras, la mutación era específica del cáncer, por lo que no podía tratarse de un error de secuenciación del ADN: era real.

Franklin y Levi demostraron que la mutación de una sola base impulsaba la transcripción del gen *TERT*. Más tarde, él y otros científicos descubrieron que muchos otros cánceres también habían tropezado con este «truco afortunado» que activaba el gen *TERT* y, por lo tanto, la telomerasa, gracias a exactamente la misma mutación.[25] Lo sorprendente es que esta mutación aparece de forma independiente en todo el mundo, cientos de miles de veces al año. Es de suponer que surgen muchas otras mutaciones con una frecuencia similar, pero no impulsan la progresión del tumor, por lo que se diluyen con el tiempo.

El descubrimiento de las mutaciones del promotor de *TERT* tiene importantes aplicaciones diagnósticas. Para muchos tipos de cáncer, la presencia de una mutación en el promotor de *TERT* indica que la enfermedad es más agresiva y que requiere un tratamiento igualmente agresivo para que el paciente sobreviva.[26] La búsqueda de esta mutación puede, por tanto, ayudar a los médicos a adaptar los planes de tratamiento, por ejemplo, recomendando tratamientos más conservadores en cánceres que no tienen esta mutación para evitar algunos de los debilitantes efectos secundarios de la quimioterapia.

Aunque estas aplicaciones diagnósticas ya están ayudando a los pacientes, la búsqueda para convertir esta investigación en una terapéutica eficaz continúa. Uno de los retos consiste en inhibir la telomerasa en los tumores, pero no en las células madre, ya que también dependen de ella. Como en todas nuestras historias de ARN, conocer la biología, es decir, entender los mecanismos implicados, resulta esencial para la intervención médica, pero no garantiza el éxito. A menudo existe un largo y difícil camino entre el descubrimiento científico y la curación, y en el caso de la telomerasa, la búsqueda continúa.

En el caso del ARN de interferencia, la siguiente etapa de nuestro viaje por el ARN, el salto desde el descubrimiento fundamental a la terapéutica fue mucho más rápido. En parte, la razón por la que la investigación básica es tan importante y emocionante es que cuando hacemos un nuevo descubrimiento sobre la naturaleza del ARN, nunca podemos predecir qué aplicaciones médicas podrían estar esperándonos a la vuelta de la esquina.

8

Gusanos que se retuercen

SiQun Xu manejaba una diminuta pinza, transfiriendo hábilmente minúsculos nematodos de su placa de Petri a una almohadilla de agar viscoso colocada sobre un portaobjetos de vidrio. Si en junio de 1997 hubiéramos estado observando su trabajo por encima de su hombro, no nos habríamos creído que estuviera arrancando y transportando nada: esos gusanos son transparentes, más finos que una pestaña humana y solo miden un milímetro de largo, por lo que hay que ser muy perspicaz para verlos.[1] Una vez alineados diez gusanos en el portaobjetos, SiQun miró por los oculares del microscopio, introdujo una aguja de vidrio ultrafina en la gónada del primer gusano a través de su piel e inyectó un volumen minúsculo de ARN disuelto. Siguió avanzando por la fila e hizo lo mismo con cada gusano. El proceso era mucho más difícil que enhebrar una aguja, pero años antes de convertirse en investigador científico en el laboratorio de Andy Fire en la Institución Carnegie de Baltimore, SiQun había trabajado como acupuntor en su China natal. Fue un entrenamiento fortuito que le ayudó a cumplir la misión que tenía ese día.[2]

Con estas inyecciones de ARN, SiQun y Andy esperaban resolver un enigma que desconcertaba a los biólogos de gusanos. El ARN antisentido (del que hablamos como terapia para la atrofia muscular espinal) había sido una herramienta popular para la manipulación de la expresión génica desde 1984.[3] La idea era cortocircuitar la producción de una proteína introduciendo un ARN complementario («antisentido») a su ARNm. La cadena antisentido se emparejaría con el ARNm, tapando los codones e impidiendo la síntesis de proteínas. La capacidad de desactivar genes con precisión podría ser una poderosa herramienta para comprender la función de distintos genes y quizá incluso para desactivar aquellos que son dañinos o que han mutado.

Pero cuando el ARN antisentido se aplicó al nematodo *Caenorhabditis elegans*, un organismo muy utilizado en el laboratorio, no se obtuvo el resultado esperado. Varios biólogos especializados en nematodos habían estado explorando el ARN antisentido, y algunos de ellos (por ejemplo, Andy Fire) notaron algo extraño. Como control experimental, los investigadores de nematodos inyectaron ARN de sentido positivo en lugar de ARN antisentido, es decir, una copia exacta de una parte de la secuencia del ARNm diana. No debería haber tenido ninguna posibilidad de emparejarse con el ARNm porque la C no se empareja con la C, la A no se empareja con la A, y así sucesivamente. Esperaban que la inyección de ARN de sentido positivo no tuviera ningún efecto. Pero lo más sorprendente es que descubrieron que ese ARN también interrumpía la expresión génica.[4] Que tanto el ARN de sentido positivo como el antisentido generaran el mismo resultado no tenía lógica alguna.

Andy pensó en una posible solución a este enigma. Se había formado en el laboratorio de Phil Sharp en el MIT, así que conocía bien el ARN. También sabía que era difícil conseguir ARN puro ya fuera de sentido positivo o antisentido, porque las enzimas utilizadas en el laboratorio para transcribir el ADN en ARN a veces cometían un error: en el proceso de producción del ARN objetivo, también generaban parte de la cadena complementaria. ¿Era posible que las preparaciones de ARN de sentido positivo y antisentido de todos aquellos investigadores fueran activas porque contenían algo de ARN bicatenario?

Andy admitió que se trataba de una «hipótesis algo descabellada».[5] Al fin y al cabo, un ARN bicatenario ya estaba emparejado consigo mismo. ¿No debería significar eso que las hebras serían incapaces de emparejarse con nada más y, por tanto, que no podrían interferir en la función del ARNm? Pero los gusanos eran baratos, y SiQun y Andy eran expertos inyectando moléculas en los nematodos, así que decidieron intentarlo. Purificarían sus ARN de sentido positivo y antisentido con mucho cuidado para evitar cualquier contaminación cruzada y luego inyectarían a algunos gusanos ARN de sentido positivo, a otros ARN antisentido y a otros una mezcla de ambos para formar ARN de doble cadena.

Decidieron centrarse en un gen cuya pérdida de actividad fuera evidente. El gen llamado *unc*, abreviatura de *uncoordinated* ('descoordinado'), era necesario para que el sistema nervioso del gusano se desarrollara correctamente. La mutación o inactivación del gen *unc* hace que los gusanos se retuerzan sin control. SiQun y Andy observarían la progenie de los gusanos inyectados para comprobar si sus cerebros se habían desarrollado con normalidad. No había necesidad de obligar a los gusanos a aparearse, ya que son hermafroditas, producen tanto espermatozoides como óvulos y se autofecundan internamente.

Un día después de las inyecciones de ARN, los gusanos habían puesto huevos y estos habían eclosionado. Mientras SiQun y Andy se turnaban para mirar por el microscopio, vieron algo emocionante e inesperado. En primer lugar, solo el ARN de doble cadena hizo que todas las crías de cada gusano inyectado se movieran como locas.[6] Ni los gusanos que portaban únicamente la hebra de ARN antisentido ni aquellos con la hebra de ARN de sentido positivo mostraban alteraciones importantes.[*] Solo la combinación de doble he-

---

[*] Aunque el ARN antisentido no bloqueó la expresión génica en estos experimentos concretos, es activo en muchos sistemas, como el desarrollado por Adrian Krainer e Ionis para tratar la atrofia muscular espinal.

bra era activa, lo que sugiere que los hallazgos anteriores en los que el ARN de sentido positivo o el antisentido por sí solos alteraban la expresión génica en los gusanos podían deberse a la contaminación por la hebra opuesta. No solo descubrieron que el ARN bicatenario podía de algún modo anular la expresión génica, al menos en gusanos, sino que además el proceso tenía una enorme precisión. Parecía, pues, que solo el tratamiento con ARN de doble cadena afectaba al gen *unc*.

Los científicos tardarían varios años en explicar estos misterios. Pero entonces, mientras observaba a los gusanos retorciéndose, a Andy Fire le concedieron el Premio Nobel. Su trabajo, junto con el de su colaborador Craig Mello, del Centro Oncológico de la Universidad de Massachusetts en Worcester, pondría en marcha un subcampo completamente nuevo de la biología molecular llamado *ARN de interferencia* o *interferente* (ARNi).

Los científicos pronto revelarían que el ARNi constituye un proceso regulador clave en la naturaleza, que permite a los organismos reducir la actividad de grupos de ARNm una vez transcritos. Este sistema, activo en animales desde gusanos hasta humanos, había pasado desapercibido hasta que fue detectado por los experimentos con ARN de doble cadena de Andy Fire y Craig Mello. El ARNi ofrecía otro ejemplo asombroso de lo importante que era el ARN. Además, dado que el ARN transmite el mensaje en todas las enfermedades, al igual que lo hace en todos los procesos de la vida sana, la capacidad de bloquear ARNm específicos tenía un potencial farmacéutico, por lo que el ARNi pronto se reorientaría para su uso médico. Esta historia es un ejemplo más de las aplicaciones de los ARN y de algunos de los retos que acompañan a su uso terapéutico. Y todo empezó con ese humilde gusano.

¿Por qué el gusano? A la mayoría de la gente le parecería una elección insólita como organismo experimental, quizá incluso una broma. Pero no para Sydney Brenner. En la década de 1960, después de haber contribuido a descifrar el secreto del ARNm, Sydney centró su atención en uno de los mayores retos pendientes de la biología: la comprensión del sistema nervioso. El sistema nervioso está formado por el cerebro, la médula espinal y las neuronas periféricas que emanan de la médula espinal, incluidas las motoneuronas que controlan los músculos. El sistema nervioso dirige el movimiento, la memoria, la toma de decisiones y el comportamiento de los animales.

Para empezar a desentrañar sus misterios, Sydney tuvo que seleccionar un organismo experimental. Su anterior organismo favorito, *E. coli*, no tenía cerebro, así que no era candidato. Brenner se decidió por el nematodo *C. elegans*, que ofrecía muchas ventajas.[7] Es uno de los organismos más simples que poseen cerebro. El adulto solo tiene unas mil células en todo el organismo, y unas trescientas de ellas son neuronas, las células que constituyen el sistema nervioso. Además, estos nematodos son transparentes, por lo que los distintos tipos de células y sus conexiones se observan fácilmente al microscopio. Por último, estos gusanos son pequeños. Cada ejemplar mide aproximadamente un milímetro de longitud, y su tiempo de generación es de solo tres días y medio, por lo que son baratos y fáciles de cultivar.

Sydney era tan carismático, tan inteligente y poseía una personalidad tan encantadora y sociable que algunos de los jóvenes científicos más aventureros y con más talento de la época le siguieron y se decantaron también por el estudio de esos gusanos. Andy Fire y Craig Mello fueron algunos de sus discípulos. Andy estudió los gusanos como becario posdoctoral de Sydney en Cambridge (Inglaterra) a mediados de los ochenta, antes de regresar a Estados Unidos y crear su propio laboratorio en la Institución Carnegie. Craig conoció los gusanos en 1982 en la Universidad de Colorado en Boulder de la mano de mi colega David Hirsh, otro de los aprendices de Sydney.[8]

Gracias a sus experimentos con gusanos, los investigadores de los laboratorios de Fire y Mello habían descubierto que el ARN bicatenario tenía una gran capacidad para interferir en la expresión génica. Pero al principio no estaba claro cómo funcionaba este proceso (¿cómo podía un ARN bicatenario reconocer una diana compuesta por ARN monocatenario?) ni si existían procesos similares en la naturaleza.

Los experimentos de seguimiento realizados en laboratorios de todo el mundo pronto dieron con la respuesta a la primera pregunta. Los científicos descubrieron un conjunto de proteínas no detectadas previamente (o al menos infravaloradas) que permiten que el ARN de doble cadena silencie la expresión génica. Una de ellas era una enzima, denominada de forma apropiada *Dicer*, que cortaba el ARN de doble cadena largo en trozos más pequeños llamados *ARN pequeños de interferencia* (ARNpi). Otra enzima, a la que los investigadores bautizaron con el nombre de *Argonauta* (por el nombre de un destacado navío francés de 1708 que contaba con cincuenta cañones), se encargaba de unirlos y conducirlos a sus lugares de acción.

El apodo parecía apropiado, porque la proteína Argonauta porta una artillería formidable y, como un buque de guerra, viaja en busca de su objetivo. En el caso de esta proteína, quien la guía en su búsqueda es una cadena de ARN. Su objetivo es un ARN mensajero con una secuencia complementaria a una de las hebras del ARNpi, conocida como «hebra guía». Al cargarse en el Argonauta, la otra hebra del ARNpi, la «pasajera», es expulsada, dejando la cadena guía libre para emparejarse con las secuencias complementarias en el ARNm diana. Entonces entra en juego la artillería: la proteína Argonauta es una enzima capaz de escindir e inactivar el ARNm diana, que se mantiene indefenso en su lugar gracias al emparejamiento de bases con una hebra del ARNpi. Es como si el ARNpi fuera un sistema de guiado de misiles que dirige la ojiva Argonauta al lugar de ataque.

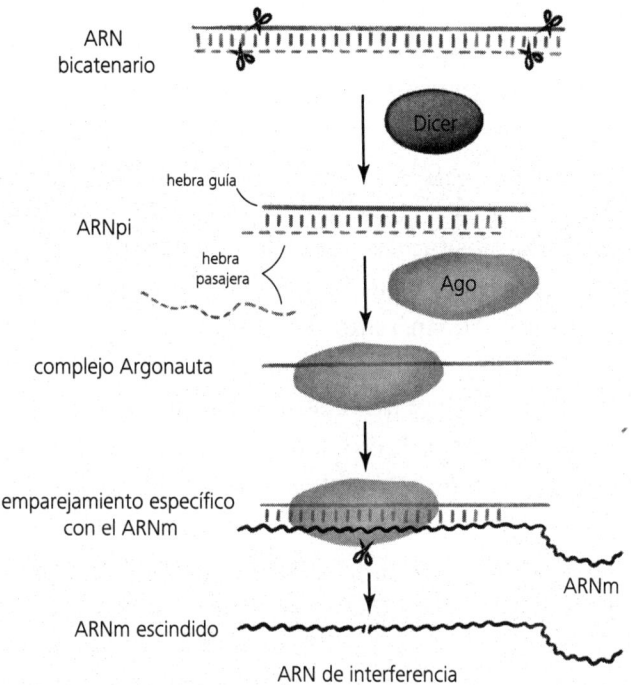

El proceso de ARN de interferencia comienza con un ARN largo de doble cadena. La enzima celular Dicer lo corta para dar lugar a fragmentos de ARNpi de veintitrés nucleótidos que, en su mayor parte, tienen sus bases emparejadas. Al unirse a la proteína Argonauta (abreviada *Ago*), una de las dos hebras (hebra pasajera) es expulsada y la otra (hebra guía) viaja con Ago en busca de secuencias de ARNm coincidentes. A continuación, la enzima Ago corta o «trocea» el ARNm, inactivándolo.

Es de suponer que Dicer y Argonauta no estaban flotando en el interior de los gusanos esperando a que llegaran los investigadores e inyectaran ARN de doble cadena. El ARN de interferencia debe tener una función biológica normal. Pero ¿cuál era? La respuesta ya se había encontrado; solo había que establecer la conexión. Desde 1993, Victor Ambros, biólogo del desarrollo de Harvard, y Gary Ruvkun, genetista del Hospital General de Massachusetts, habían identificado unos ARN de nematodos extremadamente pequeños,[9] llamados *microARN*,* que desempeñaban un papel importante en el proceso de desarrollo que convierte un embrión en un organismo completo, desactivando la producción de varias proteínas en etapas críticas. Estos microARN naturales eran inicialmente ARN más grandes que se emparejaban entre sí para formar largos segmentos de doble cadena, similares al plegamiento de cada uno de los brazos del trébol de ARNt. Después eran procesados por Dicer y cargados en Argonauta para inhibir la actividad de los ARNm naturales. Eso explicaba por qué los gusanos estaban equipados con la maquinaria necesaria para hacer uso de los ARNpi inyectados artificialmente.

La naturaleza se esforzó mucho en desarrollar sistemas para fabricar proteínas complejas, así que ¿por qué iba a necesitar microARN y ARN de interferencia para deshacer todo ese duro trabajo? A medida que un organismo pasa de embrión a adulto, debe fabricar diferentes órganos como el cerebro, el intestino, la piel y los órganos reproductores. Para embarcarse en estas diferentes trayectorias de desarrollo, no basta con sintetizar nuevos tipos de proteínas. Las células también tienen que dejar de fabricar algunas. Esto es lo que los microARN añaden a las herramientas de la naturaleza: la capacidad de regular la traducción de ARNm específicos.

Cada microARN busca e inhibe no solo un ARNm, sino todo un conjunto de ARNm relacionados. El resultado es una red reguladora enormemente compleja e intrincada. En lugar de inhibir la actividad de un gen, imaginemos que lo que inhibimos es el flujo de tráfico a través del East

---

* El 7 de octubre de 2024, la Asamblea Nobel del Instituto Karolinska anunció la concesión del Premio Nobel de Fisiología o Medicina a Victor Ambros y Gary Ruvkun por el descubrimiento del microARN y su papel en la regulación génica postranscripcional. *(N. del t.)*

River de Nueva York. Múltiples puentes, entre ellos el famoso puente de Brooklyn, conducen el tráfico hacia dentro y fuera de Manhattan; son análogos a los múltiples genes cuya actividad debe reducirse antes de que una célula embrionaria pueda convertirse, por ejemplo, en una célula cerebral. El tráfico a través de cada puente puede verse inhibido por sucesos que ocurren en Manhattan (reparaciones de carreteras, accidentes de tráfico o una repentina tormenta de nieve). Estos sucesos son similares a las acciones de los microARN en la actividad de los genes. Cada puente se verá afectado por estas incidencias en distinta medida, dependiendo de su ubicación y de otros factores. Los efectos serán acumulativos: la combinación de un camión parado y una tormenta de nieve repentina parará el flujo. Algo así ocurre con la interferencia del ARN: la combinación de la cantidad de sitios de unión de los microARN (y la prevalencia de esos microARN concretos) modera la traducción de un ARNm en proteína.

Lo explicado hasta aquí se podría considerar una investigación fascinante y pionera, pero a finales de la década de 1990 seguía limitándose principalmente a los gusanos. Para explotar el potencial médico del uso de los ARNpi para desactivar genes, primero había que ver si la misma magia funcionaba en organismos más complejos, especialmente en los seres humanos.

MÁS ALLÁ DEL GUSANO

Tom Tuschl era el hombre del momento, un científico con el talento y la dedicación suficientes para ayudar a convertir la promesa terapéutica del ARN de interferencia en una realidad que salvara vidas. Nos conocimos en 1989, cuando trabajaba en mi laboratorio como estudiante de intercambio de la Universidad de Ratisbona (Baviera). Me pareció que era una persona muy trabajadora e inteligente, pero no podía imaginar lo importantes que serían sus descubrimientos posteriores. En 1999, Tom trabajaba en el laboratorio de Phil Sharp en el MIT, en el campo del ARN de interferencia. Fueron los primeros en demostrar que el ARNpi inhibe sus ARNm diana no mediante una acción sutil, sino muy directamente, cortándolos en secciones.[10]

Tom regresó entonces a Alemania y no tardó en hacer descubrimientos clave que sentaron las bases para diseñar fármacos a partir del ARN de interferencia. Uno de los principales interrogantes tenía que ver con la presencia de microARN en humanos. Si estaban presentes, la maquinaria para utilizarlos (incluida la proteína «cortadora» Argonauta) también debía estarlo. Si así fuera, tal vez se podría manipular esa maquinaria introduciendo un ARN de doble cadena dirigido a un ARNm implicado en alguna enfermedad, creando así un nuevo y potente fármaco.

Sin embargo, antes de eso los científicos necesitaban confirmar que los microARN funcionaban en otros organismos que no fueran gusanos. Para ello, Tom purificó el ARN de una amplia variedad de especies y, a continuación, los separó por tamaño mediante electroforesis en gel, como había hecho Art Zaug durante el trabajo de mi laboratorio sobre la ribozima *Tetrahymena*. Con una cuchilla de afeitar, recortaba la porción del gel que contuviera cualquier ARN realmente pequeño (de entre veintiún y veintitrés pares de bases) desechando los ARN ribosómicos, mensajeros y de transferencia más grandes. Al final, descubrió docenas de microARN de moscas de la fruta, peces, ratones y, lo que es más importante, de células humanas.[11] Ahora parecía que la naturaleza utilizaba el ARNi para moderar la transcripción de genes en todo un conjunto de seres vivos.

Dado que cada uno de estos microARN está codificado en el genoma y que el anuncio de la primera secuencia del genoma humano se produjo un año antes (2000), ¿cómo habían podido pasar desapercibidos todos estos microARN? En la vida cotidiana, uno empieza a buscar las llaves perdidas del coche debajo de la farola porque es donde hay más luz, y la ciencia no es muy diferente. La mayor parte de la energía científica se había dedicado a estudiar los genes que codificaban proteínas, a pesar de que estas secuencias solo representaban el 2 por ciento del genoma humano.[12] Alrededor de esas islas codificadoras de proteínas había un verdadero océano compuesto por otro tipo de ADN. Así pues, era fácil pasar por alto las diminutas motas de genes codificantes de microARN.

Con el tiempo, se descubrirían hasta quinientos microARN diferentes en humanos. Se ha demostrado que contribuyen a múltiples procesos esenciales, como el correcto desarrollo de brazos y piernas, la formación del músculo cardiaco, la producción adecuada de células sanguíneas (especialmente inmunitarias), y el desarrollo de la placenta y el embarazo.[13] La alteración de los microARN contribuye a muchas enfermedades. Por ejemplo, en las células tumorales se suelen reducir los niveles de microARN, con lo que se regulan al alza los genes que favorecen su crecimiento. Por ejemplo, uno de esos microARN se encarga normalmente de mantener bajo control los genes que promueven la división celular. Las células cancerosas producen menor cantidad de este microARN, lo que favorece una proliferación celular inadecuada.[14]

Si los cambios en el ARN de interferencia pueden causar enfermedades, ¿podríamos también usarlo contra ellas?

Una estrella guía en el cinturón de Orión

El mismo año en que descubrió los microARN humanos, Tom Tuschl se dio cuenta de que solo hacía falta un pequeño ARN de doble cadena (de unos veintiún pares de bases) para desactivar la expresión génica. En otras palabras, no era necesario tratar las células con moléculas de ARN bicatenario compuestas por cientos de pares de bases de longitud, como habían estado haciendo los científicos desde que conocieron el trabajo de Andy Fire y Craig Mello, y luego dejar que Dicer cortara el ARN. En lugar de eso, podían proporcionar directamente el ARN corto de doble cadena. Como Tom había estudiado con el químico pionero en ácidos nucleicos Fritz Eckstein en Gotinga, pudo producir estos ARN mediante síntesis química. Y si los ARNpi podían sintetizarse químicamente, empezaban a parecerse mucho a los fármacos. Tom había sentado las bases científicas para convertir el ARN en un agente terapéutico que pudiera dirigirse contra ARNm creado por genes dañinos.[15]

En 2002, Tom Tuschl, Phil Sharp, Dave Bartel y Phil Zamore (estos dos últimos, antiguos compañeros de laboratorio de Sharp) fundaron Alnylam Pharmaceuticals. Alnylam (o Alnilam) es la estrella más brillante del cinturón de la constelación de Orión, y al igual que Polaris señala el camino hacia el norte, esta estrella en Orión guiaría con suerte a la empresa hacia toda una nueva clase de medicamentos.

¿Qué hacía que los ARNpi fueran tan atractivos como posibles agentes terapéuticos? Hay que tener en cuenta que el desarrollo de cualquier fármaco potencial requiere resolver una serie de cuestiones. ¿Hasta qué punto es específico para su objetivo en relación con los procesos sanos que también podrían verse afectados? ¿Cuáles son sus efectos secundarios? ¿Pueden tolerarse? ¿Cuál es la dosis terapéutica eficaz? ¿Con qué frecuencia debe tomarse? Los fármacos tradicionales son pequeñas moléculas orgánicas, como la aspirina que tomamos para los dolores o la atorvastatina (Lipitor®), indicada para reducir el colesterol. Para estos fármacos, responder a todas las preguntas sobre seguridad y eficacia supone poner en marcha un proyecto de investigación y desarrollo largo y costoso, que debe empezar de nuevo con cada nueva molécula. Es muy probable que un fármaco fracase antes de superar todos estos obstáculos. En teoría, el ARNpi podría simplificar este proceso en gran medida. Ciertamente, primero habría que superar numerosos retos: estabilizarlo, averiguar cómo administrarlo a los tejidos pertinentes del cuerpo y garantizar su seguridad y eficacia. Pero una vez resueltos estos problemas para una aplicación concreta, dirigirlo contra determinada enfermedad podría ser tan sencillo como cambiar la secuencia de bases A, U, G y C a lo largo del ARNpi para que pudiera emparejarse con el nuevo ARNm. Las cuestiones de estabilidad, administración y seguridad ya estarían en gran medida «preaprobadas».

Alnylam decidió afrontar el problema de las enfermedades raras, definidas como aquellas que afectan a menos de 200.000 personas en Estados Unidos. También se conocen como «enfermedades huérfanas», porque el número de pacientes no es lo bastante numeroso como para que las empresas farmacéuticas consideren rentable gastar los mil millones de dólares que cuesta desarrollar un fármaco y someterlo a ensayos clínicos en humanos. Pero, en conjunto, las enfermedades huérfanas suponen una enorme necesidad médica insatisfecha. Se ha descubierto que más de 3.000 enfermedades hereditarias están causadas por una mutación en un único gen, y solo en Estados Unidos hay unos veinticinco millones de personas afectadas por alguna de ellas.[16] Aunque podría resultar poco práctico desarrollar 3.000 fármacos diferentes para 3.000 enfermedades huérfanas, ¿podría desarrollarse un único fármaco de ARNpi y luego ajustar su secuencia para que coincida con 3.000 dianas? ¿Se puede dar una solución a todos estos huérfanos?

El primer reto al que se enfrentó el equipo de Alnylam para convertir el ARNpi en un fármaco eficaz fue encontrar la forma de administrarlo a las células afectadas por la enfermedad. El ARN en sí mismo es demasiado inestable para ser un buen fármaco; se degrada fácilmente por las ribonucleasas que abundan en todos los tejidos humanos para descomponer el ARN presente en los alimentos que ingerimos o para permitir a las células cambiar su patrón de expresión génica. Además, el ARN no puede atravesar la capa protectora de la membrana que protege a las células de intrusos indeseados. Así que los científicos de Alnylam recurrieron a un truco que los virus basados en el ARN utilizan continuamente: envolvieron el ARN en una cubierta lipídica que se disuelve en la membrana de la célula humana y deja entrar el ARN. Este envoltorio también protege el ARN del ataque de las ribonucleasas.

En su primer ensayo clínico de un ARNpi encapsulado, Alnylam se centró en una enfermedad llamada ATTR hereditaria, o amiloidosis hereditaria mediada por transtiretina (TTR). La proteína TTR se fabrica en el hígado y normalmente actúa como transportador, ayudando a mantener los niveles normales de hormona tiroidea, vitamina A y otras moléculas.[17] Pero en una enfermedad, a veces es menos importante cómo se comporta la proteína normal que cómo falla la proteína mutante. Las mutaciones hereditarias en el gen *TTR* hacen que la proteína TTR se pliegue mal y se acumule en forma de fibrillas en los nervios y el corazón. La mayoría de nosotros nunca hemos oído hablar de esta enfermedad porque es rara: solo la padecen unos 50.000 pacientes en todo el mundo. Pero para esas 50.000 personas es un desastre: sufren cardiopatías y problemas neuronales y a menudo tienen problemas para caminar. La muerte suele producirse aproximadamente una década después del diagnóstico original.

El fármaco ARNpi de Alnylam se acumula en el hígado, donde se produce el ARNm de la TTR, por lo que impide que se produzca la proteína TTR mutante.[18] En 2018 finalizó el ensayo clínico y las noticias fueron buenas: los pacientes con ATTR que habían recibido el fármaco se estabilizaron y, de hecho, vieron cómo mejoraba su capacidad para caminar, mientras que los del grupo de control, que habían recibido un placebo, continuaron deteriorándose.[19]

Pero en el desarrollo de fármacos, a menudo se resuelve un problema y aparece otro. En el caso de la terapia con ARNpi, el fármaco contenido en nanopartículas debía administrarse por vía intravenosa una vez al mes, lo que obligaba a los pacientes a acudir a un hospital o centro de transfusiones y permanecer sentados durante una hora mientras se les administraba el medicamento en un lento goteo a través de una aguja en el brazo. Era caro, tedioso y a menudo doloroso para el paciente. Para evitar la administración intravenosa, los científicos de Alnylam encontraron una forma de administrarlo mediante inyección subcutánea manipulando el ARN de doble cadena. Añadieron una especie de «asa» que sería agarrada por un receptor de la superficie de las células hepáticas. Aunque el truco era específico para las células hepáticas, permitía administrar el ARNpi mediante una inyección rápida en el brazo, como una vacuna, en lugar de por vía intravenosa.

Tal y como esperaban los científicos de Alnylam, su progreso en el desarrollo de la terapia con ARNpi para la ATTR facilitó mucho el abordaje de otras enfermedades. Entre 2018 y 2023, la FDA aprobó otros cuatro tratamientos hepáticos, todos para enfermedades raras pero muy debilitantes. A diferencia de los dieciséis años que tardaron en desarrollar el primer tratamiento, han desarrollado, de media, uno por año desde entonces. Lógicamente, con 3.000 trastornos de un solo gen a tener en cuenta, aún queda un largo camino por recorrer.

UNA AMENAZA CRECIENTE

Alnylam ha demostrado la viabilidad de la terapia con ARNpi para tratar enfermedades genéticas raras. Pero ¿qué ocurre con enfermedades devastadoras que son demasiado comunes? Con el avance de la medicina, cada vez mueren menos personas por enfermedades infecciosas. Incluso las muertes por cáncer están disminuyendo: de 2001 a 2020, las tasas de mortalidad por cáncer en Estados Unidos se redujeron en más de una cuarta parte, de 197 a 144 muertes por cada 100.000 personas al año.[20] Pero a medida que aumenta la esperanza de vida, los humanos tenemos más probabilidades de sufrir alguna de las terribles enfermedades neurodegenerativas como el alzhéimer, el párkinson o la esclerosis lateral amiotrófica (ELA).[21] La tasa de mortalidad por alzhéimer y párkinson está aumentando rápidamente (más del doble en el mismo periodo de veinte años en el que han disminuido las muertes por cáncer) y lo mismo ocurre con la ELA.[22, 23] Estas enfermedades no solo debilitan a las personas, sino que también destruyen a las familias, que a menudo se ven abrumadas por la rabia, el miedo y el dolor cuando un ser querido se vuelve irreconocible.

El ARN está directamente implicado en todas estas enfermedades. Entonces, ¿podría utilizarse alguna versión de la tecnología del ARNpi para luchar también contra el aumento de las enfermedades neurodegenerativas? Por ejemplo, pensemos en la ELA, también conocida como enfermedad de Lou Gehrig por el famoso jugador de béisbol que la padeció. La ELA es especialmente devastadora porque surge de repente en individuos en apariencia sanos y luego progresa con mucha rapidez, atacando las neuronas motoras. He visto cómo afectaba dos veces a mi círculo de amigos y compañeros. Estas personas se encontraban en la cima de una vida productiva cuando perdieron de forma progresiva la capacidad de comer, hablar, caminar y, finalmente, respirar. En un caso, la parálisis y la muerte llegaron cinco años después de los síntomas iniciales; en el otro, en un año.

Aunque muchos casos de ELA son esporádicos, es decir, aparecen cuando no hay antecedentes familiares de la enfermedad, otros casos se dan en familias. Estos casos familiares son de especial interés para los científicos biomédicos porque pueden conducir a la identificación de una causa genética de la enfermedad. La causa genética más común de la ELA es un gen cuyo nombre técnico es *C9orf72*.[24] El gen contiene normalmente unas cuantas repeticiones de una determinada secuencia genética: GGGGCC. Pero en la

ELA, los errores en la replicación del ADN hacen que la repetición experimente una enorme expansión: el gen contiene miles de repeticiones de la misma secuencia, GGGGCC. Cuando este ADN anómalo se transcribe a ARN, las repeticiones se conservan. Los científicos todavía están trabajando para desentrañar todos los problemas causados por este ARN antinatural, pero una de las principales preocupaciones es la forma en que este ARN defectuoso atrae y se aferra a las proteínas (incluyendo una llamada hnRNP H) que son necesarias para el ayuste correcto del ARN. Al haber tantas proteínas de ayuste de ARN pegadas a las repeticiones de ARN, estas tienen problemas para hacer su trabajo normal, y los patrones de ayuste alternativo de los que dependen las neuronas se ven perturbados.[25] En última instancia, las neuronas mueren y los cuerpos de los pacientes pierden su capacidad de transmitir señales del sistema nervioso central a los músculos periféricos.

Con la terapia de ARN, ¿podrían algún día los científicos trocear el ARN patógeno que contribuye a la ELA, deteniendo así su progreso o incluso evitando que se forme? No cabe duda de que se trata de una especulación. Por ejemplo, hacer llegar el ARNpi a las neuronas motoras constituye un reto mucho mayor que hacerlo llegar al hígado. Se puede acceder a un órgano como el hígado introduciendo un fármaco en el torrente sanguíneo. Pero llegar al cerebro es más complicado. Esto se debe a un sistema de defensa natural, la barrera hematoencefálica, una pared de células estrechamente empaquetadas que evolucionó para mantener las toxinas y otros agentes nocivos alejados del tejido cerebral. Esta barrera filtraría cualquier fármaco basado en ARN antes de que llegara al cerebro, lo que significaría que tendría que administrarse mediante otro proceso, como inyectarlo en el líquido que rodea la médula espinal en la columna vertebral, un procedimiento invasivo y costoso. Además, dado que la eliminación del ARN patógeno no restablecería la función normal del gen, la terapia con ARNpi no llegaría a ser terapéutica. Pero dada la promesa científica de esta técnica y la creciente necesidad médica, los investigadores no renuncian a hacer llegar el ARNpi al cerebro. En la lucha contra la ELA y otras enfermedades neurodegenerativas, necesitamos toda la potencia de fuego que podamos reunir.

El alzhéimer es otra terrible enfermedad neurodegenerativa que podría tratarse con ARNpi. En 2021, más de seis millones de personas padecían la enfermedad de Alzheimer solo en Estados Unidos, y su número aumenta cada año a medida que envejece la población. En el cerebro de estos pacientes se acumulan dos tipos de agregados proteínicos, denominados placas amiloides y ovillos tau, que se cree que inhiben el correcto funcionamiento de las neuronas. En el primer caso, una proteína llamada proteína precursora amiloide es cortada por enzimas cerebrales, dando lugar a un subproducto proteico llamado beta-amiloide. Este material se acumula entre las neuronas del mismo modo que lo hace el sarro entre los dientes. En el segundo caso, una proteína llamada tau puede acumularse no alrededor de las neuronas, sino dentro de ellas, dando lugar a ovillos que hacen que los receptores se vuelvan locos. Como todas las proteínas humanas, la proteína precursora del amiloide y la tau están codificadas cada una por un ARNm que dirige su síntesis. Así que parece plausible que un ARNpi que cortase uno o ambos ARNm, y redujese de esta forma la cantidad de las proteínas correspondientes, fuera terapéutico.

En 2022, Alnylam anunció un nuevo programa en colaboración con Regeneron, la empresa biotecnológica conocida por su tratamiento con anticuerpos contra el COVID-19, para hacer frente a la enfermedad de Alzheimer. En concreto, están desarrollando ARNpi dirigidos al ARNm de la proteína precursora del amiloide. Esperan que la reducción de los niveles de esta proteína disminuya proporcionalmente la formación de placas beta-amiloides. Sustituyendo la anterior «asa» del ARNpi dirigida al hígado por una nueva asa, ya han conseguido silenciar la proteína precursora del amiloide en el sistema nervioso central de ratones de forma segura y eficaz.[26]

El camino que conecta la demostración de la eficacia de una terapia en ratones con el establecimiento de un tratamiento eficaz para el ser humano será largo y estará plagado de baches, pero todos debemos esperar lo mejor. Al fin y al cabo, es mucho lo que está en juego: revertir las enfermedades neurodegenerativas es posiblemente la necesidad médica más importante de la humanidad.

Del humilde gusano surgieron los ARNpi terapéuticos. Es una historia extraordinaria, pero afortunadamente no es la única. Los mayores avances de la biomedicina casi siempre proceden de la investigación básica que se ha llevado a cabo para entender cómo funciona la naturaleza, sin ninguna aplicación médica en mente. Andy Fire y Craig Mello querían estudiar los genes que controlan el comportamiento de un diminuto gusano transparente, confiando en que lo que funcionara para el gusano sería aplicable a otros organismos multicelulares, incluidos los humanos. Para eliminar la producción de determinados productos génicos, querían mejorar sus herramientas, y los ARN antisentido parecían prometedores. Pero gracias a experimentos creativos y a una buena dosis de suerte, descubrieron que el ARN ganador no era monocatenario, sino bicatenario. Este espectacular descubrimiento abrió la puerta a todo un nuevo campo de investigación (los microARN que regulan las rutas de los genes en todos los organismos complejos, incluido el ser humano) y a una clase completamente nueva de agentes terapéuticos.

Ahora conocemos algunos de los daños que puede causar el ARN cuando funciona mal. Pero los ARN buenos que se han vuelto malos, como los que causan o contribuyen a las enfermedades neurodegenerativas, no son los únicos de los que hay que preocuparse. Algunos ARN han nacido, al menos desde nuestra perspectiva, para ser malos. Como pronto veremos, muchos de los virus que causan enormes pandemias funcionan enteramente con ARN. Pero, aunque el ARN tiene un lado oscuro, comprender cómo funciona también nos ayudará a encontrar formas de combatirlo utilizando sus propios trucos.

9

Parásitos precisos, copias chapuceras

En 1935, el bioquímico Wendell Stanley estaba ocupado cuidando sus plantas de tabaco turco en el invernadero del Instituto Rockefeller de Investigación Médica de Princeton (Nueva Jersey). Cuando sus plántulas alcanzaron una altura de cinco centímetros, cogió una gasa, la sumergió en sus reservas de virus del mosaico del tabaco y la frotó en las hojas. Este virus, la pesadilla de la industria tabacalera, debe su nombre al patrón de manchas que produce en las hojas infectadas. A finales del siglo XIX, los científicos habían descubierto que algunos agentes infecciosos son tan pequeños que pueden pasar a través de un filtro que retiene las bacterias. Cuarenta años después, los científicos seguían sin saber de qué estaban hechos los virus y mucho menos cómo causaban infecciones. Este era el vacío de conocimientos que Stanley pretendía llenar.

Tres semanas después de que Stanley frotara el virus del tabaco en las hojas, la infección estaba en pleno apogeo. Cortó las plantas, las congeló y las pasó por una picadora de carne, un instrumento científico no muy sofisticado, pero eficaz. Cuando se descongeló la pulpa, exprimió el zumo. Y allí encontró lo que buscaba: las partículas víricas.[1] Podía verlas en el microscopio electrónico, unas hermosas varillas diminutas, más cortas que una bacteria *E. coli* y mucho, mucho más delgadas. No es de extrañar, pues, que el virus pudiera atravesar un filtro que retenía bacterias.

La solución que Stanley había obtenido compuesta por partículas del virus del mosaico del tabaco estaba tan concentrada que pudo cristalizarla.[2] Como vimos con James Sumner y sus cristales de proteína ureasa, la cristalización era un método habitual para obtener una sustancia en forma pura: el cristal contiene solo las moléculas de interés, y cualquier contaminante queda excluido. Cuando Stanley analizó la composición de sus cristales de virus, descubrió que eran proteínas puras, o casi puras. Los cristales contenían un 94 por ciento de proteínas y un molesto 6 por ciento de ARN.

Su descubrimiento mereció la consideración de extraordinario. Un virus, que tenía las propiedades vitales de la reproducción y la mutación, estaba compuesto básicamente por proteínas. Cuando Stanley pronunció su discurso de aceptación de su parte del Premio Nobel de Química de 1946, que celebraba el poder de las proteínas,* el ARN quedó relegado a una simple nota a pie de página. Sin embargo, en las décadas siguientes, la importancia de esa nota a pie de página crecería y crecería. Mientras que Stanley pensaba que el ARN era un detalle sin importancia, ahora lo vemos como la clave para comprender y combatir una buena parte de los virus más temibles de la naturaleza.

GORRONES

Los virus son inevitables. Siempre que hay un sistema biológico organizado (una célula, un organismo, una comunidad) surgen entidades que se aprovechan de ese sistema para beneficiarse, sin aportar ningún valor. Los llamamos parásitos. Son inevitables porque es mucho más sencillo y

---

* Stanley compartió el Premio Nobel con James Sumner, que había cristalizado la enzima ureasa y establecido así que «todas las enzimas son proteínas», y John Northrop, que ayudó a demostrar la universalidad del trabajo de Sumner.

fácil ser un parásito que ser un organismo plenamente funcional. Los mismos principios químicos y condiciones ambientales que dan origen a los organismos también dan origen a los parásitos.

Como son inevitables, el número de virus en la Tierra es enorme. Se estima que debe haber 1×10^{31}, una cifra que es 10.000 millones de veces mayor que el número de estrellas del universo conocido.[3] Por suerte para nosotros, la mayoría de estos virus son fagos que solo infectan bacterias. Su diversidad es tan grande que cuando los estudiantes de nuestro curso de Biología Molecular en Boulder purifican sus propios bacteriófagos del suelo, de un vertedero local o de la jaula de los leones del zoo, cada fago es inevitablemente una entidad nunca vista hasta entonces.

Todo virus necesita replicarse. Todos requieren un conjunto de genes para llevar a cabo su ciclo infeccioso. La pregunta que Stanley y otros científicos tenían que responder para desvelar el misterio de los virus era cómo se almacenaba esa información genética. ¿Estaba la información realmente incrustada en la proteína? Stanley ganó el Premio Nobel en 1946, dos años después de que Oswald Avery, del Instituto Rockefeller de Nueva York, anunciara que el ADN es el «principio transformador» que compone los genes de las bacterias que causan la neumonía.[4] Sin embargo, la idea de que el material genético podría no residir en los ácidos nucleicos, sino en moléculas proteicas más complejas, seguía viva. Y en su discurso del Nobel, Stanley no se pronunció sobre la cuestión. Nunca apostó por una determinada naturaleza química del material hereditario del virus. ¿Era la proteína, que constituía claramente la mayor parte del virus y fue objeto de su Premio Nobel? ¿O podría ser esa cantidad relativamente pequeña de ácido nucleico?

En cualquier caso, Stanley subestimó el ARN y, como ya hemos aprendido, eso es algo que nunca debes hacer. Pero cuando se trasladó a la Universidad de California en Berkeley, en 1948, y reclutó un equipo para su nuevo Laboratorio de Virus, contrató a alguien que prestaría al ARN la atención que merecía.

El camino que llevó a Heinz Fraenkel-Conrat hasta Berkeley fue sinuoso. Nació en la antigua ciudad de Breslavia, en la actual Polonia, donde se licenció en Medicina en 1933. Ante el auge del nazismo en Alemania, se trasladó sabiamente a Edimburgo para cursar sus estudios de doctorado y luego emigró a Estados Unidos. Su cuñado bioquímico, Karl Slotta, se había trasladado de Polonia a São Paulo (Brasil), donde trabajaba en el proyecto con el que se acabó descubriendo la hormona progesterona, que daría lugar a las píldoras anticonceptivas. Fraenkel-Conrat visitó a Slotta en Brasil y se quedó con él. Juntos estudiaron el veneno de la serpiente de cascabel sudamericana y lo utilizaron para purificar la primera neurotoxina. En 1952, Stanley reclutó a Fraenkel-Conrat en Berkeley para trabajar en su nuevo Laboratorio de Virus.

En Berkeley, Fraenkel-Conrat se centró en el pequeño ARN del virus del mosaico del tabaco (TMV, por sus siglas en inglés). Se basó en el descubrimiento de dos científicos alemanes que, en 1956, demostraron que si se rascaban las hojas de tabaco y se echaba sobre ellas ARN purificado del TMV surgía la infección.[5] No parecía ser necesaria ninguna proteína: bastaba con rascar las hojas para que entrara el ARN. Se trataba de unos resultados contundentes que indicaban que el ARN era el material genético del TMV, a menos que, quizá, hubiera un poco de proteína indetectable del TMV que acompañara al ARN y causara la infección.

Para probar la idea de que el ARN vírico era el material genético del TMV, Fraenkel-Conrat purificó ARN de una cepa del TMV que solo producía pequeñas manchas locales en las hojas en lugar de una infección sistémica. A continuación, ensambló ese ARN con la proteína de una cepa de TMV plenamente activa. Cuando se echó este virus sobre las hojas de la planta (que antes se habían rascado un poco), dio lugar a una infección caracterizada por pequeñas manchas. Por el contrario, cuando ensambló la mezcla opuesta (ARN de la cepa completamente activa y proteína de la cepa con manchas pequeñas), la cepa completamente activa ganó. El ARN, y no la proteína, determinó el resultado de la infección, lo que demostraba que el ARN era claramente el material genético del virus.[6]

De todas formas, ¿quién necesita el ADN?

Hay dos tipos principales de virus. Algunos, como los que causan la varicela y la viruela, tienen codificado su material genético en ADN, como las plantas, los animales y cualquier otro ser vivo de la Tierra. Pero muchos de los peores virus tienen ARN como material genético y no se preocupan en absoluto por el ADN. Entre estos virus de ARN no solo están los que causan enfermedades de las plantas, como el del mosaico del tabaco, sino también otros que afectan a los humanos como la gripe, el sarampión, las paperas, la polio, el zika, el ébola y el COVID-19, por nombrar solo algunos. Aunque estos virus de ARN pueden prescindir del ADN, lo contrario no es cierto. Los virus de ADN siguen necesitando ARN. Al igual que los organismos más complejos, los virus de ADN transcriben su material genético en ARNm que, a su vez, codifica proteínas víricas. Esto convierte al ARN en el denominador común de todos los virus.

¿Qué antigüedad tienen los virus de ARN? Ya hemos dicho en páginas anteriores que el primer sistema autorreproductor de la Tierra pudo estar compuesto por ARN, ya que el ARN puede ser tanto una molécula informativa como un biocatalizador que replica la información. Esa es la hipótesis del mundo del ARN para el origen de la vida. Apuesto a que, un día después de que se iniciara el primer sistema de autorreplicación del ARN, ya había un pequeño trozo de ARN parásito haciendo autostop, replicándose, pero sin aportar nada al sistema. Y cada vez que surgía un nuevo organismo en el planeta, sus virus llegaban poco después. Además, el hecho de que los virus puedan mutar para cambiar de hospedador (de animales a humanos, por ejemplo, un proceso conocido como zoonosis) significa que siempre hay una gran reserva de nuevos virus potenciales.

Durante millones de años de evolución, todos los virus de ARN han tenido que superar los mismos obstáculos: cómo infiltrarse en las células hospedadoras, cómo fabricar las proteínas que necesitan, cómo replicar sus genomas de ARN y cómo empaquetarse dando lugar a partículas infecciosas. Cada virus resolvió estos problemas de formas diferentes. En el caso del SARS-CoV-2, por ejemplo, el virus ha desarrollado su característica proteína de la espícula, que encaja en un receptor llamado ACE2 en la superficie de las células de nuestras fosas nasales y pulmones como un enchufe en una toma de corriente. Cuando el virus se adhiere a la superficie de la célula, tiene que burlar las defensas celulares. Eso no le supone un problema. Como el virus está cubierto por una envoltura lipídica y la célula tiene una envoltura lipídica similar, los dos pueden simplemente fusionarse. Es como la superficie de un plato de sopa de pollo con fideos. Hay islas planas de grasa flotando en la superficie, rodeadas de caldo, y cuando dos de las islas de grasa se encuentran, se fusionan para formar una isla de grasa más grande. Cuando el virus penetra ya puede causar estragos.

HACER MÁS DE UNO MISMO

¿Cómo copia un virus de ARN su genoma de ARN? Pues depende. Hay dos clases principales de virus de ARN: los denominados *monocatenarios positivos (+)* como el SARS-CoV-2, y los virus *monocatenarios negativos (−)*, como el de la gripe. Los virus de cadena (+) se replican fabricando primero una cadena (−), que luego se utiliza para fabricar más cadenas infecciosas (+). Piensa de nuevo en cómo harías un molde de escayola de un gnomo de jardín: primero haces un molde, que es una réplica inversa del gnomo, y luego viertes escayola en el molde y obtienes tantas réplicas del gnomo original como desees. Lo mismo ocurre con los virus monocatenarios positivos (+): una vez sintetizada una cadena (−) complementaria, puede utilizarse una y otra vez para fabricar hebras (+). La otra característica clave de los virus de ARN monocatenarios positivos (+) es que el ARN vírico que infecta una célula también sirve como ARN mensajero. Una vez que este ARNm entra en el citoplasma de la célula hospedadora, encuentra ribosomas humanos que, sin saber que están haciendo algo mal, se dedican a fabricar las proteínas que el virus necesita para su ciclo infeccioso. Entre estas proteínas está la ARN polimerasa vírica que replica el ARN vírico. También fabrican la proteína de la *cápside* y la proteína de las espículas, que recubren las partículas recién formadas y permiten que el virus sea infeccioso.

El virus del mosaico del tabaco es miembro de este club positivo. Otros virus ARN monocatenarios positivos (+) que infectan al ser humano son el poliovirus, el virus del dengue, los virus de la hepatitis A y C y los rinovirus, causantes del resfriado común. La rubeola está causada por un virus ARN monocatenario positivo (+) que fue una de las plagas de la infancia hasta que la vacunación contra el sarampión, las paperas y la rubeola (SPR) logró suprimirla en gran medida.

Por el contrario, los llamados virus monocatenarios negativos (−) entran en el hospedador no como un ARNm listo para codificar, sino como su complemento. En otras palabras, no entran como un gnomo de jardín, sino como el molde para un gnomo. Estos virus traen consigo su propia enzima copiadora, y una vez que entran en una célula, la enzima se pone a trabajar copiando las cadenas (−) en cadenas (+) que sirven como ARNm. Estos ARNm víricos secuestran de nuevo los ribosomas de la célula hospedadora para producir sus propias proteínas. Todos los virus de la gripe (*influenza*) son negativos (−), al igual que el virus respiratorio sincitial (VRS), el virus de la rabia y el virus del Ébola. Los virus de las paperas y el sarampión también pertenecen a este grupo, por lo que la vacuna triple vírica protege contra dos virus ARN negativos (–) y un virus ARN positivo (+).

¿Cuántas proteínas codifica un ARNm vírico? El número varía bastante, pero no suele ser muy elevado. Los virus son los parásitos más eficientes, hacen el menor trabajo posible y engañan a su hospedador para que soporte la carga de la mayor parte de su ciclo infeccioso. El TMV es muy eficiente: su ARN tiene solo 6.300 bases y codifica cuatro proteínas, dos de las cuales se encargan de la replicación del ARN, una tercera facilita la transferencia del virus de célula a célula dentro de la planta, y la última forma la cubierta cilíndrica, o cápside, del virus que aísla el ARN en su cavidad central. Los genomas de los virus de la polio y la gripe codifican diez y diecisiete proteínas, respectivamente. El SARS-CoV-2 es un auténtico monstruo (en más de un sentido), con un genoma que codifica veintinueve proteínas.[7] Aunque es una cantidad enorme para un virus, es solo una pequeña fracción de lo que se necesita para crear un organismo real. *E. coli*, por ejemplo, codifica unas 4.000 proteínas, mientras que un ser humano codifica unas 20.000.

ALGUNAS ERRATAS AQUÍ Y ALLÁ

Mis hijas me envían muchos mensajes de texto, y sus rápidos dedos suelen provocar errores: «Hoy comeremos ropa» seguido unos segundos después de «ropa = sopa», o «Voy a bajar a los niños a las 3» seguido de «*bañar». A veces el texto tiene varias erratas en puntos clave, y no tengo ni idea de lo que significa el mensaje.

Con la replicación del ARN vírico ocurre lo mismo. Unos pocos errores suelen tolerarse o incluso pueden ser ventajosos, pero si se producen demasiados errores el virus no puede sobrevivir. Las polimerasas que copian el ARN cometen errores aproximadamente una vez cada 10.000 bases. Eso puede parecer poco; después de todo, cometemos errores en nuestras tareas cotidianas con mucha más frecuencia que una vez cada 10.000 veces. Pero como los genomas víricos tienen alrededor de 10.000 bases, esa tasa de error significa que cada vez que se replica el ARN se ha cometido un error en alguna parte. La mayoría son lo que los científicos llaman errores de sustitución de bases (como poner una A en lugar de una G), que a menudo provocan cambios en un aminoácido de una de las proteínas víricas. Un cambio de este tipo puede ser neutro, puede dificultar la capacidad del virus para cumplir con su cometido u, ocasionalmente, puede mejorar su capacidad infectiva, por ejemplo, si ayuda al virus a unirse a una célula diana con mayor voracidad, a replicarse más rápidamente, a resistir a los medicamentos antivirales o a evitar los anticuerpos.

Un irascible científico de la Universidad de Illinois llamado Sol Spiegelman fue uno de los primeros en demostrar directamente cómo los virus sacan provecho de sus errores. Su presencia en un campo que a veces no avanzaba era refrescante (solía utilizar palabras como «bíblico» para dar un poco de color a los áridos artículos científicos). En 1961, a Spiegelman le empezó a interesar cómo los fagos de ARN replicaban sus genomas una vez dentro de las bacterias. Esa replicación era clave para la supervivencia del virus, pero en aquel momento los científicos solo tenían una idea borrosa de cómo funcionaba.

Para responder a la pregunta, Spiegelman necesitaba una ARN polimerasa de fago, la enzima que utilizan los virus ARN para copiarse a sí mismos. Descubrió que un fago llamado Q-beta produce una polimerasa que es una enzima estable y fácil de purificar. Q-beta es un virus monocatenario positivo (+), y en sus experimentos, Spiegelman vio cómo esa enzima utilizaba el ARN que venía con el virus como molde, hacía una copia complementaria del mismo y utilizaba esa molécula complementaria para producir rápidamente múltiples ARN de fagos. Más (+) pasa a ser menos (−) y menos (−) pasa a ser más (+).

En sus experimentos más perspicaces, Spiegelman se atrevió a prescindir de la bacteria e incluso del virus. Empezó simplemente mezclando el ARN de Q-beta con su polimerasa y observó cómo se replicaba y evolucionaba en el laboratorio en un periodo de tan solo un día. Sus experimentos nos ayudarían a comprender cómo los errores en la replicación producen variantes de virus con nuevas capacidades.

Uno de los primeros experimentos evolutivos que realizó Spiegelman tenía como objetivo abordar la siguiente pregunta: «¿Qué ocurrirá con las moléculas de ARN si la única exigencia que se les plantea es el mandato bíblico *multiplicaos*, con la condición biológica de que lo hagan lo más rápidamente posible?».[8] Para conseguirlo, Spiegelman llevó a cabo lo que se denomina un experimento de *transferencia en serie*. Dispuso una fila de tubos de ensayo, cada uno con una solución salina simple que contenía nucleótidos de ARN, los componentes básicos para la replicación de ARN nuevo. Puso una gota de ARN del virus Q-beta y polimerasa en el primer tubo. Veinte minutos más tarde, el tubo estaba lleno de ARN replicado. Extrajo una gota y la utilizó para «sembrar» el tubo n.º 2. Tras unas cuantas rondas en las que dejó que la replicación continuara durante veinte minutos, subió la apuesta reduciendo el tiempo entre transferencias a quince minutos, luego a diez y después a cinco. De este modo, presionó a su sistema para que, cada vez, las moléculas que se replicaban más rápido ganaran y, finalmente, se hicieran con el control de la población.

Tras un día de evolución, Spiegelman observó lo que había en el tubo final. Su ARN vírico original de 3.300 nucleótidos se había reducido a un «pequeño monstruo» de solo unos cientos de nucleótidos.[9] Se dio cuenta de que la polimerasa de Q-beta había estado cometiendo errores, saltándose ocasionalmente parte de su molde de ARN. En unas condiciones en las que se premiaba la replicación rápida, el disponer de un menor número de bases para copiar había ofrecido una ventaja selectiva, y el pequeño monstruo ganó el concurso.

Spiegelman probó otras presiones selectivas. Cuando añadió una pizca de ribonucleasa al ARN del fago en replicación, la mayor parte del ARN se degradó y se perdió, como era de esperar: el ARN odia la ribonucleasa. Pero una rara molécula de ARN que tenía mutaciones en los lugares donde la ribonucleasa prefería cortar quedó algo protegida. Tras múltiples rondas de replicación, surgió un mutante resistente a la ribonucleasa que se replicaba felizmente en su presencia.[10]

Esta evolución del ARN de los fagos era un presagio de lo que hemos visto recientemente con el ARN del virus SARS-CoV-2. A medida que el SARS-CoV-2 arrasaba la población mundial, mutaba innumerables veces, y algunas de esas mutaciones le confirieron una ventaja. Por ejemplo, la variante ómicron, de la que se informó por primera vez a la Organización Mundial de la Salud en noviembre de 2021, casi dos años después de que se identificaran los primeros casos de COVID-19. Ómicron tiene treinta y cinco mutaciones en la proteína de la espícula en comparación con la cepa original de Wuhan. Cada una de estas mutaciones causó un solo cambio de aminoácido. Situados en la parte de la espícula que se une al receptor en el exterior de la célula humana, estos aminoácidos mutados aumentan su capacidad para fijarse a la superficie, lo que presumiblemente explica por qué ómicron es mucho más infecciosa que las variantes anteriores.[11] Al mismo tiempo, estas mutaciones mejoran la capacidad del virus para defenderse de los anticuerpos producidos contra las versiones anteriores de la proteína de la espícula, lo que resta eficacia a los tratamientos con anticuerpos y a la vacunación.[12]

No es que el virus intente evitar los anticuerpos. Más bien, su replicasa comete errores y, por tanto, crea nuevas variantes todo el tiempo sin darse cuenta. Los virus mutantes que consiguen esquivar la respuesta inmunitaria humana pueden vivir mucho tiempo y prosperar.

POR FAVOR ENVUÉLVEME, OTRA VEZ

Los astronautas orbitan alrededor de la Tierra en una cápsula espacial que cumple dos funciones principales: protegerlos de los peligros del espacio exterior y guiarlos de vuelta a la Tierra cuando terminan su misión. Al igual que un astronauta, el ARN vírico no puede desplazarse como ARN desnudo, sino que necesita estar encerrado en una cápside. La cápside protege al ARN de los peligros de los tejidos humanos, como las ribonucleasas, y lo guía hasta su célula diana. Tener una cápside es tan importante que el ARN vírico utiliza parte de su limitado genoma para codificar una proteína o proteínas que se ensamblan con el ARN para formar la cápside.

Como demostró Sol Spiegelman con sus experimentos, los virus están sometidos a la presión de mantener el tamaño pequeño de sus genomas para poder replicarse con rapidez, por lo que cada gen es valioso. Por esa razón, fabrican su cápside con un número mínimo de proteínas. El TMV lo hace con un solo tipo de bloque proteínico, en el que cada molécula de proteína se une a la anterior y a la inferior. Las proteínas se ensamblan creando una matriz helicoidal, de modo que el resultado final es un tubo cilíndrico con un agujero en el centro, donde se encuentra el ARN. El proceso de construcción es similar a levantar una pared con piezas de Lego idénticas y cuneiformes, encajándolas para que la pared dé la vuelta y forme un tubo.

El fago Q-beta tiene una cápside con una forma muy diferente. Los antiguos griegos exploraron la geometría e idearon los sólidos platónicos: tres de ellos son estructuras tridimensionales formadas únicamente por triángulos. Uno de los más sencillos es el icosaedro, una caja casi esférica

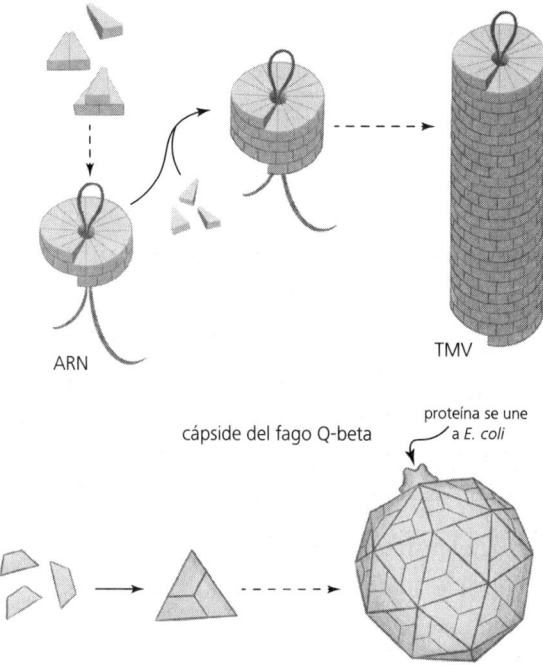

virus del mosaico del tabaco (TMV)

ARN

TMV

cápside del fago Q-beta

proteína se une a *E. coli*

Cada virus fabrica su propia cápside específica para encapsular su genoma de ARN, que le protege y le ayuda a infectar las células. El ARN del TMV codifica un único tipo de proteína en forma de cuña que se ensambla con el ARN formando un largo tubo cilíndrico. El ARN del fago Q-beta codifica la proteína de la cápside (muchas copias de esta proteína se ensamblan formando una cubierta icosaédrica quedando el ARN en su interior) y también codifica una segunda proteína que se une a *E. coli* y facilita la entrada del ARN vírico en la bacteria.

formada por veinte triángulos. Pero mucho antes que los antiguos griegos, el fago Q-beta ya estaba ensamblando su pequeño hogar adoptando una forma de icosaedro casi perfecto. Ciento setenta y ocho copias de una única proteína codificada por el fago se autoensamblan para formar la mayor parte del icosaedro, la pequeña caja que contiene el ARN vírico. A continuación, una sola copia de una segunda proteína cierra la caja. Esta proteína también se une a las proyecciones en forma de cilios de *E. coli*, ayudando al virus a reconocer y entrar en su presa bacteriana.

En algunos virus de ARN, la cápside proporciona suficiente «encapsulación espacial» para proteger el ARN y llevarlo a su destino. En otros, sin embargo, la cápside está rodeada por otra capa: una envoltura o cubierta exterior compuesta por moléculas lipídicas. Ejemplos de virus de ARN con envoltura son los virus de la gripe, el VRS y los coronavirus, incluido el SARS-CoV-2. El virus no tiene que fabricar su envoltura lipídica, sino que la roba mientras se ensambla dentro de la célula hospedadora. Lavarse las manos con agua y jabón proporciona una protección muy eficaz contra los virus de este tipo, porque el jabón disuelve los lípidos de la envoltura vírica y destruye el virus. Quitarse los restos de mantequilla o grasa de las manos solo con agua no es muy eficaz; el agua la lava y la grasa se queda pegada. Pero el jabón disuelve la grasa, igual que disuelve los virus con envoltura.

Al ponerse esta nueva cubierta lipídica, el virus encapsulado la decora con una o varias proteínas de su propia creación, por ejemplo, las proteínas de la espícula del SARS-CoV-2, noventa de las cuales sobresalen de un coronavirus como las puntas de una corona (de ahí su nombre). Es la proteína de la espícula la que se une a un receptor específico en la superficie de las células humanas pulmonares, nasales, intestinales, cutáneas o cerebrales, permitiendo la entrada del virus. Y es esa proteína la diana de los anticuerpos producidos por la vacunación.

Las partículas maduras del virus salen de la célula aprovechándose de una vía (*exocitosis*) que la célula ha desarrollado para exportar algunas de sus propias proteínas. En total, un solo virus SARSCoV-2 que entra en una célula genera una progenie de alrededor de seiscientos virus en unas ocho horas.[13] Si cada uno de ellos infecta otra célula, el virus produce 360.000 virus en dieciséis horas y 216 millones de virus en veinticuatro horas. No es de extrañar que pasemos tan rápi-

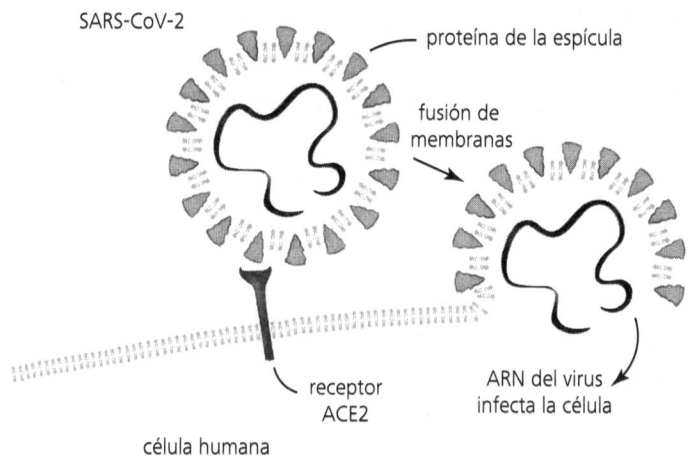

SARS-CoV-2

proteína de la espícula

fusión de
membranas

receptor
ACE2

ARN del virus
infecta la célula

célula humana

Los virus encapsulados, como el SARS-CoV-2, infectan las células humanas uniéndose a los receptores de la superficie celular y fusionándose después con la membrana de la célula humana, lo que permite la entrada del ARN vírico (cadena oscura). El receptor ACE2 está anclado en la membrana celular, compuesta por lípidos. Cada lípido tiene una «cabeza» cargada negativamente y dos «colas» grasas que interactúan entre sí para formar una doble capa.

damente de sentirnos completamente bien a quedar noqueados por la infección vírica.[14]

Hablamos de los virus como un auténtico azote. Nos incomodan o nos incapacitan a nosotros, a nuestras familias y a nuestros amigos, interfiriendo en el ritmo productivo de nuestras vidas. A veces incluso matan a algunos de nosotros. Sin embargo, es difícil no admirar su eficacia. Es absolutamente asombroso que puedan poner el mundo patas arriba con unas pocas docenas de genes. Por supuesto, dependen por completo de un hospedador despistado que colabore y les proporcione la mayor parte de lo que necesitan para su ciclo infeccioso. Son unos explotadores consumados.

Además, los virus se adaptan muy fácilmente. Cometen suficientes errores al copiar su ARN como para que casi todos los virus sean sutilmente diferentes de sus hermanos y hermanas. Por eso, cuando su entorno cambia (por ejemplo, cuando se ven acosados por los anticuerpos de nuestro sistema inmunitario o por medicamentos antivirales), suele haber algún virus en la población que tiene una solución para el nuevo reto.

Solo si comprendemos de qué están hechos y cómo funcionan podremos combatirlos eficazmente. Como nos enseñó la pandemia de COVID-19, una buena forma de combatir un virus basado en el ARN es con una vacuna basada en el ARN. Gracias al ingenio humano, hemos sido capaces de utilizar la genialidad del ARN contra sí mismo.

10

ARN contra ARN

Después de desarrollar la primera vacuna eficaz contra la polio en la década de 1950, el doctor Jonas Salk tuvo la oportunidad de construir el centro de investigación de sus sueños en algo más de nueve hectáreas frente al mar en La Jolla, California. Salk pidió al arquitecto Louis Kahn que creara algo «digno de ser visitado por Picasso».[1] El conjunto resultante de bloques de madera de teca y hormigón es hoy famoso como icono arquitectónico y como bastión de la ciencia de vanguardia. Pero muy poca gente sabe que el Instituto Salk (que lleva el nombre del hombre cuya vacuna salvó al mundo de una pandemia) es también el lugar donde nació la idea de las vacunas de ARNm, que muchos años después ayudarían a controlar otra pandemia. Este hecho permanece en la oscuridad porque el viaje que conecta la idea revolucionaria con la realidad que salva vidas tuvo más giros y vueltas que la costa rocosa sobre la que se alza el Instituto Salk.

En 1989, Bob Malone era estudiante de posgrado en el Salk y trabajaba en el laboratorio de Inder Verma, un experto en el uso de virus para introducir genes en las células humanas. Esta tecnología era clave para el naciente campo de la *terapia génica,* que utiliza el ADN para tratar o prevenir una enfermedad, en la mayoría de los casos transfiriendo a una persona una nueva copia de un gen sano para compensar un gen defectuoso. Entre los objetivos obvios de este enfoque figuraban enfermedades genéticas como la anemia falciforme, la distrofia muscular y la fibrosis quística. En todos esos casos, se sabía cuál era el gen mutado. Dado que la terapia génica tenía el potencial de proporcionar un remedio permanente a tales trastornos, en aquella época era un tema candente en las universidades y empresas de los alrededores de San Diego.

Además de la terapia génica, los científicos de la época también trabajaban en una idea relacionada: *las vacunas de ADN*.[2] Las dos técnicas comparten un concepto fundamental: en lugar de introducir una proteína útil en una persona, se puede tomar un atajo introduciendo el gen de esa proteína, y luego confiar en que las células humanas copien el ADN en ARNm y luego en proteína. Pero a diferencia de la terapia génica, en la que el objetivo era introducir un cambio permanente en el genoma humano, en el caso de las vacunas de ADN incluso la expresión *temporal* de una proteína (vírica o bacteriana) podría bastar para entrenar al sistema inmunitario humano para que esté atento a un invasor no deseado.

En la década de 1980, la terapia con ADN era una posibilidad apasionante, pero en el laboratorio del Salk, Bob Malone veía un importante inconveniente potencial. Cuando el ADN se inyectaba en las personas, no se sabía exactamente a qué parte del genoma del paciente iba a parar. Pensemos, por ejemplo, en una llave inglesa: una herramienta útil para fijar una tuerca a un tornillo. Imaginemos que lanzamos esa llave al azar dentro de un automóvil. Podría caer en un lugar inocuo: el suelo, un asiento, el maletero, la guantera o el salpicadero. Pero también podría caer en el motor, en el hueco de una rueda, en un muelle helicoidal o en el eje de transmisión, donde podría impedir el funcionamiento del coche. Y si la llave se atascara debajo del pedal del freno o encima del pedal del acelerador, el coche podría quedar fuera de control. Con las terapias de ADN existe una preocupación similar. Si el ADN que codifica un gen extraño aterrizara al azar en el genoma de un paciente, podría asentarse en una parte no esencial de un cromosoma, sin causar ningún daño. Pero si por mala suerte interrumpía la expresión de un gen sano o activaba la de un gen cercano que promoviera el crecimiento, podría causar una enfermedad como el cáncer. De hecho, algunos años más tarde, un caso saltó a los titulares cuando un niño al que se le administró terapia génica para tratar una inmunodeficiencia combinada grave, la «enfermedad del niño burbuja», desarrolló leucemia después de que el ADN terapéutico saltara a un cromosoma, se insertara en una posición cercana a un gen promotor del crecimiento celular y lo activara.[3]

Malone y Verma se dieron cuenta de que era posible sortear este problema utilizando ARNm en lugar de ADN para ordenar al organismo que produjera una proteína terapéutica. El ARNm no podía incorporarse al ADN genómico del paciente, lo que evitaba la posibilidad de un cambio permanente y no deseado. Tuvieron que pasar treinta años, pero un derivado de esta idea antaño esotérica acabó convirtiéndose en un nombre familiar: las vacunas de ARNm.

Incluso según los cálculos más conservadores, las vacunas de ARNm han salvado millones de vidas en la lucha contra el COVID-19.[4] Ahora se están desarrollando no solo para su uso contra otros virus (desde el respiratorio sincitial al resfriado común), sino también contra el cáncer. Aunque el futuro de las vacunas de ARNm parece prometedor e incluso revolucionario, la historia de su desarrollo sigue siendo turbia y poco conocida. Y como ocurre con cualquier asunto de salud pública, esa falta de información clara ha llevado a la confusión y ha creado un terreno fértil para los teóricos de la conspiración.

Recuerdo cuando las vacunas de ARNm aparecieron en los titulares en la primavera de 2020. Los periodistas y los usuarios de las redes sociales hablaban del ARNm como si fuera una sustancia extraña, un nuevo medicamento. Muchos no se daban cuenta de que, aunque el ARNm estaba siendo descubierto para su uso como vacuna, también era una parte natural y esencial de cada célula de nuestro cuerpo y de cada célula de cualquier otro organismo de la Tierra. Esta falta de comprensión contribuyó a alimentar el temor de que las vacunas de ARNm fueran de algún modo peligrosas.

Pero no solo la ignorancia sobre la naturaleza del ARNm contribuyó a la desconfianza hacia las vacunas. Otro factor fue la fulgurante rapidez con la que aparecieron. Resulta asombroso que las vacunas de ARNm, seguras y eficaces, se concibieran, fabricaran, probaran y aprobaran para su uso de emergencia en el plazo de un año. El desarrollo de otros tipos de vacunas suele requerir entre seis y ocho años.

¿Cómo lo consiguieron tan rápidamente? La respuesta corta es que no fue así. Aunque la vacuna para el COVID-19 apareció en un tiempo récord, se basó en décadas de avances científicos. Puede ser útil pensar en la vacuna como si fuera un rompecabezas. Fue impresionante ver lo rápido que se resolvió, pero todas las piezas ya estaban sobre la mesa cuando surgió la pandemia. El reto era averiguar cómo encajarlas. Y la recompensa adicional por resolver el rompecabezas fue darnos cuenta de que los conocimientos adquiridos podían servir para desarrollar vacunas de ARNm contra nuevos virus y otras enfermedades potencialmente mortales.

LA PRIMERA PIEZA DEL ROMPECABEZAS

Lo primero que se necesita para fabricar una vacuna de ARNm (sobre todo una destinada a inmunizar a una parte considerable de los 8.000 millones de personas que hay en el mundo) es disponer de la capacidad de sintetizar ARNm a demanda, incluso a granel. Fue un laborioso bioquímico llamado Bill Studier quien encontró esta primera pieza esencial del rompecabezas a principios de los años ochenta.

Nacido en 1936, Studier creció en Waverly, una pequeña ciudad de Iowa. Estudió en Yale, se doctoró en Caltech y trabajó como investigador posdoctoral en Stanford. En 1964 estaba en el Laboratorio Nacional de Brookhaven, en Long Island (Nueva York), dirigiendo un grupo de investigación sobre el bacteriófago T7, un virus que infecta a la bacteria *E. coli.*

El Laboratorio Nacional de Brookhaven heredó las instalaciones que en su tiempo fueron el Campamento Upton del Ejército, desmantelado tras la Segunda Guerra Mundial y convertido en un centro de investigación dedicado a desarrollar usos pacíficos de la energía atómica. El laboratorio también contaba con un departamento de biología, donde Studier tenía la libertad de emprender investigaciones impulsadas por la curiosidad, libres de cualquier requisito de comercialización o aplicación médica potencial. El fago T7 encajaba a la perfección. ¿Qué importancia médica podría tener un virus de ADN que infectaba bacterias?

Studier quedó cautivado por la increíble eficacia con la que el fago T7 se apoderaba de la bacteria para sus propios fines, convirtiendo la desventurada célula en una fábrica dedicada a producir más fagos. Descubrió que el fago primero secuestraba la propia máquina de copia de ADN a ARN de *E. coli*, su ARN polimerasa, y la utilizaba para copiar el gen de la ARN polimerasa del fago. Una vez que aparecía la ARN polimerasa del fago, no desperdiciaba ningún esfuerzo trabajando con genes de *E. coli*: estaba hecha a medida para copiar solo genes de fagos en ARNm para proteínas de fagos. La polimerasa del fago tenía una especificidad tan extraordinaria porque necesitaba que hubiera una determinada secuencia de diecisiete pares de bases de ADN (denominada *sitio de iniciación*) que se encontraba al principio de cada gen del fago. Esto permitía a la polimerasa ignorar por completo todos los genes bacterianos vecinos, que carecían de este sitio de iniciación. En resumen, la ARN polimerasa de T7 era una máquina sintetizadora de ARN muy eficiente.

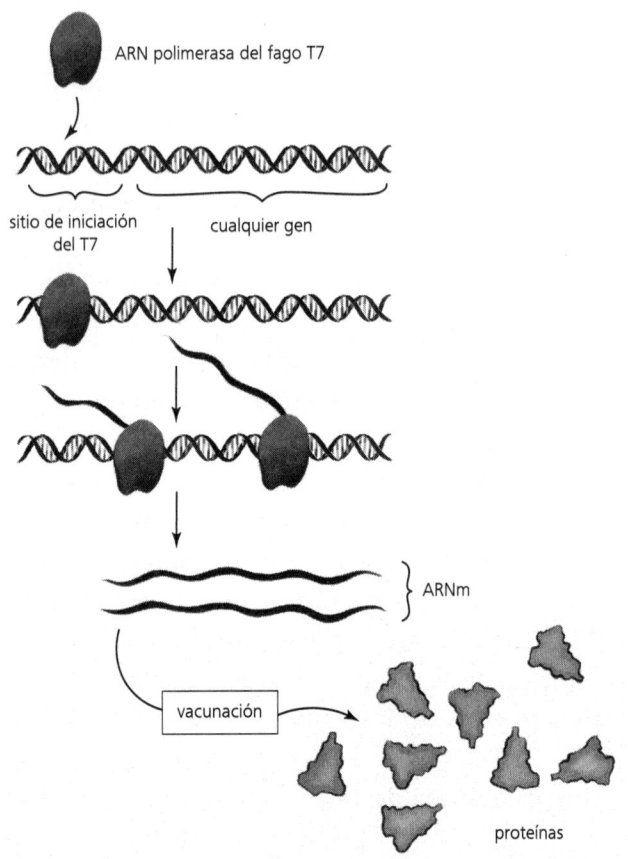

La ARN polimerasa del fago T7 puede utilizarse para transcribir básicamente cualquier ARN que nos interese. Basta con añadir un sitio de iniciación para T7 compuesto por diecisiete pares de bases antes del gen que se va a copiar. A continuación, las polimerasas ensamblan los nucleótidos que constituyen el ARNm (aquí se muestran dos polimerasas transcribiendo de izquierda a derecha). El último paso que se muestra aquí requiere que los ribosomas lean el código del ARNm y produzcan proteínas. Por ejemplo, los ribosomas celulares de una persona vacunada utilizan el ARNm inyectado para fabricar la proteína de la espícula.

Ya en 1981, Studier predijo que la ARN polimerasa T7 podría utilizarse también para producir el ARNm de cualquier proteína que nos interesara.[5] Poco después, él y su colega

John Dunn hicieron realidad su predicción. Consiguieron aislar el gen del fago T7 que codificaba la ARN polimerasa T7.[6] Cuando introdujeron este gen en *E. coli*, la célula bacteriana prácticamente se llenó de ARN polimerasa T7, que pudieron purificar con facilidad. Studier y Dunn se dieron cuenta de que la ARN polimerasa T7 sería útil para producir ARN específicos en el laboratorio y dirigir la síntesis de proteínas específicas en el interior de las células.* Nadie podía ni siquiera imaginar que la proteína de la espícula del SARS-CoV-2 sería una de ellas.

Pensar como un virus

La siguiente pieza del rompecabezas necesaria para fabricar una vacuna de ARNm era el vehículo de administración, una forma que permitiera al ARNm superar las defensas celulares e introducirse en las células humanas. Como ya hemos visto con las terapias de ARNpi, el ARN tiene dificultades para traspasar las membranas lipídicas que protegen nuestras células. Phil Felgner fue uno de los primeros que pensó que las envolturas lipídicas no eran solo un obstáculo a la hora de introducir ácidos nucleicos en las células, sino que también podían ser la solución al problema. Estaba convencido de que, si los virus de ARN podían introducirse en las células humanas, envolver un ARNm terapéutico en una en-

---

* Muchos científicos contribuyeron al desarrollo de las polimerasas de bacteriófagos como herramientas para producir ARN. Algunos de los más importantes fueron Mike Chamberlin, de la Universidad de Berkeley (purificó las ARN polimerasas bacteriófagas T7 y SP6); Doug Melton, Tom Maniatis y Michael Green, de Harvard (desarrollaron el sistema bacteriófago SP6); Stan Tabor y Charles Richardson, de la Facultad de Medicina de Harvard (el sistema T7); y Olke Uhlenbeck, de la Universidad de Colorado (adaptó el sistema T7 para utilizar placas de ADN sintético y conseguir así que la producción de ARN pequeños fuera mucho más rápida).

voltura lipídica similar a la de un virus podría resolver el problema del transporte.

Tal vez fuera el temperamento artístico de Phil lo que le llevó a adoptar un enfoque creativo ante el problema del suministro de ARNm. Antes de decantarse por una carrera científica, vivió en San Francisco, donde estudió guitarra clásica española y actuó en cafés.[7] Tras completar su investigación posdoctoral en Virginia, regresó a la zona de la bahía, trabajó en Syntex Corporation y empezó a desarrollar sus vehículos de transporte de ARNm a base de lípidos.

Es una suerte que Phil fuera lo bastante valiente como para decidirse a estudiar los lípidos. En cambio, la mayoría de los científicos que estudian el ARN y el ADN evitan pensar en estas moléculas grasas. El ARN y el ADN se comportan bien, son fáciles de aislar en estado puro y de disolver en agua. Los lípidos, en cambio, son una vasta colección de moléculas resbaladizas que no se disuelven demasiado bien en agua, pero a las que les gusta agruparse con otros lípidos. Un millón de moléculas lipídicas forman algo parecido a la multitud en las calles de Buenos Aires después de que Argentina ganara la Copa del Mundo en 2022: una masa de cuerpos apretados, pero con individuos que siguen moviéndose entre la multitud, de modo que quién está al lado de quién cambia de un minuto a otro. Del mismo modo, los lípidos se agrupan estrechamente para formar una membrana que cierra y protege una célula o un virus encapsulado.

En Syntex, Phil descubrió que construir vehículos de transporte de lípidos para ácidos nucleicos era todo un reto. La mayoría de los lípidos de las membranas biológicas naturales tienen carga negativa, al igual que los ácidos nucleicos como el ADN y el ARN, lo que significa que se repelen entre sí. Phil intentó sintetizar lípidos con carga positiva para empaquetar ácidos nucleicos. Por un lado, descubrió que esos lípidos se adherían muy bien a los ácidos nucleicos; por otro, también se adherían a todas las membranas celulares a la vista, lo que no era bueno para crear paquetes similares a virus que pudieran circular por el interior de un animal. Sin embargo, perseveró y finalmente dio con una receta de lípidos cargados positivamente que formaban pequeños contenedores llamados *liposomas* con ácidos nucleicos encerrados en su interior.[8]

El progreso de Phil en Syntex descarriló en 1988, cuando su jefe le explicó que el proyecto de lípidos se cerraba porque no era rentable a corto plazo para la empresa. Syntex pensaba que la tecnología era más apropiada para un futuro lejano: el año 2020.[9] (Esta descabellada suposición resultó ser clarividente, porque el ARNm empaquetado en partículas lipídicas fue aprobado por la FDA para las vacunas destinadas a protegernos del COVID-19 en la tercera semana de diciembre de 2020.)[10] Phil no abandonó su pasión por transportar ácidos nucleicos mediante partículas lipídicas y se trasladó entonces al sur, a San Diego, donde fundó Vical, Inc. No pasó mucho tiempo antes de que Bob Malone e Inder Verma, del Instituto Salk, llamaran a su puerta.

BRILLANDO EN LA OSCURIDAD

Malone y Verma tenían razón al creer que el uso del ARNm como fármaco o vacuna evitaría el problema de seguridad asociado a las terapias basadas en el ADN: la posibilidad de introducir cambios irreversibles y potencialmente dañinos en el genoma. Pero también sabían que el ARNm tenía sus propias desventajas, como su vulnerabilidad a las enzimas destructoras del ARN (las ribonucleasas), omnipresentes en el organismo, y la dificultad para entrar en las células. Vieron en los nuevos liposomas de Phil la posibilidad de resolver ambos problemas, así que los tres investigadores pusieron en marcha un proyecto conjunto.

Para sus primeros experimentos, el grupo del Salk eligió el ARNm que codificaba una proteína conocida como luciferasa de luciérnaga, no porque tuviera algún valor terapéutico, sino porque era tan fácil de detectar como los destellos de las luciérnagas en una oscura noche de verano. Mezclaron el agente ARNm-liposoma con distintos tipos de células (humanas, de ratón, de rata, de rana y de mosca de la fruta) que crecían en placas de Petri. Cuando las células empezaron a brillar como minúsculas luciérnagas, los científicos supieron que el ARNm había entrado y se estaba traduciendo en proteína en su nuevo hogar.[11] Así, en 1989 ya habían demostrado claramente que el ARNm podía utilizarse para reprogramar células con el fin de que produjeran una proteína extraña.

El siguiente paso era comprobar si funcionaba en un animal vivo, no solo en una placa de Petri. Al año siguiente, Bob Malone y Phil Felgner trabajaron con Jon Wolff, de la Universidad de Wisconsin, en experimentos en los que inyectaron ARNm de luciferasa en el músculo de ratones.[12] Aunque los ratones no brillaban en la oscuridad, las células musculares cercanas al lugar de la inyección sí lo hacían. Esto proporcionó una «prueba de concepto» de que los ARNm extraños eran capaces de poner en marcha la síntesis de la proteína correspondiente en un mamífero. Pero los interesados en las aplicaciones médicas seguían siendo escépticos. Por supuesto, el tejido tratado brillaba, pero la luciferasa de luciérnaga es muy eficiente a la hora de hacer brillar una célula, por lo que no estaba claro que se estuviera produciendo mucha proteína a partir del ARNm artificial. La mayoría dudaba de que se pudiera producir una dosis terapéutica de proteína a partir de ARNm administrado en una partícula lipídica.

Este escepticismo no se desvaneció ni siquiera cuando, en Francia, dos fabricantes profesionales de vacunas dieron los siguientes pasos. En 1991, Pierre Meulien y Frédéric Martinon se incorporaron a la empresa líder en vacunas Pasteur-Mérieux. Con sede en el campo, cerca de Lyon, esta venerada institución fabricaba vacunas a partir de versiones debilitadas de virus infecciosos, ya fueran «cepas vacunales» de un virus que habían sido desarrolladas para replicarse pobremente, o virus que habían sido tratados mediante calor o agresiones químicas hasta que perdían la mayor parte de su potencia replicativa. Esto puede parecer bastante rudimentario, pero a menudo funciona: el virus atenuado sigue mostrando en su superficie las proteínas que indican al sistema inmunitario que esté alerta ante un ataque vírico real. De hecho, la mayoría de las vacunas que se utilizan hoy en día se siguen fabricando con estos métodos.

Al igual que Malone y Verma, Meulien y Martinon razonaron que podría ser mucho más eficaz vacunar con un ácido nucleico y dejar que el cuerpo humano hiciera el trabajo de descodificarlo para fabricar la proteína vírica. Pero ¿qué ácido nucleico sería mejor para una vacuna: el ADN o el ARN? Aunque la dificultad de producir ARN y mantenerlo estable era un poco desalentadora, Meulien y Martinon se sintieron animados por el éxito de Malone y Wolff. Para ellos, el factor de desempate entre el ARNm y el ADN era la cuestión de la seguridad: el ADN extraño podría integrarse en un cromosoma humano con consecuencias desconocidas, pero el ARNm no se integraba en los cromosomas; el ARNm dirigiría la síntesis de proteínas durante un tiempo y luego sería barrido por las enzimas ribonucleasas celulares.[13]

Meulien y Martinon pretendían utilizar el ARNm para fabricar una vacuna contra la gripe. Como ensayo inicial, sintetizaron ARNm que codificaba una proteína del virus de la gripe, lo encapsularon en liposomas e inyectaron la mezcla bajo la piel de ratones. Quedaron encantados al ver que muchos de los ratones inyectados desarrollaban linfocitos T asesinos (citotóxicos) que se dirigían a las células del ratón infectadas por el virus.[*14] Cuando estas *células T* identifican una célula infectada por un virus concreto, literalmente la agujerean y la destruyen. Y lo que es más importante, las

---

* Las llamamos «T» porque estas células inmunitarias se producen en el timo del animal. Los linfocitos son un tipo de glóbulos blancos.

células T asesinas pueden proporcionar una protección especialmente duradera contra un virus, de varios meses a varios años, según el virus de que se trate. Sin embargo, el trabajo de Meulien y Martinon fue recibido con tibio entusiasmo por la comunidad científica y por los inversores, que consideraban el ARN tan inestable que siguieron apostando por el futuro de las vacunas de ADN.[15]

Las novedosas partículas lipídicas de Phil Felgner funcionaron en células cultivadas, pero cuando se probaron en animales,[16] los lípidos causaron varios problemas, entre ellos una gran disminución de los glóbulos blancos que combaten las enfermedades, problemas de coagulación de la sangre e inflamaciones graves. Los científicos supusieron que estas reacciones adversas se debían a que los lípidos portaban carga positiva (en la naturaleza, no hay lípidos cargados positivamente). Tendría que llegar una nueva generación de formulaciones lipídicas. Pieter Cullis, de la Universidad de Columbia Británica, en Vancouver, y las empresas que fundó se encargarían de ello.

Desarrollados por primera vez en 1990, estos nuevos lípidos tienen la propiedad de cambiar su carga eléctrica en función de la acidez de su entorno. En una solución ligeramente ácida, como la que se obtiene al añadir vinagre o zumo de limón a una receta, tienen una carga positiva, perfecta para unirse al ARN cargado negativamente y formar un pequeño paquete llamado *nanopartícula lipídica* (NPL). Cuando un investigador neutraliza la acidez de la solución, la carga eléctrica de los lípidos se pierde. La falta de carga ayuda a la nanopartícula lipídica a circular por el torrente sanguíneo, adherirse a una célula y colarse en su interior. Cuando el paquete está dentro de la célula diana, el entorno más ácido hace que la carga de los lípidos vuelva a ser positiva. Y un detalle muy importante: los lípidos del interior de una célula están cargados negativamente. En ese momento, lo negativo atrae a lo positivo, la nanopartícula líquida se rompe y su carga de ARN se libera en el citoplasma de la célula.[17]

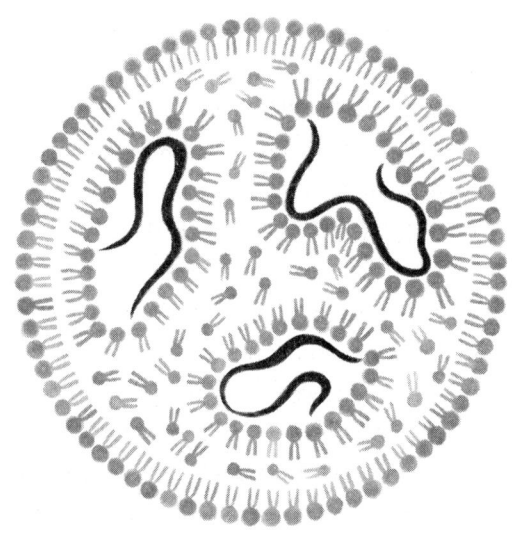

Sección transversal de una nanopartícula lipídica (NPL)
de tamaño similar al de un coronavirus. Cada lípido tiene
una «cabeza» cargada positivamente (círculo pequeño) que
se une al ARNm y dos «colas» grasas que se unen entre sí.
Las NPL se forman con mezclas de lípidos, no con el único
tipo de lípido que se muestra aquí para simplificar.
Cada NPL encapsula varias moléculas de la vacuna
de ARNm (hebras oscuras).

Las nanopartículas lipídicas desarrolladas por Cullis fueron utilizadas por la empresa de Tom Tuschl y Phil Sharp, Alnylam, para liberar los ARNpi que destruyen el ARNm como terapia para la ATTR hereditaria en el primer ensayo clínico de la empresa, que concluyó con éxito en 2018. Resultó que la administración de ARNpi sería un ensayo general para la administración de ARNm unos años más tarde.

Ocultando el ARN

Incluso con el vehículo de administración de nanopartículas lipídicas adecuado, una vacuna de ARNm necesitaba superar un mecanismo de protección llamado *inmunidad innata*.

Como hemos visto, se supone que los virus son tan antiguos como los organismos a los que atacan, por lo que la evolución ha tenido mucho tiempo para desarrollar estrategias antivirales. Una de ellas, la inmunidad innata, se encuentra en todos los animales, desde gusanos e insectos hasta ratones y seres humanos. Es «innata» porque no depende de una exposición previa al invasor. (En cambio, la *inmunidad adaptativa*, que implica la presencia de anticuerpos y células T, es mucho más específica y requiere dicha exposición previa.) El sistema inmunitario innato reconoce el ARN vírico porque tiene características que lo distinguen de los ARN humanos normales.[18] Por ejemplo, los intermediarios en la replicación del ARN vírico son de doble cadena, formados cuando una cadena positiva se copia en una negativa o viceversa. Los ARN bicatenarios largos no son muy comunes en las células sanas. Además, los ARN víricos contienen las bases A, G, C y U simples, mientras que los ARN celulares presentan varias modificaciones nucleotídicas, es decir, pequeños grupos químicos unidos a algunas de sus bases.

El reconocimiento de estos rasgos distintivos del ARN vírico permite que el sistema inmunitario innato nos proteja frente a los virus día tras día, pero constituye un inconveniente para las vacunas de ARNm. La misma respuesta inmunitaria innata que percibe los ARN víricos como extraños también puede percibir los ARNm inyectados en las vacunas como extraños, lo que provoca una respuesta inflamatoria desagradable, que incluye erupción cutánea, fiebre, dolor de cabeza y dolor en las articulaciones.[19] No es de extrañar que la inmunidad innata tenga problemas para distinguir si el ARN entrante tiene una intención beneficiosa o es fruto de algún diseño malicioso. Por eso, disfrazar el ARNm para que no se parezca tanto al ARN vírico se convirtió en otra pieza clave del rompecabezas que necesitan las vacunas de ARNm, lo que nos lleva a Katalin «Kati» Karikó.

Nacida en Hungría en 1955, Karikó sintió fascinación por la bioquímica desde los cinco años, cuando vio a su madre fabricar jabón con grasa animal y lejía. Pero tras doctorarse, se dio cuenta de las escasas oportunidades que ofrecía la Hungría comunista a los investigadores científicos. Así que, en 1985, a los treinta años, escapó a Estados Unidos con su marido y su hija de dos años. El poco dinero que tenían lo cosieron dentro del osito de peluche de su hija.[20]

En 1990, Karikó había ascendido a profesora adjunta de la Universidad de Pensilvania. Le apasionaba desarrollar el ARNm como terapia. Pero este enfoque les parecía descabellado a las agencias gubernamentales que concedían las subvenciones. «Todas las noches redactaba la petición de alguna subvención. Y las respuestas siempre eran la misma: no, no, no».[21] El objetivo también parecía descabellado para su departamento de la universidad, que la degradó a un puesto inferior en 1995.

Tres años más tarde, la casualidad hizo acto de presencia en la fotocopiadora. Antes de la llegada de las suscripciones electrónicas a las revistas, los científicos fotocopiaban esos artículos de los ejemplares de la biblioteca para su lectura vespertina. Karikó rivalizaba a menudo con un nuevo profesor adjunto, Drew Weissman, por el acceso a la fotocopiadora. Tras unos cuantos rifirrafes, cada uno se fijó en lo que fotocopiaba el otro y se dieron cuenta de que tenían intereses afines.[22]

Weissman era inmunólogo y buscaba una oportunidad para mejorar las vacunas humanas. Karikó era una científica especializada en el ARN, convencida de que el ARNm era un atajo infravalorado para producir proteínas terapéuticas. No solo su ciencia era complementaria, sino también sus personalidades. Karikó era habladora y jovial, mientras que Weissman era más reservado y metódico.[23]

Juntos idearon una forma de disfrazar el ARNm para que el sistema inmunitario innato no lo reconociera como ARN vírico. Descubrieron que la letra U del alfabeto del ARN era la principal característica que el sistema inmunitario innato utilizaba para reconocerlo, probablemente porque es la única letra exclusiva del ARN en comparación con el ADN. Así que, en 2005, Karikó y Weissman probaron a sustituir cada U de un ARNm por varias versiones modificadas de U, y descubrieron que algunas de ellas (incluida una llamada *pseudoU*) eran ignoradas por el sistema inmunitario innato.[24]

Y lo que es más importante, la ARN polimerasa T7 que utilizó Bill Studier por primera vez aceptaba sin problemas esta base U modificada, incorporándola en los lugares correctos de la cadena de ARN en crecimiento. El ribosoma también la aceptó, leyéndola como una U normal. De hecho, la síntesis de proteínas parecía *más* eficiente con el ARNm que contenía la base pseudoU. Pero aún había más: al igual que el sistema inmunitario, las ribonucleasas celulares también tenían problemas para reconocer el ARN que contenía pseudoU, por lo que el ARN modificado era más estable que la versión natural.[25] Esto era demasiado bueno para ser cierto: las dos actividades que debían preservarse (transcripción y traducción) se mantenían o mejoraban con la base pseudoU,[26] mientras que las dos actividades no deseadas (estimulación de la inmunidad innata y la degradación) resultaban inhibidas.

Entre las empresas que obtuvieron la licencia de la tecnología de Karikó y Weissman se encontraban BioNTech y Moderna.[27] En un principio, estas empresas biotecnológicas pretendían utilizarla para combatir el cáncer. Pero nada cambia tanto los planes como una pandemia.

Uniendo las piezas del rompecabezas

El 10 de enero de 2020, el profesor Yong-Zhen Zhang, de la Universidad Fudan de Shanghái, publicó la secuencia de ARN de un nuevo coronavirus en un sitio web de libre acceso.[28] La importancia de esta iniciativa al servicio de la comunidad no se apreció de inmediato, porque, en ese momento, el nuevo virus solo generaba una preocupación limitada fuera de China. Sí, estaba relacionado con los coronavirus responsables de dos brotes anteriores de síndromes respiratorios agudos graves (el SARS en 2002 y el MERS en 2012), pero causaron menos de mil muertes en todo el mundo antes de ser contenidos. Sin embargo, el nuevo coronavirus, que pronto recibiría el nombre de SARS-CoV-2, tenía un destino diferente. En poco tiempo afectaría a todo el planeta.

De algún modo, los científicos de la entonces no muy conocida empresa de biotecnología Moderna, con sede en Cambridge (Massachusetts), se dieron cuenta ese mismo mes de que este nuevo coronavirus suponía una amenaza mayor que el SARS o el MERS.[29] Los científicos de la igualmente desconocida empresa BioNTech, con sede en Maguncia (Alemania), también estaban leyendo los informes de las nuevas infecciones que se producían en Wuhan (China) y detectaron las características de una pandemia incipiente: muchas personas infectadas pero asintomáticas que propagarían el virus sin darse cuenta al no haber ninguna restricción de viajes para contener el brote.[30] Ambas empresas habían estado desarrollando ARN mensajero con fines terapéuticos. Y ambas pensaron que la tecnología de ARNm que estaban desarrollando podría reequiparse rápidamente para fabricar una proteína que sirviera de vacuna contra el nuevo virus.

En muchos aspectos, las empresas estaban dando un paso muy atrevido, teniendo en cuenta que, por entonces, no estaba demostrada la utilidad de ninguna vacuna de ARNm. Pero tenían todas las piezas del rompecabezas sobre la mesa. Durante seis décadas, los científicos habían estado desvelando los misterios del ARNm. Habían descifrado el código genético, de modo que cualquiera podía leer la secuencia del SARS-CoV-2 de Yong-Zhen Zhang y entender cómo fabricar la proteína de la espícula. Habían demostrado que, de hecho, podían utilizar el ARNm para fabricar suficiente proteína con la que provocar una respuesta inmunitaria, algo fundamental para el desarrollo de vacunas. Habían desarrollado una poderosa técnica para copiar ADN y crear una gran cantidad de ARNm. También habían aprendido que las combinaciones de lípidos y ARN ayudaban a este último a entrar en las células humanas y habían desarrollado unas diminutas bolas de grasa llamadas nanopartículas lipídicas. Y habían descubierto que la base U del ARNm podía sustituirse por una forma modificada para disfrazar el ARNm de modo que no provocara una respuesta inflamatoria dañina.

Sin embargo, como sabemos todos los que hemos montado un rompecabezas, tener todas las piezas sobre la mesa es solo el principio del trabajo duro que tenemos por delante. Para ilustrar lo difícil que fue producir una vacuna para el COVID-19 exitosa, pensemos que las vacunas de ARNm se enfrentaron a más de una docena de competidores, muchos de ellos con tecnologías probadas que parecían tener muchas probabilidades de funcionar.[31] Entre todos los enfoques adoptados se abarcaba un amplio espectro: algunos utilizaban virus SARS-CoV-2 inactivados, otros diseñaban un virus menos dañino para expresar la proteína de la espícula y otros eran vacunas de ADN. Algunos de estos enfoques, como la vacuna de ADN de Oxford-AstraZeneca que se utilizó al principio en el Reino Unido, permitieron producir vacunas bastante buenas que simplemente no alcanzaron la eficacia que lograrían las dos vacunas de ARNm.[32] Otros enfoques no lograron provocar una respuesta inmunitaria lo bastante fuerte en humanos y fueron abandonados.

Ensamblar el rompecabezas de la vacuna de ARNm requirió un talento, una creatividad y una fortaleza extraordinarios, y algunos científicos realmente notables para conseguirlo. Entre ellos, la historia de Ugur Sahin y Özlem Türeci es especialmente emocionante. Nacido en Turquía, Ugur Sahin se trasladó a Alemania cuando su padre consiguió trabajo en una fábrica de automóviles Ford en Colonia. Özlem Türeci también es de origen turco: su madre era bióloga y su padre cirujano. Ambos emigraron de Turquía a Alemania. Sahin y Türeci se conocieron en 2001, cuando ambos trabajaban como médicos en un hospital del Sarre. Se casaron en 2002 y tuvieron una hija. Más allá de su vida familiar, su pasión común era aportar novedades científicas a necesidades médicas no cubiertas, sobre todo en el campo de la inmuno-oncología. Uno de sus objetivos era estimular el sistema inmunitario para que reconozca y destruya las células tumorales.

En 2008, Sahin y Türeci fundaron BioNTech con el objetivo de desarrollar vacunas contra el cáncer basadas en el ARNm (hablaremos de ello más adelante). El trabajo fue todo un reto, pero hacía más de una década que su proyecto no dejaba de avanzar (tenían más de una docena de compuestos en ensayos clínicos) cuando ese fatídico día de enero de 2020 cambió sus planes.

El objetivo de la vacuna para el COVID-19 serían las espículas que dan al coronavirus su aspecto de corona. Las noventa espículas de proteína que sobresalen de la envoltura lipídica que rodea al coronavirus son lo primero que encuentra el sistema inmunitario y es la advertencia de que se va a producir un ataque inminente.[33] Por lo tanto, la estimulación del sistema inmunitario con la proteína de la espícula debería bastar para que este reconociese de inmediato el virus real. Además, como la proteína de la espícula ayuda al virus a entrar en las células humanas, los anticuerpos contra ella (que actuarían uniéndose a ella y cubriéndola) también deberían contribuir a inhibir la infección vírica.

Conocer la secuencia del nuevo ARN del coronavirus era esencial para diseñar un ARNm que codificara esta proteína de la espícula, pero solo era el principio. Por un lado, la forma de la proteína de la espícula no era constante; cuando el virus se fusionaba con una célula humana, las espículas de la corona cambiaban de forma. Si la proteína especificada por la vacuna de ARNm sufría este cambio de forma, el sistema inmunitario podría ser entrenado para estar atento a la forma incorrecta. Los anticuerpos que se formaran no coincidirían con la forma que tendrían las espículas del coronavirus cuando este acabara de entrar en el cuerpo, cuando aún habría tiempo para evitar que nos infectara, lo que haría inútil la vacuna. La solución consistió en intercambiar en la secuencia de la proteína de la espícula un par de aminoácidos especialmente inflexibles llamados prolinas (un truco que se había desarrollado para la proteína de la espícula del virus MERS), fijando así la forma.[34]

Sahin y Türeci también tuvieron que decidir qué codones utilizar para codificar la proteína de la espícula. Este reto se plantearía con cualquier vacuna de ARNm, no solo con la del COVID-19. Debido a la «redundancia» del código genético (la mayoría de los aminoácidos pueden codificarse mediante varios codones), muchos billones de combinaciones posibles codificarían la misma proteína. Sin embargo, algunas secuencias se traducirían con más eficacia que otras. La experiencia de Sahin y Türeci en vacunas contra el cáncer basadas en ARNm les sirvió de orientación y decidieron probar veinte secuencias de ARNm.[35]

Pero había más preguntas que responder. ¿Cuántas dosis serían necesarias para estimular eficazmente el sistema inmunitario? ¿Cómo debía almacenarse la vacuna y a qué temperatura? ¿Cómo se podrían organizar ensayos clínicos en humanos en un plazo tan corto? En este caso, una llamada telefónica a la responsable de vacunas de Pfizer, Kathrin Jansen, permitió llegar rápidamente a un acuerdo que aprovechara su enorme experiencia en vacunas, en beneficio de ambas empresas y de todo el mundo.[36]

En noviembre de 2020, los directivos de Pfizer Inc. estaban expectantes. Faltaba poco para conocer los resultados del ensayo clínico de la vacuna de ARNm que estaban desarrollando con BioNTech. Cuando se anunció que la eficacia de la vacuna era del 95 por ciento, se produjo un grito ahogado colectivo y, a continuación, el grupo prorrumpió en aplausos y gritos de triunfo.[37] La junta esperaba que la eficacia llegara al 70 por ciento, lo que habría sido un éxito de salud pública. Con ello, la vacuna contra el COVID-19 se habría situado entre la vacuna contra la gripe (con una eficacia media del 40 por ciento oscilando según el año entre el 10 y el 60 por ciento) y la vacuna contra el sarampión (con una eficacia del 97 por ciento).[38] El 95 por ciento superaba todas las expectativas. Esta empresa farmacéutica conservadora, que tenía fama de ser reacia al riesgo, había apostado por esta tecnología de ARNm no probada hasta entonces, y acababa de obtener sus frutos.

No cabe duda de que, en Maguncia, así como en Cambridge (Massachusetts), se estaban produciendo celebraciones similares, ya que los ensayos de la vacuna de Moderna se llevaron a cabo casi al mismo tiempo y también revelaron un índice de eficacia del 95 por ciento. Teniendo en cuenta que BioNTech/Pfizer y Moderna trabajaron de forma independiente y tomaron muchas decisiones diferentes (por ejemplo, qué codones utilizar para codificar la proteína de la espícula), es bastante sorprendente que llegaran a la meta de manera casi simultánea y con vacunas de eficacia similar.[39] Tuvieron que pasar treinta años para que las terapias con ARNm pasaran de ser menospreciadas en general, por ser consideradas «demasiado inestables», «demasiado difíciles de introducir en las células» o «demasiado inmunogénicas», a ser anunciadas como «una inyección para salvar al mundo».[40]

¿LA TERAPÉUTICA DEL FUTURO?

En el transcurso de la pandemia, dedicamos recursos sin precedentes al desarrollo de vacunas de ARNm para el COVID-19 y generamos océanos de datos sobre su uso y eficacia. También conocimos las limitaciones de estas vacunas: cómo las personas vacunadas siguen infectándose, aunque normalmente con poca gravedad, o lo difícil que es para una vacuna seguir el ritmo de un virus que muta con tanta rapidez. Sin embargo, difícilmente se podría haber soñado con un resultado más impresionante para un nuevo medicamento. De hecho, el comité Nobel reconoció el potencial futuro de las vacunas de ARNm cuando concedió a Karikó y Weissman el Premio Nobel de Fisiología o Medicina de 2023. Su avance no solo permitió el desarrollo de vacunas eficaces contra el COVID-19, sino que también, en palabras de la Asamblea Nobel del Instituto Karolinska, que concedió el premio, «cambió fundamentalmente nuestra comprensión de cómo el ARNm interactúa con nuestro sistema inmunitario», allanando el camino «para las vacunas contra otras enfermedades infecciosas».[41] ¿Podría la administración de proteínas mediante la inyección de su ARNm aportar soluciones a necesidades médicas no cubiertas mucho más allá de las vacunas? ¿Estamos en la cúspide de una revolución terapéutica basada en el ARNm?

La verdad es que aún no lo sabemos. No cabe duda de que existe una gran necesidad de vacunas más eficaces contra otras enfermedades víricas. Por ejemplo, la eficacia de las vacunas antigripales actuales es limitada porque no pueden hacer frente a la diversidad del virus de la gripe (más de sesenta subtipos denominados cepas). La vacunación contra cualquier cepa protege contra la infección causada principalmente por esa cepa. Cada mes de febrero, la Organización Mundial de la Salud revisa los datos de vigilancia de todo el mundo e intenta predecir qué cepas víricas serán las más prevalentes durante la próxima temporada de gripe. La eficacia de la vacuna disminuye si se mezclan demasiadas cepas, por lo que las vacunas se dirigen solo contra tres («trivalentes») o cuatro («tetravalentes») cepas. Las vacunas antigripales se fabrican en su mayor parte inyectando a mano una cepa vacunal del virus en huevos de gallina (por eso tu médico te pregunta si eres alérgico al huevo antes de vacunarte, porque en la vacuna quedan pequeñas cantidades de proteína de huevo). Los seis meses que se necesitan para producir la vacuna impiden que esta se adapte con gran precisión a las cepas del virus de la gripe que aparecerán a continuación. En otras palabras, para cuando sabemos realmente qué cepas predominan en una determinada temporada de gripe, ya es demasiado tarde para cambiar la vacuna. Ahora que disponemos de una base para la producción de vacunas de ARNm, gracias a las fabricadas para el COVID-19, existe la oportunidad de fabricar vacunas mucho más rápidamente que inyectando una cepa en huevos de gallina. El objetivo es producir vacunas que se ajusten mejor al virus de un año determinado, lo que podría aumentar su eficacia. Y piensa en los 140 millones de huevos de gallina adicionales que ahorraríamos cada año solo en Estados Unidos: eso son muchas tortillas.

Pero los próximos retos que pondrán a prueba las vacunas de ARNm se dirigirán no solo contra otros virus, sino también contra el cáncer. Recordemos que tanto BioNTech como Moderna habían estado buscando vacunas contra el cáncer antes de dejarlo, por todos nosotros, y pasarse al COVID-19.

¿Cómo funcionaría, aunque solo fuera en teoría, una vacuna contra el cáncer? La respuesta puede no ser obvia. Las vacunas víricas tienen sentido: el virus es un invasor extranjero, distinto de la biología humana, por lo que el sistema inmunitario humano lo reconocería como extraño y trataría de destruirlo. La proteína de la espícula del SARS-CoV-2 es un buen ejemplo: es específica del virus y está completamente ausente en un ser humano no infectado, por lo que la proteína proporciona una advertencia inequívoca. Hay algunos cánceres que se sabe que están causados por virus (por ejemplo, la mayoría de los cánceres de cuello uterino están causados por el virus del papiloma humano), por lo que, una vez más, es fácil entender por qué la vacunación con Gardasil® de Merck está salvando tantos miles de vidas que antes se perdían a causa de ese cáncer: si no hay infección vírica, no hay cáncer.[42] Sin embargo, la mayoría de los cánceres no están causados por un virus, sino por procesos celulares normales que se tuercen.

Se podría fabricar una vacuna contra el cáncer porque los tumores producen proteínas aberrantes que no se encuentran en el tejido humano sano. Las mutaciones del ADN, provocadas por agentes mutágenos como el humo del tabaco (cáncer de pulmón) o la luz ultravioleta (melanoma), producen proteínas mutadas que pueden provocar cáncer. Como parte de su vigilancia inmunitaria, las células tienen un mecanismo natural para trocear las proteínas y presentarlas en su superficie externa donde pueden ser analizadas por las células T. Si los trozos de proteína están mutados, las células T los ven como «extraños» y matan a la célula que los presenta. La lógica básica es que, si se observa que una célula produce una proteína vírica o una proteína mutada, es probable que esté infectada o sea cancerosa y, en cualquier caso, debe ser sacrificada por el bien del organismo.

A principios de la década de 1990, el inmunólogo Eli Gilboa, de la Universidad de Duke, estudió si se podía potenciar este sistema natural y entrenar proactivamente al sistema inmunitario de un animal para que reconociera y destruyera células tumorales utilizando ARNm. Realizó una serie de pruebas en ratones que habían sido modificados genéticamente para desarrollar cáncer de pulmón metastásico. Su diseño experimental tenía dos características novedosas. Primero, en lugar de fabricar un ARNm específico, aisló todo el ARNm de los tumores de pulmón de los ratones, con la idea de entrenar al sistema inmunitario para reconocer y responder a un espectro de proteínas mutadas. Segundo, en lugar de inyectar directamente a los ratones el ARNm encerrado en liposomas, aisló primero una clase especial de sus células inmunitarias, las trató con la combinación de ARNm y liposomas y volvió a introducir las células en los ratones. La idea era colocar el ARNm justo donde se necesitaba para entrenar al sistema inmunitario, en vez de esperar que el ARNm encontrara las células adecuadas dentro de un ratón vivo.

Los resultados de Gilboa fueron impresionantes. Los ratones cuyas células inmunitarias habían sido tratadas con

ARNm tumoral estaban protegidos cuando se les inyectaron posteriormente células tumorales. La propagación del cáncer de pulmón se redujo de manera drástica.[43] Sin embargo, lo que es bueno para un ratón no siempre se traduce en algo bueno para los humanos. Se han realizado más de cincuenta ensayos clínicos en humanos con diversas vacunas contra el cáncer basadas en ARNm, y todavía no hay ninguna terapia aprobada.[44] Pero ahora, con toda la experiencia adquirida en el desarrollo de las vacunas para el COVID-19, empresas como Moderna y BioNTech han reactivado sus programas de vacunas de ARNm contra el cáncer.[45] En 2022, Moderna, en colaboración con Merck, anunció resultados muy prometedores de una vacuna de ARNm contra el melanoma.[46] Así que el éxito puede estar cerca.

¿Y qué impacto pueden tener las terapias con ARNm fuera del ámbito de las vacunas? La mayoría de los productos farmacéuticos tradicionales, así como las terapias con ARNpi, actúan inhibiendo un proceso promotor de la enfermedad, pero el potencial del ARNm va en la dirección opuesta: restaurar una proteína funcional ausente o mutada en un paciente. Entre las enfermedades causadas por proteínas mutadas figuran la anemia falciforme, la distrofia muscular, la fibrosis quística y la atrofia muscular espinal (esta última es la misma enfermedad que Adrian Krainer ayudó a tratar con ARN antisentido). Más allá de estas, el universo de las llamadas enfermedades raras, cada una de las cuales afecta a veces a mil o 10.000 personas en todo el mundo, genera importantes oportunidades. Las terapias con ARNm ofrecen la esperanza de que podamos crear una única plataforma terapéutica de ARNm en la que insertaríamos una secuencia codificante, personalizada para el paciente, que la maquinaria de su organismo traduciría después fabricando la proteína correspondiente, terriblemente necesaria.

Por último, hablemos de los anticuerpos terapéuticos, que redefinieron la industria farmacéutica en la década de 1990. Los anticuerpos terapéuticos son versiones de laboratorio de los anticuerpos fabricados por los linfocitos B de nuestro sistema inmunitario, y pueden adaptarse para unirse de manera específica a una proteína diana en la superficie de una célula. En algunos casos, la simple unión a la proteína neutraliza el proceso de la enfermedad, mientras que en otros casos la unión induce efectos beneficiosos posteriores, como la muerte de una célula enferma. Entre los anticuerpos terapéuticos más recetados se encuentran Humira® para la artritis reumatoide, Keytruda® y Opdivo® para el cáncer, Dupixent® para el eccema y el asma, y Stelara® para la psoriasis y la enfermedad de Crohn. Como estos anticuerpos terapéuticos son proteínas, no pueden tomarse en forma de píldora: nuestro sistema digestivo está hecho para digerir las proteínas de las comidas y no distingue las proteínas terapéuticas de las procedentes de los alimentos. Así que los anticuerpos terapéuticos suelen administrarse directamente en el torrente sanguíneo. Para ello, el paciente debe acudir a un hospital o centro de transfusiones y permanecer sentado durante una hora mientras se le administra el medicamento en un goteo lento a través de una aguja en el brazo. Esta infusión intravenosa es cara, tediosa y a menudo dolorosa para el paciente. Dado que cada proteína tiene su ARNm correspondiente, es concebible que estos anticuerpos puedan administrarse como ARNm mediante inyección subcutánea, como una vacuna. Aún no sabemos si la vía del ARNm producirá una dosis de anticuerpo lo bastante alta como para ser terapéutica, pero la idea es lo suficientemente atractiva como para que los investigadores biomédicos la estén explorando en la actualidad. Los tiempos en que los inversores no apostaban por el ARNm han pasado a la historia.

En resumen, el principio científico que subyace a todas estas terapias del ARNm es sencillo: en todos los casos en los que se necesita una proteína para estimular el sistema inmunitario o sustituir una proteína ausente o mutada, parece posible utilizar el ARNm correspondiente para ordenar a nuestro cuerpo que produzca esa proteína. Llevar el principio a la práctica es todo un reto, pero el éxito de las vacunas de ARNm para el COVID-19 ha supuesto un enorme estímulo.

Ya hemos visto tres tipos de ARN que se han convertido en medicamentos eficaces. El ARN antisentido, con modificaciones químicas que mejoran su estabilidad y liberación, ha resultado ser beneficioso, como demuestra su éxito en el tratamiento de la atrofia muscular espinal, una enfermedad infantil mortal. El ARN pequeño de interferencia se ha empleado para tratar enfermedades genéticas raras pero devastadoras y pronto podría utilizarse en la lucha contra enfermedades neurodegenerativas como el alzhéimer y la ELA. Y el ARNm se ha convertido en una vacuna eficaz para combatir la peor pandemia que se recuerda y está a punto de proporcionar a la humanidad nuevas vacunas y terapias.

En los tres casos, la terapia funciona a nivel del ARN, sin alterar los genes humanos. De hecho, como hemos visto, una de las ventajas de las vacunas de ARNm es que no hay riesgo de alterar el genoma. Pero ahora, otro proceso natural basado en el ARN (un sistema de defensa que las bacterias utilizan para protegerse de las infecciones víricas) se ha transformado en una herramienta para editar el genoma de cualquier especie, incluida la humana, con una rapidez y especificidad nunca antes imaginadas. A diferencia de las anteriores intervenciones basadas en el ARN, esta técnica produce una alteración permanente del genoma, por lo que resulta muy poderosa y, si se utiliza mal, potencialmente peligrosa. Y, una vez más, es la molécula milagrosa, el ARN, la que está catalizando la revolución.

11

Utilizando las tijeras

Imaginemos, por un momento, un mundo en el que los científicos puedan crear cultivos resistentes al calor y la sequía que podrían así prosperar en un planeta como el nuestro que se va calentando, u organismos que secuestren carbono y reviertan los efectos del cambio climático, o soluciones rápidas y seguras para enfermedades genéticas devastadoras. Esta es la visión utópica de un futuro transformado por CRISPR, la tecnología de edición genética que, según algunos libros recientes,[1] ofrece «el impensable poder de controlar la evolución», la asombrosa perspectiva de «editar la humanidad» o la oportunidad de dirigir «el futuro de la raza humana». Pero no todos son tan optimistas respecto a esta tecnología. También hay visiones distópicas sobre cómo podría cambiar el mundo, en las que individuos o gobiernos irresponsables la utilizan para crear manadas de animales de ataque o legiones de superhumanos obedientes. ¿Es concebible que alguien pueda diseñar genéticamente un ejército de *Clone Troopers,* como en una película de *La guerra de las galaxias*?

La tecnología CRISPR nos permite modificar los genes de prácticamente cualquier organismo, desde mosquitos a maíz o seres humanos. Aunque mucha gente asocia CRISPR con la tecnología de ingeniería genética, sus componentes operativos se descubrieron en realidad como un proceso natural en las bacterias, que lo utilizan para evitar los ataques de los virus conocidos como fagos de los que hemos hablado en páginas anteriores. La guerra entre las bacterias y sus virus lleva produciéndose desde hace más de mil millones de años, y siempre que uno de los bandos inventa un nuevo ataque, el otro contraataca con otro. Así que, en cierto sentido, el sistema CRISPR, que funciona contra los virus basados en el ADN, no es especial, sino solo uno de los muchos sistemas de protección contra los fagos.[*] Pero es el primero que ha sido incorporado a un kit de ingeniería genética, y su enorme poder se debe al ARN.

La maquinaria CRISPR para cortar el ADN consta de dos partes. La primera es la proteína Cas9 (CRISPR-associated 9). Esta proteína es una enzima que funciona a modo de tijeras moleculares, cortando físicamente las dos hebras de la doble hélice del ADN. A todos nos han dicho nuestros padres que no corramos con las tijeras en la mano, y el mismo peligro se aplica en este caso: si no se guían, estas tijeras que cortan el ADN podrían causar muchos daños al azar. Ahí es donde entra en juego el ARN. En un trabajo extraordinario presentado en 2012 que les valdría el Premio Nobel de Química de 2020, mi antigua becaria Jennifer Doudna, de quien hablamos anteriormente al referirnos a sus investigaciones sobre los secretos de la estructura del ARN, y su colaboradora Emmanuelle Charpentier descubrieron que emparejando la enzima Cas9 con un «ARN guía» personalizado podían dirigir con precisión las tijeras de CRISPR para cortar cualquier secuencia genética. Pocos meses después de que se anunciara el descubrimiento de Doudna y Charpentier,[2] varios equipos de investigación demostraron que esta edición del genoma guiada por ARN funcionaba en células humanas vivas; entre ellos estaban los grupos de Feng

---

* El sistema CRISPR-Cas9, el primero en convertirse en una herramienta de edición del genoma, protege a las bacterias contra los fagos de ADN, pero existen otros sistemas CRISPR guiados por ARN que escinden el ARN y protegen a las bacterias contra los fagos de ARN.

Zhang en el MIT, George Church en Harvard y el propio laboratorio de Jennifer en Berkeley.[3] El siguiente objetivo fue utilizar CRISPR para inactivar *oncogenes* causantes de cáncer o los genes que codifican proteínas mal plegadas en la enfermedad de Alzheimer o en la esclerosis lateral amiotrófica, entre una multitud de posibles aplicaciones.

¿Cómo lo consigue el ARN? Como hemos visto una y otra vez, el ARN es un as del emparejamiento de bases, lo que permite que los ácidos nucleicos se comuniquen entre sí de una forma productiva. La molécula de ARN asociada a la proteína Cas9 utiliza este poder para emparejar las bases con una de las dos cadenas de ADN y así especificar con deslumbrante precisión el lugar exacto de edición del genoma. Antes de la aparición de esta tecnología, los métodos para editar lugares específicos del genoma humano eran caros, tediosos y tan complejos que solo estaban al alcance de unos pocos laboratorios en el mundo. Pero hoy en día, con un poco de formación, los estudiantes universitarios pueden montar un kit CRISPR para borrar una mutación defectuosa en un gen o eliminar un gen por completo en unas pocas semanas. En mi laboratorio, CRISPR se menciona tan a menudo que se ha convertido en un verbo, como «googlear». Una vez que hemos «CRISPReado» una alteración en un gen, podemos ver qué efecto tiene el cambio en las células que crecen en nuestras placas de Petri.

Mi laboratorio no es el único que ha adoptado esta tecnología. Aunque, con razón, se sigue debatiendo sobre las aplicaciones más radicales, se calcula que 7.000 laboratorios de investigación de todo el mundo ya han utilizado CRISPR, algunos de los cuales han hecho descubrimientos impresionantes.[4] Y hay muchos más avances en camino. Los investigadores la utilizan habitualmente para producir alteraciones genéticas no solo en células, sino también en animales vivos, como moscas de la fruta y ratones. Los científicos suelen ser reacios a las exageraciones, pero muchos especialistas en ciencias de la vida describen la llegada de esta tecnología como la Segunda Venida. Suelen llamarla la «Revolución CRISPR».

BACTERIAS AL RESCATE

Para entender el entusiasmo de los científicos y apreciar de verdad las elevadas promesas de CRISPR, debemos empezar por sus humildes orígenes. Los investigadores identificaron por primera vez lo que ahora llamamos CRISPR simplemente observando las secuencias de ADN de los genomas bacterianos. Estaban acostumbrados a identificar genes codificadores de proteínas bacterianas: tramos de tripletes, cada uno de los cuales comenzaba con un codón de inicio ATG y terminaba con uno de los tres codones de parada. Pero el ADN CRISPR les llamó la atención por ser algo nuevo e inusual. Contenía secuencias repetidas que eran palindrómicas, es decir, que se leían igual hacia delante y hacia atrás, como la frase «Amad a la dama». Entre estas repeticiones había fragmentos de secuencias espaciadoras que no procedían de bacterias, sino de fagos, los virus que las atacan.

Parecía que las bacterias llevaban la cuenta de encuentros anteriores con fagos invasores. Más tarde se descubrió que las repeticiones dirigían la inserción de nuevas secuencias de fagos en esta región o matriz, algo así como actualizar la lista de contactos.[5] Estas matrices de ADN recibieron un nombre muy largo (repeticiones palindrómicas cortas, agrupadas y regularmente interespaciadas o, en inglés, *clustered regularly interspaced short palindromic repeats*) que los investigadores abreviaron como CRISPR. Pero todavía no tenían muy claro cuál era su función.

Jennifer Doudna conoció las CRISPR en 2006 gracias a su compañera de Berkeley Jill Banfield. En un principio, a Banfield le intrigaron estas inusuales matrices de secuencias de ADN, pero las incipientes implicaciones funcionales eran aún más emocionantes. Los científicos de la industria del yogur (que depende de bacterias sanas para convertir la leche en yogur) descubrieron que las CRISPR permitían a sus bacterias probióticas eliminar los fagos atacantes.[6] Poco después, tanto ellos mismos como otros investigadores descubrieron que el sistema CRISPR cortaba el ADN del fago entrante para destruirlo.[7] Una vez que una bacteria tenía un fragmento de la secuencia de un fago en particular almacenada en sus secuencias CRISPR, era inmune al ataque de un fago de ese tipo. Era como si CRISPR permitiera a una bacteria gritar: «Mis antepasados te han visto antes y eres realmente malo, así que ahora voy a destruirte». CRISPR se parecía bastante al sistema inmunitario humano, que se prepara mediante infecciones o vacunas anteriores. Pero CRISPR era aún mejor, porque las bacterias tenían la inmunidad incrustada en su ADN, por lo que se transmitía de una generación a la siguiente. Se podría decir que las bacterias nacían prevacunadas.

Y entonces entró en escena el ARN. Un grupo de investigación holandés dirigido por John van der Oost descubrió que se transcribían pequeños ARN a partir de las repeticiones CRISPR en las bacterias, y que estos dirigían de algún modo la defensa antiviral.[8] Pero ¿cómo lo hacen? Dado que su especialidad es el ARN y que este parece desempeñar un papel clave en CRISPR, Jennifer decidió dedicar parte de los esfuerzos de su laboratorio a entender cómo funcionaba. No tardó mucho en convertirse en líder en este campo incipiente.[9]

En 2011, Jennifer sospechaba que los ARN CRISPR eran la clave de la especificidad de este sistema antivírico. Parecían actuar como guías que identificaban la secuencia de ADN del fago que había que cortar y dejaban intacto el cromosoma bacteriano (que no tenía la misma secuencia). Pero si el ARN se encargaba de identificar el ADN que había que cortar, ¿cuál era el responsable del corte en sí? La respuesta a esta pregunta surgió de la colaboración entre Jennifer y Emmanuelle Charpentier, de la Universidad de Umeå (Suecia).

Emmanuelle es una mujer menuda, pero cuando se sube a un podio, es tan elocuente, centrada y clara que cualquier audiencia queda inmediatamente fascinada. Jennifer admiraba el trabajo de Emmanuelle desde hacía tiempo, y en 2011 por fin se conocieron en una conferencia que se celebraba en Puerto Rico.[10] En ese momento, Jennifer descubrió que Emmanuelle tenía una voz suave, un humor socarrón y gozaba de una alegría refrescante.[11] Disfrutar de la compañía mutua suele ser un buen augurio para la colaboración.

Emmanuelle había descubierto que, si se mutaba una proteína llamada Cas9 en la bacteria causante de la faringitis estreptocócica, la bacteria dejaba de estar protegida contra el ataque de los fagos. ¿Podría ser esta proteína Cas9 la enzima (la tijera) responsable de cortar el ADN del fago invasor? Y, de ser así, ¿cómo hacían los ARN copiados de los espaciadores CRISPR para indicar a esas tijeras dónde cortar? Estas preguntas les parecieron apasionantes, así que acordaron abordarlas juntas.

Para comprobar si la proteína Cas9 era realmente la tijera de CRISPR, decidieron purificar la proteína y mezclarla en tubos de ensayo con varios ARN guía potenciales. A continuación, añadirían varios ADN sintéticos. Algunos de estos ADN serían copias de secuencias de fagos que coincidieran con un ARN guía (las dianas) y otros serían ADN no coincidentes (los controles). Si su hipótesis era correcta, el ADN similar al fago se cortaría por la mitad en presencia del ARN guía coincidente, pero los ADN no coincidentes quedarían intactos.

En el laboratorio de Jennifer, la investigación estaba coordinada por Martin Jinek, un becario posdoctoral checo, modesto y de gran talento. En el laboratorio de Emmanuelle, su homólogo era un estudiante polaco llamado Krzysztof Chylinski. Casualmente, ambos habían crecido cerca de la frontera checo-polaca y hablaban polaco, lo que facilitaba sus frecuentes conversaciones por Skype.[12]

El primer paso fue purificar la proteína. Krzysztof envió por correo el gen de Cas9 a Martin, que inmediatamente se puso manos a la obra para conseguir que *E. coli* produjera la proteína. Expresar una proteína de una bacteria diferente en *E. coli* a menudo funcionaba, pero no estaba garantizado, así que Martin y un estudiante que trabajaba con él tuvieron que explorar múltiples condiciones antes de optimizar la producción de la proteína Cas9. El siguiente paso era el experimento clave: mezclar la proteína Cas9 y el ARN guía en un tubo de ensayo para que se unieran, añadir ADN con una secuencia que coincidiera con la del ARN guía como sustituto del ADN del fago y comprobar si ese ADN, y solo ese ADN, se escindía.

Y el experimento... fracasó totalmente. El ADN objetivo salió indemne de la reacción.

Los perplejos colaboradores celebraron una reunión de intercambio de ideas por Skype. ¿Quizá la hipótesis era errónea y Cas9 no era la enzima que destruía el ADN? ¿O simplemente faltaba algún ingrediente en la receta molecular? Emmanuelle había encontrado un segundo ARN, denominado *ARNtracr* (ARN CRISPR transactivante), necesario para que la bacteria estreptococo produjera ARN guía. ¿Podría ser que este segundo ARN fuera también necesario para que Cas9 corte el ADN?

Martin probó una nueva mezcla con el ARN guía y el ARNtracr. Esta vez la diana se cortó limpiamente en dos trozos. Para que el Cas9 y el ARN guía funcionaran como un par de tijeras genéticas, necesitaban la ayuda del ARNtracr, que actuaba como un pulgar que sujetaba las tijeras para realizar el corte.

No solo se cortó el ADN diana, sino que la especificidad fue exquisita.[13] Las moléculas de ADN que no coincidían con la secuencia de la guía quedaban intactas, pero el ADN no cortado podía volver a ser partido simplemente diseñando un nuevo ARN guía que coincidiera con veinte nucleótidos de su secuencia. Era parecido a la función «Buscar» de los procesadores de texto: si se busca una cadena compuesta por veinte letras, el software resaltará cualquier texto que coincida con ella.*, 14

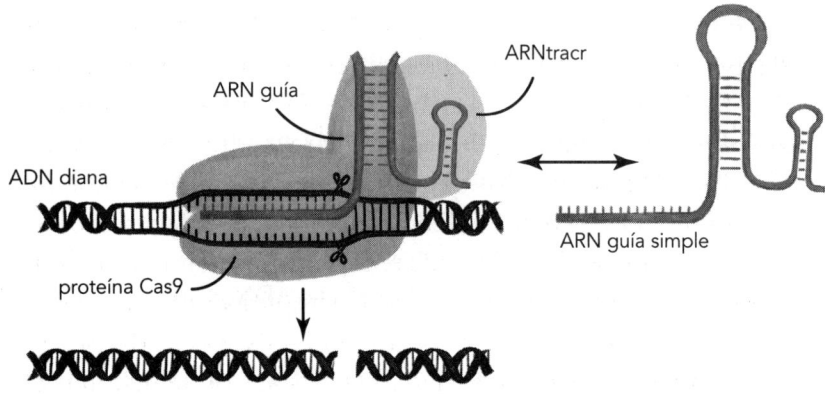

El complejo de defensa bacteriano CRISPR-Cas9 (izquierda) tiene un ARN guía que reconoce la secuencia de ADN del fago diana y un ARNtracr que se empareja con el ARN guía y sujeta la proteína Cas9. A continuación, Cas9 corta ambas cadenas de ADN. Una forma modificada de CRISPR-Cas9 utilizada para la edición del genoma (derecha) tiene los dos ARN naturales fusionados para formar un ARN guía simple.

Jennifer y Martin no eran el tipo de científicos que se duermen en los laureles. Así que cuando Jennifer se sentó con Martin para ver sus nuevos datos, le felicitó por su descubrimiento y luego desvió la conversación preguntando: «¿Cómo podemos seguir avanzando?». Está claro que el hecho de necesitar dos ARN distintos y una proteína para la escisión CRISPR ha funcionado bien en el tubo de ensayo y en las bacterias. Pero si pensamos en cómo podría utilizarse

---

* Trabajos posteriores demostraron que, para funcionar correctamente, el sistema CRISPR no requiere que se produzca una coincidencia perfecta de veinte de veinte entre el ARN guía simple y el ADN diana. Esto da lugar a cierta edición «desviada del objetivo inicial», un problema potencial que los científicos han estado tratando de resolver.

esta tecnología en células humanas, parece complicado. Habría que introducir tres fragmentos de ADN en la célula y confiar en que esta fabricara tres componentes: la proteína Cas9, el ARN guía y el ARNtracr. Luego habría que aguantar la respiración, con la esperanza de que los tres fragmentos de ADN se transcribieran en sus respectivos ARN mediante una ARN polimerasa, que el ARNm Cas9 resultante encontrara el camino hacia un ribosoma para traducirse en proteína y, por último, que los tres componentes finales se encontraran de nuevo en el núcleo de la célula, donde aguardaba el ADN cromosómico diana. Tenían que ocurrir demasiadas cosas. ¿Podría haber una forma de simplificar el sistema?

Estos dos científicos expertos en ARN no tardaron en encontrar una respuesta. Hallaron la manera de fusionar el ARN guía y el ARNtracr en una única molécula. Tenían que hacer justo lo contrario de lo que Jennifer había hecho con la ribozima SunY cuando era estudiante de posgrado en el laboratorio de Jack Szostak, veinticinco años antes. Entonces había ideado una forma de ensamblar un ARN grande a partir de varias piezas de tamaño más manejable. Ahora, observando los dos ARN CRISPR, Jennifer y Martin descubrieron cómo podían unirlos para formar un *ARN guía simple*. Cuando este dúo dinámico (proteína Cas9 y ARN guía simple) cortó limpiamente el ADN diana en el tubo de ensayo, el equipo Doudna-Charpentier estaba listo para publicar su descubrimiento y prepararse para el tsunami que les envolvería de inmediato.[15]

Primero las tijeras, luego el pegamento

Si la escisión del ADN hubiera sido el principio y el fin de la magia de CRISPR, el interés de los laboratorios académicos y, en menor medida, el de la industria habría sido mucho más modesto. La aparición de una nueva herramienta para escindir el ADN no habría generado por sí sola una industria artesanal de empresas biotecnológicas. Pero cuando se descubrió que Cas9, guiada por ARN, corta el ADN con una especificidad inimaginable, ya se tenían algunos conocimientos previos.

Todos los científicos, tanto los que estudiaban levaduras y otros hongos como los que trabajaban con la mosca de la fruta y mamíferos, ya sabían que las células vivas no pueden permitirse que las moléculas de ADN rotas permanezcan en ese estado mucho tiempo. La integridad del genoma es esencial para la vida. Hace muchísimo tiempo, los organismos encontraron formas de parchear rápidamente el ADN roto. En consecuencia, si un experimentador utiliza CRISPR para cortar un gen, las máquinas de reparación de la célula se ponen a trabajar. Es entonces cuando se produce la edición del gen.[16]

La reparación del ADN en los organismos eucariotas, incluido el ser humano, se puede llevar a cabo de dos formas. La primera es un proceso rápido y sucio de «reparación de emergencia» que vuelve a unir los extremos rotos de los cromosomas. Su nombre técnico es *unión de extremos no homólogos* o NHEJ (*non-homologous end joining*). La «unión de extremos» se explica por sí misma. «No homólogos» significa que no es necesario que los dos extremos tengan secuencias de ADN en común: se pueden unir dos extremos de ADN rotos cualesquiera. La característica distintiva de NHEJ es que el proceso de unión es descuidado, lo que provoca la pérdida o inserción de algunos nucleótidos en el lugar de la reparación. En otras palabras, este proceso a menudo deja el ADN reparado con algunas mutaciones desagradables. Así, una escisión CRISPR seguida de NHEJ a menudo inactiva un gen al desordenar la cadena ordenada de codones que especifican una proteína.

Nuestra analogía con los procesadores de texto puede ayudar a mostrar cómo funciona esto. El ARN guía simple localiza una secuencia de ADN como la función «Buscar» localiza una cadena de letras en un documento. Escribimos una secuencia de letras (*El gran gato*, codificada por ATGCC-TTCG) y el software encuentra una coincidencia exacta:

GTAGGGC *ATG* CCT TCG AAA ATA TTT TGT *TAG* CGC CTC CTT GGA GTA GAA
          El   gran gato come una gorda rata

Una vez más, los codones de inicio y parada aparecen en cursiva. Ahora que el ARN guía ha localizado el lugar de acción, la enzima Cas9 corta el ADN en ese punto, como si pulsáramos «Enter» en el teclado. El texto se interrumpe con un salto de línea:

GTAGGGC *ATG* CCT TCG

                      AAA ATA TTT TGT *TAG* CGC CTC CTT GGA GTA GAA
          El   gran gato

                      come una gorda rata

Si ahora pulsamos «Retroceso», se restaura el texto original. Esto es similar a la reparación del ADN por NHEJ. Pero recuerda que NHEJ es chapucero: a menudo inserta o borra una o dos letras por error antes de volver a unir los extremos. Por lo tanto, insertaremos una errata, una sola letra T (subrayada a continuación), antes de volver a unir la frase:

GTAGGGC *ATG* CCT TCG TAA AAT ATT TTG TTA GCG CCT CCT TGG AGT AGA
          El   gran gato corre ahora ver zorro corre fuera gran gran diversión sol come

La inserción de esta única letra destruye el significado de la frase, o del gen. Este es el precio de la reparación rápida por NHEJ.

El segundo tipo de reparación del ADN es la *recombinación homóloga*. El extremo roto del ADN busca una secuencia de ADN que coincida (esta es la parte «homóloga») y luego se somete a una «recombinación» con esa secuencia, utilizándola como molde para repararse a sí mismo de forma precisa. La secuencia de ADN coincidente puede proceder de la

ADN diana

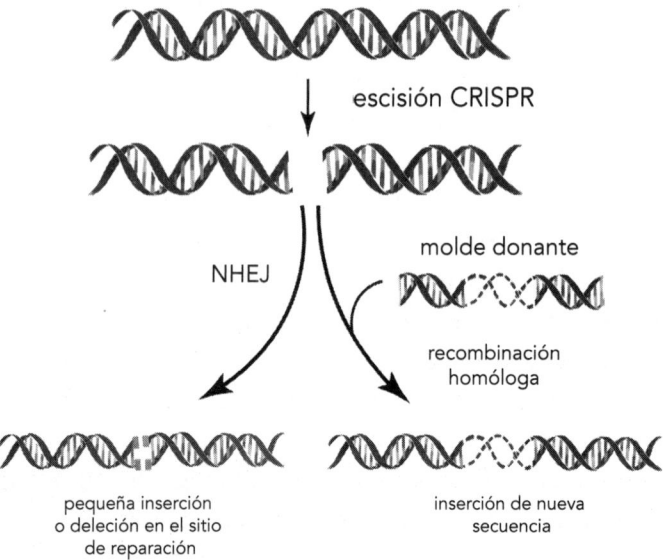

escisión CRISPR

NHEJ

molde donante

recombinación homóloga

pequeña inserción
o deleción en el sitio
de reparación

inserción de nueva
secuencia

Después de que CRISPR-Cas9 escinda su ADN diana en una secuencia específica, las máquinas de reparación del ADN de la célula se encargan de la edición genética. La unión de extremos no homólogos (NHEJ) es un sistema de reparación rápido y chapucero que suele dejar una pequeña inserción o deleción de ADN en el sitio de la reparación. La recombinación homóloga es precisa y requiere un molde donante de ADN para guiar la reparación. El molde donante puede introducir nuevas secuencias (porción discontinua de la doble hélice) para corregir una mutación en el ADN humano o añadir un nuevo elemento genético, siempre que las secuencias colindantes coincidan con las del ADN diana.

otra copia del cromosoma; es decir, el cromosoma heredado de la madre puede utilizarse como molde para reparar un cromosoma roto procedente del padre. Dado que la recombinación homóloga tiene unos requisitos más exigentes que la NHEJ, esta ocurre con menos frecuencia.

A primera vista, no parece que una reparación así de perfecta pudiera ser útil para la edición de genes, y no lo sería si se limitara a restaurar la secuencia original de ADN. Pero mucho antes de CRISPR, los científicos habían descubierto que podían alterar fácilmente la recombinación homóloga introduciendo un *molde donante* de ADN que coincidiera con las secuencias cercanas al lugar donde se había producido la rotura, pero que incluyera una parte de ADN no coincidente más alejada.* El ADN no coincidente se uniría al proceso. De este modo, los científicos podrían editar con precisión la secuencia de un gen. O, lo que es aún más drástico, podrían introducir una secuencia que empezara coincidiendo con la de un gen, pero luego insertar algún elemento genético nuevo, rediseñando el gen por completo. Antes de la aparición de la tecnología CRISPR, no había una forma fácil de provocar una rotura específica en el ADN para indicar el lugar de la recombinación. Pero ahora, con CRISPR guiado por ARN, era posible hacerlo con una precisión espectacular.

Para imaginar cómo funciona la recombinación homóloga, piensa en editar un documento con la función «copiar y pegar», añade nuevas letras y luego vuelve a unir la frase. Aquí está la información del cromosoma:

GTAGGGC ATG CCT TCG AAA ATA TTT TGT TAG CGC CTC CTT GGA GTA GAA
    El   gran gato come una gorda rata

Y aquí está el molde donante, que empieza igual que la secuencia cromosómica, pero continúa con nueva información:

ATG CCT TCG CTT ATG TTG TTA GTA TGG TAG CGC CTC CTT GGA
El   gran gato y   el zorro corre por diversión

---

* Se han desarrollado múltiples métodos para introducir ADN extraño en células vivas. Algunos de ellos implican dañar la superficie de la célula en presencia del ADN extraño, de modo que cuando la célula repara el daño, parte del ADN penetra en su interior. También se pueden manipular virus para introducir ADN no vírico en las células. En otra técnica, denominada biolística, el ADN foráneo recubre pequeñas partículas que son literalmente propulsadas al interior de la célula.

La escisión CRISPR seguida de la recombinación homóloga hace que la frase alterada se incorpore al cromosoma:

GUAGGGC ATG CCT TCG CTT ATG TTG TTA GTA TGG TAG CGC CTC CTT GGA
El   gran gato   y   el   zorro corre por diversión

Así, en esta frase, el gran gato ha pasado de comerse una rata gorda a correr con un zorro. Al igual que la función «copiar y pegar» nos permite reescribir una frase en un documento, el ARN permite a CRISPR reescribir el código de la vida.

CAS9 MUERTO

El rumor sobre el nuevo descubrimiento de CRISPR no tardó en cruzar el puente de la bahía hasta San Francisco. Incluso antes de que se publicara en 2012 el artículo de Jennifer y Emmanuelle sobre su trabajo con CRISPR-Cas9, Jennifer empezó a intercambiar ideas con sus colegas de la Universidad de California en San Francisco sobre cómo utilizar la enorme precisión de CRISPR-Cas9 para activar o desactivar genes humanos específicos sin cortar el ADN.

¿Por qué un sistema CRISPR sin corte podría ser muy útil si formase parte de un kit de herramientas genéticas? Aunque el ARN guía podía programar a Cas9 para que rompiera una doble cadena de ADN en un punto exacto, el investigador seguía dependiendo de la maquinaria celular existente para reparar la rotura. La reparación era un tanto aleatoria, ya que se producía con mayor frecuencia por NHEJ y solo de manera ocasional por recombinación homóloga precisa. Como hemos visto, la reparación por NHEJ tiene consecuencias incontrolables y a veces nocivas, y los científicos querían evitarlo. Si no hay corte, no hay extremos de ADN, y no hay NHEJ.

Varios grupos de científicos indujeron mutaciones en la proteína Cas9 que inhabilitaban su actividad de corte de

ADN, pero no interferían en su capacidad para unirse a un ARN guía simple. Para abreviar, apodaron a su creación «Dead Cas9». Descubrieron que, si acoplaban otras proteínas a la Dead Cas9, podían llevarlas a lugares específicos del genoma humano. Entre ellas había proteínas ya conocidas por su capacidad de activar y reprimir genes.

La analogía está cogida por los pelos, pero imagina que quieres utilizar un sistema de misiles guiados por láser para enviar flores a alguien. Primero desactivarías la ojiva para que el misil ya no pudiera explotar (esa es la parte «Dead Cas9»). A continuación, podrías utilizar el sistema de guiado del misil (ARN guía) para entregar tu ramo de flores en la puerta de su casa con absoluta precisión. Teclearías sus coordenadas y, en lugar de volar su casa, le alegrarías el día. La cuestión es que, una vez desarrollado un sistema de lanzamiento guiado de precisión, no hay por qué limitarse a un único tipo de carga.

La velocidad con la que se concibieron y probaron los nuevos inventos de Dead Cas9 fue asombrosa. El artículo de Jennifer y Emmanuelle en el que anunciaban el sistema CRISPR-Cas9 original se publicó en la revista *Science* el 28 de junio de 2012, y ya en diciembre del mismo año, el grupo colaborativo Berkeley-UCSF había conectado represores y activadores génicos conocidos a Dead Cas9 y demostrado que varios genes humanos podían activarse o desactivarse a voluntad.[17] Otros grupos de investigación se apresuraron a diseñar otras herramientas Dead Cas9.[18] La investigación rara vez avanza a este ritmo. Por supuesto, hay que reconocer el talento y el duro trabajo de los científicos, pero la increíble solidez de la máquina Cas9 guiada por ARN también fue un factor clave. Cuando se tiene un rayo en la mano, ¡es hora de atacar!

David Liu, químico y bioquímico de Harvard, fue uno de los primeros que utilizó Dead Cas9 como herramienta de edición genética. Le interesaba saber cómo se podría corregir una mutación de una sola base en un gen, como ocurre en la anemia falciforme y en muchas otras enfermedades genéticas humanas. Con las técnicas CRISPR de primera generación, era necesario añadir una plantilla donante de ADN con la secuencia correcta y esperar que la recombinación homóloga se impusiera a la NHEJ, por lo que todo el proceso era posible pero ineficaz. David sabía que muchos años antes los científicos habían encontrado «enzimas de edición de bases» que podían cambiar una de las letras del alfabeto del ADN por otra. Pensó que podría acoplar una de estas proteínas de edición de bases a Dead Cas9 y borrar así una mutación de una sola base en un lugar concreto gracias al ARN guía. Esto le daría el control sobre el proceso de edición genética en lugar de depender de la propia maquinaria de recombinación homóloga de la célula para arreglar un gen.

El razonamiento de David se confirmó. Comprobó que el ARN guía podía dirigir la enzima editora de bases a cualquier lugar del genoma que necesitara ser «arreglado» y que esta cambiaría una sola letra (por ejemplo, una C por una T) en el ADN sin provocar nunca una rotura de la doble cadena. La nueva letra T se transcribiría entonces en una U en el ARNm (subrayado en el diagrama siguiente), cambiando el triplete para que especificara el aminoácido correcto.

GUAGGGC *AUG CCU UCG* AAA AUA UUU UGU *UAG* CGC CUC CUU GGA GUA GAA
       El   gran gato come una gorda rata

GUAGGGC *AUG CCU UUG* AAA AUA UUU UGU *UAG* CGC CUC CUU GGA GUA GAA
       El   gran <u>zorro</u> come una gorda rata

Aunque una sola letra pueda parecer un cambio pequeño, en algunos casos puede significar la diferencia entre la vida y la muerte.

La actual es una época apasionante para la investigación CRISPR, ya que cada año aparecen nuevas innovaciones. La técnica original de edición de genes (en la que se utiliza el ARN guía Cas9 para cortar el ADN cerca de un sitio diana, y el ADN que se suministra como plantilla donante para la recombinación homóloga) sigue estando muy presente y se perfecciona constantemente. También se están desarrollando varias estrategias basadas en el Dead Cas9, que aprovechan el poder de «búsqueda» del ARN guía Cas9, pero evitan el corte del ADN; el editor de bases de David Liu es uno de esos enfoques. Otros científicos están investigando sistemas CRISPR alternativos que utilizan parientes de Cas9, entre ellos una enzima llamada Cas12a que,[19] al parecer, corta el ADN de tal forma que modifica las probabilidades de reparación del ADN a favor de la recombinación homóloga frente a la NHEJ. Esto nos coloca en una buena posición al contar con un conjunto diverso de herramientas CRISPR, lo que significa que, si uno de los enfoques se queda corto para una terapia, tenemos planes alternativos.

TERAPIAS CRISPR

Nuestras tijeras genéticas nos permiten editar con precisión el genoma, pero ¿qué deberíamos editar?

La primera respuesta, la más obvia, es una mutación que causa una enfermedad genética. Como hemos visto a lo largo de este libro, numerosas enfermedades genéticas humanas están causadas por una mutación localizada en un gen. El primer ejemplo identificado a nivel molecular fue la anemia falciforme,[20] en la que una mutación de un solo par de bases en el gen de la beta-globina (que codifica una subunidad de la proteína sanguínea hemoglobina) conduce a la sustitución de un aminoácido llamado valina por otro conocido como glutamato. Todo lo demás en esta hemoglobina es correcto, por lo que estas proteínas mutantes funcionan bastante bien la mayor parte del tiempo, transportando oxígeno por el torrente sanguíneo. Pero, de repente, a causa del estrés, la deshidratación, el ejercicio o una infección, las proteínas mutantes se aglutinan en el interior del glóbulo rojo, haciendo que la célula se deforme y pase de tener forma de platillo a tener forma de hoz. Estos glóbulos deformados se adhieren entre sí, obstruyen los vasos sanguíneos y provocan una crisis que puede ser tan dolorosa que requiera hospitalización. El hospital puede tratar de controlar el dolor o incluso hacer una transfusión de sangre, pero no hay cura.

Otras enfermedades genéticas humanas causadas por mutaciones localizadas incluyen la beta-talasemia (como vimos, la primera enfermedad que se sabía que estaba causada por un mal ayuste), la enfermedad de Tay-Sachs, la fibrosis quística y muchas formas de distrofia muscular. Al igual que ocurre con la anemia falciforme, se trata de enfermedades incurables. Las terapias basadas en el ARN de las que hemos hablado en capítulos anteriores, como el ARNpi y el ARNm, podrían ser útiles para tratar estas enfermedades, pero no pueden curarlas del todo porque no eliminarían por completo la proteína mutada. La edición del gen para devolverlo a su estado normal, no mutado, permitiría en teoría encontrar una cura. Gracias a CRISPR, este tipo de edición genética ya se ha logrado en moscas de la fruta y ratones. ¿Por qué no en humanos?

Sin embargo, los científicos biomédicos deben tener en cuenta muchas cosas a la hora de considerar la edición genética CRISPR como terapia. Por un lado, ¿por dónde empezar? Al fin y al cabo, el desarrollo de una terapia para una enfermedad requiere años de esfuerzo por parte de equipos de investigadores y una inversión cercana a los mil millones de dólares, incluso con las ventajas de precisión y ahorro de tiempo que ofrece CRISPR. Un factor importante sería la falta de un tratamiento eficaz para la enfermedad, lo que significaría que una edición genética exitosa tendría un gran impacto.

Además, la enfermedad candidata debe ser realmente debilitante o incluso mortal para que la relación beneficio-riesgo sea lo más alta posible. Una buena candidata sería aquella en la que la restauración parcial de la proteína correcta conllevara una mejoría clara, ya que aún no es posible editar el ADN de todas las células mutadas del organismo. Esto significa que las células afectadas por la mutación deben ser fácilmente accesibles, por lo que las enfermedades de la sangre son un objetivo muy atractivo. Se puede extraer la sangre del cuerpo de una persona, tratarla y volver a introducirla. Compáralo, por ejemplo, con una enfermedad como el alzhéimer, que afecta al cerebro. Ni que decir tiene que acceder a los 100.000 millones de células del cerebro humano es un reto mayúsculo.

La anemia falciforme cumple todos estos criterios. Es muy debilitante y actualmente no tiene cura. Sabemos exactamente qué par de bases de ADN tendríamos que cambiar para arreglar la proteína hemoglobina. Y la sangre humana es un tejido fácilmente accesible. Así que no es de extrañar que la mayoría de las principales empresas de biotecnología CRISPR tengan un programa de anemia falciforme.[21] Cada empresa está adoptando su propio enfoque, lo que es bueno para la ciencia: múltiples «tiros a puerta» aumentan las posibilidades de meter gol. Aunque la tecnología de edición de bases de David Liu,[22] que utiliza Dead Cas9, parece diseñada a medida para este tipo de aplicación, tiene una competencia sana.[23]

Sin embargo, para desarrollar una cura CRISPR para la anemia falciforme es necesario superar grandes retos. Nuestros glóbulos rojos son, básicamente, pequeñas bolsas rellenas de hemoglobina; han perdido su ADN, por lo que no tienen gen de beta-globina que editar. Proceden de células madre sanguíneas de nuestra médula ósea. Estas células siguen teniendo todos sus genes, incluido el gen mutado, responsable de la forma de hoz, que hay que corregir. La buena noticia es que las células madre siguen dividiéndose para producir las células que se convertirán en glóbulos rojos, por lo que, si podemos reparar un gen en una célula madre, los beneficios de la proteína reparada se transmiten a todas sus células hijas. El problema añadido es que estas células madre son escasas y, por lo tanto, difíciles de aislar. Además, una vez obtenidas del paciente, son difíciles de cultivar en el laboratorio, donde tiene lugar el proceso de edición genética. A continuación, las células madre editadas deben trasplantarse al paciente para que se alojen en la médula ósea (el término técnico es «prendimiento»). Al tratarse de células del propio paciente, no debería producirse el rechazo inmunitario que puede darse con un donante de médula ósea. Y, a diferencia de los trasplantes de médula ósea típicos, puede no ser necesaria la irradiación.

En 2020, Victoria Gray, una madre treintañera de Misisipi que tenía cuatro hijos, se convirtió en la primera paciente con anemia falciforme tratada con CRISPR.[24] Gray siempre había vivido con miedo a ataques repentinos que le producían un dolor terrible. Su fatiga era a menudo tan debilitante que no podía cuidar de sus propios hijos, y pasaba noches en urgencias recibiendo transfusiones de sangre que solo le aportaban un alivio temporal. Ahora, tras la terapia CRISPR, disfruta por primera vez de una vida sana. Aunque estas historias son ciertamente alentadoras, se necesitan ensayos clínicos para evaluar de manera rigurosa los beneficios y la seguridad de las terapias CRISPR. En 2023, un fármaco basado en CRISPR llamado Exa-cel (Casgevy®) hizo historia al ser autorizado para tratar la anemia falciforme y la beta-talasemia dependiente de transfusiones, primero por los reguladores británicos y luego por la FDA estadounidense.[25] Se espera que a este prometedor fármaco se sumen pronto otras terapias clínicamente probadas.

Valores públicos

Si ya disponemos de estas todopoderosas tijeras genéticas, cabe preguntarse por qué se limitarían los esfuerzos a corregir mutaciones en *células somáticas,* o células corporales, en lugar de aplicarlas a las células embrionarias. ¿No sería una forma más eficaz de curar una enfermedad genética corregir el error antes incluso de que la persona naciera? He Jiankui pensaba que sí. Profesor de la Universidad Meridional de Ciencia y Tecnología de Shenzhen (China), se convirtió en un paria en el mundo de la ciencia en 2018 tras anunciar que había utilizado CRISPR para editar genéticamente los embriones de dos hermanas gemelas, eliminando la proteína humana que el VIH utiliza para entrar en las células con la esperanza de conferir inmunidad contra esa infección concreta. Fue despedido de su universidad y condenado a tres años de cárcel por «prácticas médicas ilegales». Aunque se ha mantenido desafiante ante las protestas públicas, en 2023 declaró al periódico británico *The Guardian* que creía que se había movido «demasiado rápido».[26]

Sus acciones violaron el consenso de la comunidad científica según el cual deberíamos poner algunos límites a lo que es permisible cuando se trata de CRISPR y otros tipos de edición genética. Se trata de límites «temporales», en el sentido de que pueden y deben reevaluarse a medida que se acumulen datos sobre seguridad y eficacia. Uno de los límites es que la edición genética humana debe limitarse a las células somáticas y no utilizarse en embriones o *células germinales* que dan lugar a espermatozoides y óvulos.[27] Los cambios genéticos en células somáticas no pueden transmitirse a la siguiente generación, mientras que los realizados en células germinales sí pueden heredarse. La idea es que si la edición genética se produce en el lugar equivocado (la llamada edición fuera del objetivo) debe limitarse al paciente que está siendo tratado y no convertirse en una carga para las generaciones futuras.

Un segundo límite que goza de amplia aceptación se refiere a las «mejoras». Entre los ejemplos de mejoras se incluiría el uso de la edición genética CRISPR para hacer que tu descendencia sea más alta, más fuerte, capaz de correr más rápido y saltar más alto, o simplemente más hermosa. Estos usos podrían convertir a CRISPR en una peligrosa herramienta de eugenesia. Aunque podemos discutir sobre la ética de tales mejoras, la mayoría de la gente estaría de acuerdo en que la prioridad absoluta de los recursos de CRISPR debería ser el tratamiento de enfermedades graves. Incluso en esta categoría, hay preguntas lógicas sobre la seguridad y la eficacia que necesitan respuesta. E incluso si estamos de acuerdo en evitar la edición de la línea germinal y las mejoras, y aceptamos un consenso político sobre las cuestiones de seguridad, algunos siguen cuestionándose si tenemos derecho a alterar las cartas que la madre naturaleza nos ha dado.

Es importante señalar que las terapias CRISPR son la última novedad en el campo de la terapia génica. Hasta enero de 2023, en Estados Unidos se habían aprobado cinco terapias genéticas diferentes, ninguna de las cuales utiliza CRISPR.[28] Todas pretenden introducir una copia funcional de un gen para compensar un gen mutante, pero son incapaces de controlar en qué parte del genoma humano se implantará el gen de sustitución. Por ejemplo, la hemofilia B es una enfermedad hemorrágica rara causada por niveles bajos de una proteína coagulante de la sangre, y el uso de un virus para introducir copias sanas del gen que codifica el factor de coagulación ha demostrado su eficacia en ensayos clínicos. CSL Behring, la empresa que ha desarrollado el tratamiento, cobrará 3,5 millones de dólares por un único tratamiento, que establece un nuevo récord para el fármaco más caro disponible. Se espera que la mayor eficacia y especificidad del CRISPR guiado por ARN haga que las futuras terapias génicas sean simultáneamente más seguras y más baratas.

Conscientes tanto del potencial para salvar vidas como de los posibles riesgos de la ingeniería genómica, un grupo de líderes biomédicos, abogados y especialistas en ética de Estados Unidos se reunió en Napa (California) el 24 de enero de 2015 para debatir abiertamente sobre el camino a seguir. Este distinguido grupo llegó a un consenso para desaconsejar enérgicamente la edición del genoma germinal a corto plazo, dejando la puerta abierta si en el futuro se desarrollan directrices para el uso responsable de tales enfoques. También subrayaron la importancia de apoyar la investigación de libre acceso para evaluar la eficacia y especificidad de CRISPR en aplicaciones humanas y no humanas y abogaron por foros abiertos para educar al público sobre los riesgos y beneficios de esta tecnología.[29] El principal objetivo de estos líderes, compartido por muchos otros miembros de la comunidad científica, es evitar la pérdida de confianza pública en la tecnología CRISPR. Eso podría suceder si el miedo y la confusión sobre los riesgos potenciales eclipsaran los beneficios que pueden obtenerse si la tecnología se utiliza de forma responsable y regulada.

Matando mosquitos a lo grande

El uso de CRISPR para tratar a pacientes humanos no es la única aplicación que ofrece una mezcla de grandes oportunidades y grandes retos. Esta misma ambivalencia acompaña a sus numerosas aplicaciones medioambientales potenciales. Una de las propuestas que ha suscitado más entusiasmo y preocupación tiene que ver con un mosquito especialmente dañino.

La malaria constituye un enorme problema de salud pública que mata a más de medio millón de niños al año, sobre todo en África y el Sudeste Asiático. Conocemos la causa: un parásito microscópico llamado *Plasmodium*, que necesita la «colaboración» del mosquito llamado *Anopheles* para llevar a cabo su ciclo vital. *Plasmodium* se introduce en el mosquito *Anopheles* cuando este pica a una persona infectada. *Plasmodium* se reproduce dentro del mosquito. Y la próxima vez que este insecto pique a un ser humano, *Plasmodium* pasa al mosquito, perpetuando el ciclo infeccioso.

Diversas medidas de salud pública pueden ayudar a combatir la malaria. Los mosquitos *Anopheles* salen por la noche, después de que la gente se haya ido a dormir, por lo que las mosquiteras sobre las camas ofrecen una protección considerable. El drenaje de pantanos y otras fuentes de agua puede ayudar a reducir la población de mosquitos. Pero se ha sugerido un enfoque mucho más radical: erradicar la especie *Anopheles*. En principio, nuestra maquinaria CRISPR guiada por ARN tiene el potencial para hacerlo.[30]

El método se llama «impulsor genético CRISPR». Consiste en diseñar una combinación de Cas9 y ARN guía simple que se dirige a un gen del mosquito esencial para la fertilidad femenina. El gen está presente tanto en machos como en hembras, pero solo se expresa en las hembras. Identificar este tipo de genes no es difícil, ya que los mosquitos están emparentados con las moscas de la fruta, y años de investigación sobre este insecto han permitido identificar genes de fertilidad femenina que tienen homólogos en los mosquitos. Así, cuando se inyecta en un mosquito *Anopheles* un trozo de ADN que codifica tanto la proteína Cas9 como un ARN guía simple que coincide con un gen de fertilidad, la maquinaria CRISPR se ensambla dentro del mosquito y escinde ese gen. Hasta aquí, todo muy sencillo, pero ahora viene la parte realmente creativa. El ADN inyectado está diseñado también para servir como plantilla donante para la recombinación homóloga, de forma que las secuencias que codifican Cas9 y el ARN guía simple se incrustan en el gen de la fertilidad del mosquito. Así, este único evento de inserción logra dos hazañas simultáneamente: inactiva el gen de la fertilidad femenina, e incrusta la maquinaria necesaria para propagar la inactivación del gen en la composición genética del mosquito.

El resultado es que cualquier mosquito hembra que se aparee con un macho portador del impulsor genético CRISPR se vuelve estéril, mientras que los machos siguen siendo capaces de reproducirse y transmitir la maquinaria CRISPR ahora incrustada en su ADN. El CRISPR «se extiende» por toda la población, hasta que un número suficiente de hembras quedan estériles y la población se extingue.

Hay suficientes investigaciones sobre el impulsor genético CRISPR como para confiar en que funcione en la naturaleza. Por supuesto, es probable que surjan mosquitos mutantes resistentes a CRISPR, dada la enorme ventaja de la que disfrutaría cualquier mosquito con dicha resistencia. No obstante, si los mosquitos modificados con CRISPR se liberaran en el medio ambiente, probablemente diezmarían la población de *Anopheles*, lo que podría evitar la muerte por malaria de cientos de miles de niños y niñas cada año.

Las ventajas de esta posible intervención son evidentes. Pero ¿y los riesgos? No están tan claros. Consideremos la pregunta planteada recientemente por un artículo de opinión publicado en la prestigiosa revista *Proceedings of the National Academy of Sciences of the USA*: «¿Es el impulsor genético CRISPR la solución definitiva para el control biológico o una amenaza para la conservación mundial?».[31] Los hipotéticos efectos medioambientales de liberar un sistema de impulso genético en el medio ambiente no son fáciles de evaluar. A primera vista, nos podría preocupar que las libélulas, los pájaros, los murciélagos y las arañas que se alimentan de mosquitos adultos o los peces que se alimentan de larvas de mosquito lo pasaran mal si se erradicara la población de *Anopheles*. Sin embargo, los ecologistas que han estudiado el valor alimentario de *Anopheles* consideran que este escenario es poco probable, ya que estos depredadores comen fácilmente otras especies de mosquitos y otros insectos.[32]

Más difícil de predecir es la posibilidad de que, al saltar de mosquito en mosquito, el sistema CRISPR pueda equivocarse de gen diana, insertándose en otro lugar del genoma del insecto. En este caso, la progenie dejaría de ser infértil, lo que haría menos eficaz la erradicación de la población. Y es posible que un error de este tipo propague de algún modo un gen que mejore la capacidad física del mosquito, empeorando aún más un problema terrible.

Estos escenarios de pesadilla podrían considerarse casi imposibles si no fuera por nuestro pésimo historial de introducción de especies no autóctonas en el medio ambiente. En 1935, un científico del Gobierno crio y liberó sapos de caña en Australia para intentar controlar las plagas de escarabajos de la caña de azúcar, y los 102 sapos originales importados se han multiplicado hasta alcanzar una población de más de mil millones. Estos enormes sapos son venenosos, y cualquier animal autóctono que los coma probablemente morirá. La industria azucarera de caña importó la mangosta asiática a Hawái para controlar las ratas, pero la mangosta se comía las crías de pájaros y los huevos de tortuga al ser más accesibles. Nueva Zelanda liberó armiños ingleses para controlar otra especie importada, el conejo, pero los armiños diezmaron la población de aves autóctonas, incluido el kiwi, el ave nacional. En las décadas de 1930 y 1940, el Servicio de Conservación de Suelos de Estados Unidos pagó a los agricultores para que plantaran kudzu,[33] una planta originaria de Japón, para evitar la erosión y proporcionar setos ornamentales, pero creció con tanta rapidez que ha enterrado literalmente algunos bosques de los estados del sur.

Estos y muchos otros casos en los que la liberación de especies no autóctonas en un nuevo entorno ha tenido consecuencias imprevistas deberían hacernos reflexionar antes de introducir mosquitos modificados genéticamente con el impulsor genético CRISPR en zonas de África afectadas por la malaria. Es más, incluso si el impulsor genético funcionara como se pretende para el control de mosquitos, despertaría el interés por ampliar la tecnología para erradicar especies invasoras como el kudzu, la rata negra, el mejillón cebra y el caracol gigante africano. Cada proyecto sería tentador, pero cada uno conllevaría su propia lista de escollos potenciales que habría que considerar con mucho cuidado.

Esto nos deja ante una disyuntiva difícil de resolver. La erradicación del mosquito *Anopheles* acabaría en gran medida con la malaria, evitando millones de enfermedades y medio millón de muertes al año, sobre todo de niños y niñas. Esto hace que el impulsor genético CRISPR resulte extremadamente atractivo. Además, parece como si el medio ambiente no echara de menos a *Anopheles*, ya que hay muchas otras especies de mosquitos que seguirían prosperando. Sin embargo, son las cosas que no sabemos las que deberían impedirnos apretar el gatillo. Por eso, las Academias Nacionales de Estados Unidos, en un estudio de un año de duración finalizado en 2016, concluyeron que se necesita más investigación antes de utilizar el impulsor genético CRISPR.[34]

Un mundo CRISPR

Aunque el jurado aún no se ha pronunciado sobre el impulsor genético CRISPR, merece la pena centrarnos en aplicaciones menos invasivas de esta tecnología de edición genética que podrían ayudar al planeta. Está más que claro que el clima de la Tierra está cambiando. Entre 2014 y 2023, experimentamos ocho de los años más calurosos jamás registrados.[35] La persistente sequía en el oeste de Estados Unidos ha hecho que los lagos Mead y Powell, las dos mayores reservas de agua del país, caigan a niveles históricamente bajos. El aumento de las temperaturas oceánicas está provocando el blanqueamiento de los arrecifes de coral, al liberarse las algas que les sirven de alimento a ellos y a otras criaturas marinas. Los arrecifes de coral sanos no solo son hermosos, sino también esenciales para el suministro mundial de alimentos, ya que albergan una cuarta parte de toda la vida marina.

¿Qué tiene esto que ver con la edición genética CRISPR? La modificación de genes o la inserción de genes nuevos en un genoma podría ser una vía para hacer que un organismo tenga más probabilidades de sobrevivir y prosperar en un mundo más cálido y seco. Sin duda, con el tiempo suficiente, los arrecifes de coral, las plantas de cultivo y otras especies en peligro se adaptarían al cambio climático sin ninguna ayuda. Pero el cambio climático es tan rápido que las mutaciones aleatorias y la selección natural no dan abasto. Si estos organismos quieren evitar la extinción, puede que necesiten un empujón. Así que los científicos están utilizando la tecnología CRISPR para hacer que las plantas de cultivo sean más resistentes al calor y la sequía. Ciertamente, las empresas agroquímicas ya modificaban los genes de las plantas antes de que se descubriera CRISPR, pero la velocidad, eficacia y especificidad de la edición CRISPR guiada por ARN la han convertido rápidamente en la tecnología preferida. Los científicos intentan incluso modificar los corales marinos para que puedan prosperar en un océano más cálido sin blanquearse. En este caso, las ventajas de CRISPR son aún más notables. La genética del coral no es un campo en el que exista una tecnología previa, por lo que el hecho de que CRISPR funcione en esos organismos (como en todos los que se han probado) la convierte en la única herramienta disponible para alterar su genoma.[36]

CRISPR está a punto para afrontar la crisis climática de otra forma: proporcionando mejores biocombustibles. Cuando calentamos nuestras casas, conducimos nuestros coches y generamos electricidad para recargar nuestros teléfonos móviles, seguimos dependiendo en gran medida de los combustibles fósiles. En Estados Unidos, en 2022, cerca del 80 por ciento de la energía que consumimos procedía del petróleo, el carbón y el gas natural, y solo el 20 por ciento de la energía hidroeléctrica, solar, eólica y nuclear.[37] La quema de combustibles fósiles produce dióxido de carbono, un potente gas de efecto invernadero que calienta nuestro planeta. Pero si utilizáramos plantas o algas para producir biocombustibles, estaríamos más cerca del punto de equilibrio: a través de la fotosíntesis, las plantas eliminan dióxido de carbono de la atmósfera mientras están vivas, compensando el dióxido de carbono que se libera cuando se quema el combustible que se obtiene de ellas.

Este cálculo provocó el entusiasmo inicial (y atractivos incentivos gubernamentales) por convertir el maíz en biocombustible etanol, que luego se mezcla con gasolina en un intento de hacer la gasolina «más verde». Pero este modelo tiene problemas. Por ejemplo, supone sacar el maíz del suministro alimentario y se requiere energía para cultivar y procesar el maíz, lo que anula en gran medida el beneficio de su fijación de carbono.[38] Las algas, por el contrario, producen veinte veces más combustible por hectárea que el maíz, pueden cultivarse en tierras inútiles para la agricultura y utilizan agua salobre en lugar de la siempre escasa agua dulce que necesita el maíz.[39] Aquí es donde entra en escena la edición genómica CRISPR. Las algas no tienen ningún incentivo evolutivo para ser superproductoras de etanol, pero sus genomas pueden ser modificados para mejorar de forma sustancial su producción de este biocombustible.[40]

El metano, el mismo gas que se utiliza en hornos y cocinas de gas, es un potente responsable del calentamiento global si se libera a la atmósfera en lugar de quemarse. Una de las principales fuentes de emisión de metano siempre provoca risas: los eructos y flatulencias de las vacas. Un asombroso 40 por ciento de la liberación anual de metano procede de los animales que pastan o, mejor dicho, de las bacterias de sus sistemas digestivos. Parece bastante probable que la edición genética CRISPR podría utilizarse para que estas bacterias dejen de liberar metano y fijen carbono produciendo una molécula segura, como un azúcar o una grasa.[41]

Otra forma de reducir los gases de efecto invernadero en la atmósfera es potenciar una actividad habitual de las plantas, la fotosíntesis, gracias a la cual convierten el dióxido de carbono en azúcar y oxígeno. El Instituto de Genómica Innovadora de Jennifer Doudna, en la Universidad de Berkeley, ha puesto en marcha un amplio programa para mejorar la capacidad inherente de las plantas y las bacterias del suelo para eliminar el dióxido de carbono del aire y almacenarlo. Están utilizando la edición genómica CRISPR para mejorar la fotosíntesis que puede realizar una planta y aumentar así la capacidad de almacenamiento de carbono de los sistemas radiculares.[42] En lugar de limitarse a remediar las consecuencias del cambio climático, estos enfoques tienen el potencial de invertir el proceso en sí. ¿Ayudará CRISPR, con su ARN guía, a rescatar el planeta? El tiempo lo dirá.

Los científicos se asombraron al descubrir que las bacterias habían albergado el sistema CRISPR durante eones antes de que ellos lo descubrieran, y su asombro aumentó cuando se dieron cuenta de que se podía rediseñar para cortar o modificar secuencias específicas de ADN en el genoma humano. Sin embargo, si lo miramos desde otro ángulo, vemos que el ARN sigue haciendo de las suyas. En cada repetición de CRISPR, un ARN guía utiliza el poder del emparejamiento de bases de ácido nucleico para llevar la maquinaria de edición a un lugar específico de un genoma complejo. A continuación, una proteína asociada (ya sea Cas9 catalíticamente activa, Dead Cas9 o cualquier otro miembro de la familia) lleva a cabo alguna acción en esa secuencia de ADN.

Ya hemos visto este principio antes, tanto en el ARN de interferencia como en la telomerasa: el ARN proporciona la guía y, cuando encuentra el lugar de acción, una enzima proteica lleva a cabo un acto catalítico. Parte de la razón por la que la edición genética CRISPR triunfó con tanta rapidez es que se ajusta al patrón establecido por estos avances anteriores del ARN. Los científicos recibieron unas tijeras revolucionarias, pero ya sabían cómo utilizarlas.

Epílogo

El futuro del ARN

Los cosmólogos están muy centrados en comprender la naturaleza de la materia y la energía oscuras. Desde el *Big Bang*, el universo ha estado expandiéndose. Pero con el tiempo, a medida que las estrellas ejercen su fuerza gravitatoria unas sobre otras, el ritmo de expansión cósmica debería ir disminuyendo. En cambio, los astrónomos han descubierto que la expansión del universo se está acelerando. Para explicar este movimiento anómalo de estrellas y galaxias, proponen que solo el 5 por ciento del contenido del universo es visible para nosotros. El resto no se ve: el 27 por ciento es materia oscura y el 68 por ciento, energía oscura.[1]

Aunque no podamos verla, sabemos que la materia oscura es importante, al menos cuando se trata de pensar en astronomía. Pero ¿y la biología? Resulta que nuestro genoma también está formado en gran parte por «materia oscura». Las regiones codificantes de todos los genes humanos que especifican proteínas constituyen solo un 2 por ciento de nuestro genoma. Si añadimos los intrones que interrumpen esas regiones codificantes (las secuencias que se extraen después de que el ADN se transcriba en los precursores del ARNm), tenemos otro 24 por ciento. Eso nos deja unas tres cuartas partes del genoma que podemos catalogar como «materia oscura». Durante décadas, se creyó que este 75 por ciento era «ADN basura» porque su función, si es que tenía alguna, era invisible para nosotros.

Pero a medida que han mejorado las tecnologías de secuenciación del ARN, los científicos han descubierto que la mayor parte de este ADN de esa materia oscura se transcribe en ARN. Una parte de este ADN se copia en ARN en el cerebro, y otra parte en los músculos, en el corazón o en los órganos sexuales. Solo cuando sumamos los ARN producidos en todos los tejidos del cuerpo nos damos cuenta de la verdadera diversidad de los ARN humanos. Se calcula que el número total de ARN producidos a partir de la «materia oscura» del ADN es de varios cientos de miles.[2] No se trata de ARN mensajeros, sino de ARN no codificantes, la misma categoría general que el ARN ribosómico, el ARN de transferencia, la ARN telomerasa y los microARN. Pero lo que hacen sigue siendo, en su mayor parte, un misterio.

Los ARN que surgen de esta materia oscura se denominan *ARN no codificantes de cadena larga* (ARNncl). Aunque el ser humano tiene bastantes, también abundan en otros mamíferos, incluido el ratón de laboratorio. En unos pocos casos, tienen claramente una función biológica. Por ejemplo, un ARNncl llamado Firre contribuye al desarrollo normal de las células sanguíneas en ratones; un exceso de Firre impide que los ratones se defiendan de las infecciones bacterianas, ya que falla su respuesta inmunitaria innata.[3] Otro ARNncl llamado Tug1, es esencial para que los ratones macho sean fértiles.[4] Pero no hemos descubierto muchas más funciones que hayamos podido verificar. La función de la mayoría de los ARNncl sigue siendo desconocida.

Por esa razón, muchos científicos no comparten mi entusiasmo por estos ARN. Piensan que la ARN polimerasa, la enzima que sintetiza el ARN a partir del ADN, comete errores y a veces produce ARN basura a partir de ADN basura. Una descripción más erudita de estos ARN es la que los define como «ruido transcripcional», es decir, que la ARN polimerasa no es perfecta. A veces se asienta sobre el trozo equivocado de ADN y lo copia en ARN, y ese ARN puede no tener ninguna función. Admito de buen grado que algunos de los

ARNncl pueden ser ruido, carecer de función, no significar nada.

Sin embargo, hubo un tiempo en un pasado no muy lejano en el que no sabíamos casi nada sobre la ARN telomerasa, los microARN y los ARN catalíticos. No se les había asignado ninguna función. Ellos también podían haber sido catalogados como «ruido» o «basura». Pero ahora, cientos de investigadores acuden a conferencias anuales para hablar de estos ARN, y las empresas de biotecnología intentan utilizarlos para desarrollar la próxima generación de fármacos. Sin duda, una lección que hemos aprendido de la historia del ARN es que nunca hay que subestimar su poder. Así pues, es probable que estos ARNncl aporten abundante material para futuros capítulos del libro del ARN.

Los humanos y los ratones no son los únicos organismos en los que hay ARN aún por descubrir. El mundo está lleno de criaturas cuya biología permanece inexplorada. Pensemos en los descubrimientos de distintos ARN que se relatan en este libro, y los humildes organismos donde se originaron. Por ejemplo, la investigación de la microscópica *Tetrahymena,* habitante de las aguas residuales de los estanques, condujo al descubrimiento no solo del ARN catalítico, sino también de la telomerasa, que nos permitió comprender los procesos clave que subyacen al cáncer y al envejecimiento en los seres humanos. Gracias a *Euplotes* conocimos la TERT, la proteína asociada a la ARN telomerasa, y el gen *TERT* humano correspondiente resultó ser el tercer gen mutado más frecuente en todas las formas de cáncer. El estudio de cómo las bacterias se defienden de los virus nos dio el amplio poder de edición genómica de CRISPR. Un virus de *E. coli,* el T7, aportó la ARN polimerasa que fabrica las vacunas de ARNm que salvan vidas. Y los gusanos desvelaron los secretos de un modo totalmente inexplorado de regulación génica (el ARN de interferencia) que también funcionaba en los seres humanos, pero que había pasado desapercibido.

En todos estos casos, los investigadores desconocíamos adónde nos llevarían nuestras investigaciones. En la mayoría de ellos, no esperábamos que nuestro trabajo acabara logrando la cura de una enfermedad o una nueva herramienta para la biotecnología. Lo que nos movía era la curiosidad por comprender fenómenos biológicos fundamentales. Elegíamos esas curiosas criaturas poco conocidas porque en ellas destacaban los procesos que queríamos estudiar, haciendo más accesible un tema complejo, o porque ofrecían alguna otra ventaja práctica en el laboratorio. Además, como creíamos en la evolución (que todos los seres vivos están relacionados a través del gran árbol de la vida), sabíamos que lo que descubriéramos en ese organismo también tendría implicaciones para otros.

Sin embargo, aunque la ciencia del ARN, y, a través de ella, la medicina y la biotecnología, se ha beneficiado enormemente del estudio de criaturas poco conocidas durante el último medio siglo, las entidades que financian nuestros proyectos están reduciendo su apoyo a este tipo de investigación. De hecho, la financiación de cualquier tipo de investigación básica impulsada por la curiosidad ha disminuido en las últimas décadas. Los Institutos Nacionales de la Salud (NIH, por sus siglas en inglés), que son con mucha diferencia los mayores promotores de la investigación biomédica en el mundo y cuyo presupuesto anual es de más de 30.000 millones de dólares, han recortado gran parte de su financiación para estudios de organismos como *Tetrahymena*. Ahora, los NIH dan prioridad a la investigación de enfermedades con células humanas, pacientes o ratones y, en menor medida, a la investigación con levaduras, gusanos y moscas de la fruta. Sé de científicos que han abandonado la investigación biológica con gran frustración o se han jubilado anticipadamente porque quienes financiaban sus proyectos creen ahora que las «algas de los estanques» que estudiaban esos profesionales están demasiado alejadas de los humanos como para poder aportarnos información útil sobre la biología humana.

Es fácil comprender el atractivo de financiar la investigación orientada a las enfermedades. Es mucho más fácil para un miembro del Congreso o un funcionario del Gobierno pregonar un aumento de la financiación para el cáncer de mama o de próstata que para las algas de los estanques, los hongos y los gusanos. Pero la historia del ARN nos demuestra que muchos de nuestros fármacos y terapias más prometedores han surgido de investigaciones impulsadas únicamente por la curiosidad científica. Creo que con una cartera más equilibrada de prioridades de investigación podemos abordar al mismo tiempo enfermedades específicas y las cuestiones fundamentales que plantea la ciencia básica. Debemos hacerlo con la humildad necesaria para reconocer que el próximo gran avance médico podría proceder de una fuente poco probable.

La naturaleza no es el único lugar donde podemos descubrir nuevos ARN. Tras el trabajo pionero de investigadores como Sol Spiegelman, los científicos han podido acelerar el proceso de evolución en el laboratorio, revelando nuevos potenciales del ARN más allá de los que se dan de forma natural.

Una clase de estos ARN, los llamados *aptámeros*, se pliegan de tal manera que se unen específicamente a una proteína determinada o a una molécula pequeña, de forma parecida a como un anticuerpo se une a su diana. En 1990, Craig Tuerk y Larry Gold, de la Universidad de Colorado en Boulder,[5] y Andy Ellington y Jack Szostak,[6] de Harvard, demostraron de forma independiente que se podía crear una amplia colección de secuencias de ARN diferentes y aislar la que se uniera a la diana elegida. Su diseño experimental aprovecha la doble naturaleza del ARN como molécula funcional e informativa.

Este método de selección evolutiva en el laboratorio empieza con más de un billón de secuencias de ARN diferentes.

Se capturan las que pueden unirse a la diana (tal vez una proteína de la cubierta de un virus) y se eliminan las moléculas «perdedoras» que no pueden hacerlo. El problema es que casi todos esos ARN son «perdedores», incapaces de realizar esta tarea; es raro el ARN que se pliega formando una estructura que sí lo hace. Entonces, ¿cómo encontrar a ese ganador entre un billón? Aquí es donde entran en juego las propiedades informativas del ARN. Se utiliza una polimerasa para copiar el ARN ganador, una y otra vez, en un proceso llamado reacción en cadena de la polimerasa (PCR, por sus siglas en inglés). Pronto, el ARN ganador solitario está rodeado de millones de copias idénticas, de modo que puede determinarse su secuencia de bases A, G, C y U.

El ARN tiene tanta capacidad para plegarse en infinidad de formas que Larry Gold fundó una empresa, SomaLogic, que ha convertido estos aptámeros en una plataforma de diagnóstico.[7] Han fabricado 7.000 aptámeros, cada uno de los cuales reconoce y mide la cantidad de una sola proteína humana presente en una gota de sangre. Investigadores de todo el mundo han utilizado estos aptámeros para hacer un seguimiento de los cambios en la abundancia de determinadas proteínas que pueden advertir con antelación de la progresión de enfermedades cardiacas y diversos tipos de cáncer.[8] Las empresas farmacéuticas están utilizando la información obtenida gracias a estos aptámeros para identificar nuevas proteínas que podrían ser sus dianas para tratar enfermedades específicas.

Dado que los aptámeros que se unen a una amplia variedad de moléculas pueden identificarse rápidamente, también se están desarrollando como biosensores.[9] Por ejemplo, los aptámeros de ARN que se unen al mercurio o al plomo pueden utilizarse para identificar estos elementos tóxicos en muestras medioambientales. En la industria agrícola, los aptámeros que se unen a moléculas de la superficie de *E. coli* patógena o que se unen a virus o a antibióticos se pueden emplear para controlar los productos frescos y los diversos productos cárnicos y detectar la presencia de estos contaminantes nocivos.

Por último, la capacidad de los aptámeros de ARN para unirse a proteínas específicas (algo similar a lo que hacen los anticuerpos) les confiere un gran potencial terapéutico. El primer aptámero terapéutico fue aprobado por la FDA en 2004 para tratar la degeneración macular asociada a la edad, una de las principales causas de pérdida de visión. Macugen, un aptámero de ARN de veintisiete nucleótidos, se une a un factor de crecimiento denominado VEGF que desencadena el crecimiento de los vasos sanguíneos a través de la retina del ojo, inactivándolo. Inyectado directamente en el ojo cada seis semanas, Macugen mejoró la visión de aproximadamente un tercio de los sujetos del ensayo clínico. Aunque pronto fue sustituido por inhibidores del VEGF más eficaces, demostró que los aptámeros podían ser útiles como terapia.[10]

También en 1990, Jerry Joyce, del Instituto Salk, fue el primero en utilizar la evolución *in vitro* para buscar ARN artificiales capaces de realizar nuevas funciones catalíticas: ribozimas, pero distintas de las que se encuentran en la naturaleza. El protocolo general es similar al que Larry Gold y Jack Szostak utilizaron para encontrar aptámeros: se pone a prueba una vasta colección de secuencias aleatorias de ARN asignándoles una tarea (en un caso concreto, escindir una molécula de ADN en un punto específico) y las pocas moléculas que pueden hacer el trabajo se recogen y reproducen.[11] Otros científicos han utilizado este método para encontrar ribozimas artificiales capaces de construir sus propios bloques de nucleótidos,[12] actuar como ARN polimerasas o unir aminoácidos al ARN.[13,14] Estas nuevas ribozimas revelan que el poder de catálisis del ARN es aún más versátil de lo que se imaginaba, lo que apoya la idea de que la vida en la Tierra podría haber surgido en un «mundo de ARN».

Así pues, los futuros capítulos del libro del ARN procederán tanto de fuentes naturales como artificiales. En el primer caso, disponemos de una vasta reserva de ARN inexplorados que acechan en diversas criaturas y en las insondables profundidades del genoma humano. En el segundo, hemos encontrado formas de seleccionar nuevos ARN capaces de realizar trucos que, por lo que sabemos, no existen en la naturaleza. La lección es una que ya hemos aprendido antes: nunca subestimes al ARN.

Mientras escribía este libro, me he esforzado por mantener al ARN como protagonista de los muchos dramas de los que he sido testigo. Al fin y al cabo, el ARN es un consumado catalizador. Puede catalizar su propio reordenamiento cuando se autoempalma, y cataliza las variaciones que se producen en el ayuste del ARN que permiten a los humanos obtener tanto de nuestro limitado genoma. El ARN cataliza la construcción de todas las proteínas que forman las estructuras y las enzimas de todas las células de cada ser humano y de cualquier otra criatura de la Tierra. El ARN forma equipo con las proteínas para catalizar la extensión de los extremos de nuestros cromosomas, nuestros telómeros, lo que permite que los embriones humanos se desarrollen y que las células madre (así como, por desgracia, las células tumorales) sigan dividiéndose. El ARN forma equipo con las proteínas para catalizar el silenciamiento de la expresión génica en un proceso denominado interferencia por ARN. Otro equipo ARN-proteína llamado CRISPR cataliza la destrucción de virus bacterianos y proporciona un poder sin precedentes para editar el código fundamental de nuestro ADN. El ARN cataliza la fortaleza de los virus humanos, pero al mismo tiempo (envasado en recipientes lipídicos) cataliza la protección frente a estos mismos virus en forma de vacunas de ARNm. El ARN ha catalizado la vida desde sus orígenes, haciendo magia como enzima y sirviendo al mismo tiempo como molécula informativa, o eso creemos.

Pero por mucho que me haya esforzado en mantener el foco de atención en el ARN, su historia se cruza con mi propio viaje, por lo que a veces me he desviado de mi papel de narrador y he subido un poco al escenario. Cuando terminé mi doctorado y mis estudios posdoctorales, trabajando exclusivamente con el ADN, no tenía ni idea de que el ARN dominaría tan pronto todos mis pensamientos y esfuerzos. No fui el único que pasó por esa transición de científico del ADN a científico del ARN; fue el camino tomado por muchos en los primeros días de este campo. En esa misma época, el ARN salía de las sombras y dejaba de ser una mera herramienta al servicio del ADN para convertirse en una molécula maravillosa con posibilidades ilimitadas. Me siento privilegiado por haber podido acompañar al ARN en cada etapa del viaje.

Agradecimientos

Decidí escribir este libro en junio de 2021. Confiaba en poder explicar conceptos científicos complejos de una forma sencilla para un público más amplio porque, después de todo, había enseñado química de primer año a varios miles de estudiantes universitarios en la Universidad de Colorado. ¿Cuánto más difícil podría ser explicar el ARN a un público algo más general? Resultó que mi confianza era excesiva. A diferencia de mis estudiantes de química, que acaban de cursar ciencias en el instituto, sus padres llevan mucho tiempo alejados del estudio de la ciencia. Escribir un libro para captar a este grupo más amplio de no científicos curiosos acabó siendo una lucha de dos años.

No habría podido seguir escribiendo sin la ayuda de muchos colaboradores. Casualmente, conocí a Steve Heyman, que tenía el mismo modesto nivel de conocimientos bioquímicos que mi público objetivo. Las sugerencias que hizo en cada versión de cada capítulo fueron fundamentales para el producto final. Jessica Yao, mi editora en W. W. Norton, no tuvo miedo de cuestionar casi cada frase. ¿La organización era óptima y mis explicaciones demasiado técnicas? Le habría llevado la contraria más a menudo, pero me di cuenta de que casi siempre tenía razón. También tuve la suerte de encontrar a Zovinar «Zovi» Khrimian, cuyos meticulosos dibujos a tinta ayudaron a que los conceptos complejos se entendieran mejor. Sus ilustraciones retratan el ARN de una manera bastante clara que esperamos simplifique las ideas para el lector. Por último, doy las gracias a mis agentes, Peter y Amy Bernstein, por su entusiasmo y por encontrar un editor tan bueno.

Jennifer Doudna y John Inglis me ayudaron durante las primeras etapas animándome a seguir adelante con el proyecto y aconsejándome sobre diversos aspectos del libro. Cuando empecé a escribir, acorralé a muchos científicos para entrevistarles en profundidad o simplemente para entablar interesantes conversaciones, y casi sin excepción se mostraron entusiasmados por ayudar a acercar el ARN a la gente. Entre ellos estaban John Abelson, Dana Carroll, Phil Felgner, Elfriede Gamow, Cecilia Guerrier-Takada, Christine Guthrie, Franklin Huang, Melissa Moore, Harry Noller, Norm Pace, Dan Rokhsar, Joan Steitz, Bruce Sullenger, Eric Westhof y Meng-Chao Yao. Sus recuerdos aportaron veracidad y alguna que otra gran anécdota. Doy las gracias a mi colega Ding Xue y a su becaria posdoctoral Joyita Bhadra por sus aportaciones y su demostración práctica del proceso de inyección en nematodos. He contado con la experiencia de Paul Rothman para comprobar mi descripción de algunos conceptos médicos con los que no estaba familiarizado.

Estoy muy agradecido a los cien estudiantes de posgrado y posdoctorales y al número similar de estudiantes universitarios que se han formado en mi laboratorio a lo largo de estas décadas. Aunque en el libro solo menciono a algunos de vosotros por vuestro nombre, las alegrías y frustraciones de la investigación que hemos vivido juntos han modelado la forma en que explico el proceso al lector general. Así que todos vosotros estáis ahí, detrás de las páginas, contribuyendo al tono del libro, al igual que mi viejo socio de investigación, Art Zaug, mi colega Olke Uhlenbeck y mi amigo Tom Mann.

Mi mujer, Carol, se merece un agradecimiento muy especial por orientarme cuando era necesario y por tolerar generosamente mis largos retiros a la cueva de mi despacho cada noche. Doy las gracias a mis hijas y yernos por entender por qué a veces no iba con ellos a esquiar o a realizar otras actividades. Y gracias, Skyler, por la alegría de vivir que expresabas en todos tus comentarios cuando te acompañaba a la guardería los miércoles por la mañana. Tú, Bradley y Benjamin sois maravillosos recordatorios de la magia del desarrollo humano, debida en gran parte a *El Catalizador*, el ARN.

Notas

INTRODUCCIÓN: LA ERA DEL ARN

1. SASSO, Janet M., Barbara J. B. Ambrose, Rumiana Tenchov, Ruchira S. Datta, Matthew T. Basel, Robert K. DeLong y Qiongqiong Angela Zhou (2022), «The Progress and Promise of RNA Medicine – An Arsenal of Targeted Treatments», *Journal of Medical Chemistry*, vol. 65, págs. 6975-7015.

2. NING, Lin, Mujiexin Liu, Yushu Gou, Yue Yang, Bifang He y Jian Huang (2022), «Development and Application of Ribonucleic Therapy Strategies Against COVID-19», *International Journal of Biological Sciences*, vol. 18, págs. 5070-5085.

3. BARTON, Cheryl (2023), «Renewed Interest in RNA-Targeted Therapies – Delivery Remains the Achilles Heel», *Pharma Letter*, 31 de enero de 2023, <https://www.thepharmaletter.com/article/renewed-interest-in-rna-targeted-therapies-delivery-remains-the-achilles-heel>.

4. Para aquellos que deseen leer un relato paso a paso de la investigación sobre el ARN, les recomiendo los siguientes libros: DARNELL, James (2011), *Life's Indispensable Molecule*, Cold Spring Harbor Laboratory Press, Cold Spring Harbor, Nueva York, y MATTICK, John y Paulo Amaral (2022), *RNA: The Epicenter of Genetic Information*, CRC Press, Boca Ratón, Florida.

PRIMERA PARTE
LA BÚSQUEDA

1. EL MENSAJERO

1. HALPERN, Paul (2021), *Flashes of Creation: George Gamow, Fred Hoyle, and the Great Big Bang Debate*, pág. 2, Basic Books, Nueva York.

2. HUFBAUER, Karl (2009), *George Gamow, 1904-1968: A Biographical Memoir*, pág. 9, National Academy of Sciences, Washington, D. C.

3. WATSON, James (2003), *Genes, Girls, and Gamow*, Oxford University Press, Oxford, pág. xxiv. [Hay trad. cast.: *Genes, chicas y laboratorios: después de la doble hélice* (2014), Alianza, Madrid.]

4. HUFBAUER, *George Gamow*, pág. 25.

5. WATSON, *Genes, Girls, and Gamow*, pág. 24.

6. SANGER, F. y H. Tuppy (1951), «The Amino-Acid Sequence in the Phenylalanyl Chain of Insulin. 1. The Identification of Lower Peptides from Partial Hydrolysates», *Biochemical Journal*, vol. 49, págs. 463-481.

7. Entrevista del autor con Dan Rokhsar, Boulder, Colorado, 4 de octubre de 2023.

8. BRACHET, Jean (1942), «La detection histochimique et le microdosage des acides pentose-nucleiques», *Enzymologia*, vol. 10, págs. 87-96; CASPERSSON, Torbjorn (1947), «The Relation Between Nucleic Acid and Protein Synthesis», *Symposia of the Society for Experimental Biology*, vol. 1, págs. 129-151.

9. DARNELL, James, *RNA: Life's Indispensable Molecule*, págs. 9-10.

10. AVERY, Oswald T., Colin M. MacLeod, y Maclyn McCarty (1944), «Studies on the Chemical Nature of the Substance Inducing Transformation of Pneumococcal Types: Induction of Transformation by a Desoxyribonucleic Acid Fraction Isolated from Pneumococcus Type III», *Journal of Experimental Medicine*, vol. 79, págs. 137-158.

11. WATSON, J. D. y F. H. C. Crick (1953), «Molecular Struc-

ture of Nucleic Acids: A Structure for Deoxyribose Nucleic Acid», *Nature*, vol. 171, págs. 737-738.

12. André Boivin fue el primero que, en París, propuso que el ADN dirigía la formación del ARN, el cual, a su vez, controlaba la producción de las proteínas citoplasmáticas. Véase COBB, Matthew (2015), «Who Discovered Messenger RNA?», *Current Biology*, vol. 25, R523-R548.

13. CRICK, Francis (1990), «The Genetic Code», en *What Mad Pursuit: A Personal View of Scientific Discovery*, págs. 89-101, Basic Books, Nueva York.

14. GAMOW, George (1970), *My World Line: An Informal Biography*, pág. 148, Viking, Nueva York.

15. «50th Anniversary of Good Friday Meeting (April 15, 1960)», Cold Spring Harbor Laboratory Press Email News, consultado el 22 de septiembre de 2024, <https://www.cshlpress.com/email_news/goodfriday.html>.

16. VOLKIN, Kenneth y Larry Astrachan (1956), «Phosphorus Incorporation in *Escherichia coli* Ribonucleic Acid After Infection with Bacteriophage T2», *Virology*, vol. 2, págs. 149-161.

17. BRENNER, Sydney, François Jacob y Matthew Meselson (1961), «An Unstable Intermediate Carrying Information from Genes to Ribosomes for Protein Synthesis», *Nature*, vol. 190, págs. 576-580. Jim Watson y su equipo de investigación de Harvard también estaban buscando el ARNm, y su descubrimiento, realizado en la misma época, fue publicado casi el mismo día que el de Brenner *et al.*: GROS, François, H. Hiatt, Walter Gilbert, C. G. Kurland, R. W. Risebrough y J. D. Watson (1961), «Unstable Ribonucleic Acid Revealed by Pulse Labelling of *Escherichia coli*», *Nature*, vol. 190, págs. 581-585.

18. CRICK, Francis H. C., Leslie Barnett, Sydney Brenner y Richard Watts-Tobin (1961), «General Nature of the Genetic Code for Proteins», *Nature*, vol. 192, págs. 1227-1232.

19. KELLER, Elizabeth B., Paul Zamecnik y Robert B. Loftfield (1954), «The Role of Microsomes in the Incorporation of Amino Acids into Proteins», *Journal of Histochemistry and Cytochemistry*, vol. 2, págs. 378-386; LITTLEFIELD, John W., Elizabeth B. Keller,

Jerome Gross y Paul C. Zamecnik (1955), «Studies of Cytoplasmic Ribonucleoprotein Particles from the Liver of the Rat», *Journal of Biological Chemistry*, vol. 217, págs. 111-124.

20. NIRENBERG, Marshall W. y J. Heinrich Matthaei (1961), «The Dependence of Cell-Free Protein Synthesis in *E. coli* upon Naturally Occurring or Synthetic Polyribonucleotides», *Proceedings of the National Academy of Sciences USA*, vol. 47, págs. 1588-1602. El manuscrito afirma que la codificación a partir de poli(U) de polifenilalanina no distingue si se trata de U, UU, UUU u otro codón que especifique Phe.

21. Esta enzima concreta era la ARN polimerasa de *E. coli*. Las ARN polimerasas reciben ese nombre porque catalizan la unión de monómeros (A, G, C y U) que dan lugar a polímeros de ARN con una secuencia que viene determinada por la plantilla de ADN. También existen ADN polimerasas que se encargan de una reacción similar, pero que utilizan monómeros de A, G, C y T.

22. NISHIMURA, S., D. S. Jones, E. Ohtsuka, H. Hayatsu, T. M. Jacob y H. G. Khorana (1965), «Studies on Polynucleotides: XLVII. The *In Vitro* Synthesis of Homopeptides as Directed by a Ribopolynucleotide Containing a Repeating Trinucleotide Sequence. New Codon Sequences for Lysine, Glutamic Acid and Arginine», *Journal of Molecular Biology*, vol. 13, págs. 283-301.

23. El tercer receptor del Premio Nobel de Fisiología o Medicina fue Robert W. Holley, por describir la estructura del ARN de transferencia de alanina, lo que relacionaba el ADN con la síntesis de proteínas.

24. GAMOW, *My World Line*, pág. 148.

25. COBB, Matthew (2017), «60 Years Ago, Francis Crick Changed the Logic of Biology», *PLOS Biology*, vol. 15, pág. e2003243.

26. CRICK, Francis H. C. (1958), «On Protein Synthesis», *Symposia of the Society for Experimental Biology*, vol. 12, págs. 138-163.

27. HOAGLAND, Mahlon B., Mary Louise Stephenson, Jesse F. Scott, Liselotte I. Hecht y Paul C. Zamecnik (1958), «A Soluble Ribonucleic Acid Intermediate in Protein Synthesis», *Journal of Biological Chemistry*, vol. 231, págs. 241-257.

1. FRIEDMANN, Herbert C. (2004), «From "Butyribacterium" to "*E. coli*": An Essay on Unity in Biochemistry», *Perspectives in Biology and Medicine*, vol. 47, págs. 47-66.

2. DARNELL, James, *RNA: Life's Indispensable Molecule*, págs. 168-169.

3. BERGET, Susan M., Claire Moore y Phillip A. Sharp (1977), «Spliced Segments at the 5' Terminus of Adenovirus 2 Late mRNA», *Proceedings of the National Academy of Sciences USA*, vol. 74, págs. 3171-3175; CHOW, Louise T., Richard E. Gelinas, Thomas R. Broker y Richard J. Roberts (1977), «An Amazing Sequence Arrangement at the 5' Ends of Adenovirus 2 Messenger RNA», *Cell*, vol. 12, págs. 1-8.

4. TIEMEIER, David C., Shirley M. Tilghman, Fred I. Polsky, Jon G. Seidman, Aya Leder, Marshall H. Edgell y Philip Leder (1978), «A Comparison of Two Cloned Mouse β-Globin Genes and Their Surrounding and Intervening Sequences», *Cell*, vol. 14, pág. 237-245.

5. GOFFEAU, A., B. G. Barrell, H. Bussey, R. W. Davis, B. Dujon, H. Feldmann, F. Galibert, J. D. Hoheisel, C. Jacq, M. Johnson, E. J. Louis, H. W. Mewes, Y. Murakami, P. Philippsen, H. Tettelin y S. G. Oliver (1996), «Life with 6000 Genes», *Science*, vol. 274, págs. 546-567.

6. Consorcio Internacional para la Secuenciación del Genoma Humano (2004), «Finishing the Euchromatic Sequence of the Human Genome», *Nature*, vol. 431, págs. 931-945.

7. El término técnico es polisacárido, que significa «muchos azúcares». Muchas proteínas que son secretadas por las células tienen polisacáridos añadidos a algunos de sus aminoácidos, lo que hace que la proteína sea más soluble en entornos acuosos como lo es el azúcar de mesa en el té.

8. ALT, Frederick W., Alfred L. M. Bothwell, Michael Knapp, Edward Siden, Elizabeth Mather, Marian Koshland y David Baltimore (1980), «Synthesis of Secreted and Membrane-Bound Immunoglobulin Mu Heavy Chains Is Directed by mRNAs That

Differ at Their 3' Ends», *Cell*, vol. 20, págs. 293-301; ROGERS, J., P. W. Early, C. Carter, K. Calame, M. Bond, L. Hood y R. Wall (1980), «Two mRNAs with Different 3' Ends Encode Membrane-Bound and Secreted Forms of Immunoglobulin μ Chain», *Cell*, vol. 20, págs. 303-312; EARLY, P. W., J. Rogers, M. Davis, K. Calame, M. Bond, R. Wall y L. Hood (1980), «Two mRNAs Can Be Producidos from a Single Immunoglobulin μ Gene by Alternative RNA Processing Pathways», *Cell*, vol. 20, págs. 313-319.

9. Entrevista del autor con Joan Steitz, Boulder, Colorado, 6 de marzo de 2022.

10. KOLATA, Gina, «Thomas A. Steitz, 78, Dies; Illuminated a Building Block of Life», *The New York Times*, 10 de octubre de 2018, <https://www.nytimes.com/2018/10/10/obituaries/thomas-a-steitz-dead.html>.

11. LERNER, Michael Rush y Joan A. Steitz (1979), «Antibodies to Small Nuclear RNAs Complexed with Proteins Are Produced by Patients with Systemic Lupus Erythematosus», *Proceedings of the National Academy of Sciences USA*, vol. 76, págs. 5495-5499.

12. REDDY, Ramachandra, Tae Suk Ro-Choi, Dale Henning y Harris Busch (1974), «Primary Sequence of U-1 Nuclear Ribonucleic Acid of Novikoff Hepatoma Ascites Cells», *Journal of Biologic Chemistry*, vol. 249, págs. 6486-6494.

13. STEIZ, Joan A. y Karen Jakes (1975), «How Ribosomes Select Initiator Regions in mRNA: Base Pair Formation Between the 3' Terminus of 16S rRNA and the mRNA During Initiation of Protein Synthesis in *Escherichia coli*», *Proceedings of the National Academy of Sciences USA*, vol. 72, págs. 4734-4738.

14. LERNER, Michael R., John A. Boyle, Stephen M. Mount, Sandra W. Wolin y Joan A. Steitz (1980), «Are snRNPs Involved in Splicing?», *Nature*, vol. 283, págs. 220-224. ROGERS, John y Randolph Wall hicieron una propuesta similar más o menos al mismo tiempo (1980), «A Mechanism for RNA Splicing», *Proceedings of the National Academy of Sciences USA*, vol. 77, págs. 1877-1879.

15. PADGETT, Richard A., Stephen M. Mount, Joan A. Steitz y Phillip A. Sharp (1983), «Splicing of Messenger RNA Precursors Is

Inhibited by Antisera to Small Nuclear Ribonucleoprotein», *Cell*, vol. 35, págs. 101-107.

16. WU, Shaoping, Charles M. Romfo, Timothy W. Nilsen y Michael R. Green (1999), «Functional Recognition of the 3' Splice Site AG by the Splicing Factor U2AF35», *Nature*, vol. 402, págs. 832-835; ZORIO, Diego A. R., y Thomas Blumenthal (1999), «Both Subunits of U2AF Recognize the 3' Splice Site in *Caenorhabditis elegans*», *Nature*, vol. 402, págs. 835-838; MERENDINO, Livia, Sabine Guth, Daniel Bilbao, Concepción Martínez y Juan Valcárcel (1999), «Inhibition of msl-2 Splicing by Sex-Lethal Reveals Interaction Between U2AF35 and the 3' Splice Site AG», *Nature*, vol. 402, págs. 838-841.

17. SPRITZ, Richard A., Pudur Jagadeeswaran, Prabhakara V. Choudary, P. Andrew Biro, James T. Elder, Jon K. Deriel, James L. Manley, Malcom L. Gefter, Bernard G. Forget y Sherman M. Weissman (1981), «Base Substitution in an Intervening Sequence of a Beta+ Thalassemic Human Globin Gene», *Proceedings of the National Academy of Sciences USA*, vol. 78, págs. 2455-2459.

18. BUSSLINGER, Meinrad, Nikos Moschonas y Richard A. Flavell (1981), «Beta+ Thalassemia: Aberrant Splicing Results from a Single Point Mutation in an Intron», *Cell*, vol. 27, págs. 289-298.

19. PELLIZZONI, Livio, Bernard Charroux y Gideon Dreyfuss (1999), «SMN Mutants of Spinal Muscular Atrophy Patients Are Defective in Binding to snRNP Proteins», *Proceedings of the National Academy of Sciences USA*, vol. 96, págs. 11167-11172.

20. FISCHER, Utz, Qing Liu y Gideon Dreyfuss (1997), «The SMN-SIP1 Complex Has an Essential Role in Spliceosomal snRNP Biogenesis», *Cell*, vol. 90, págs. 1023-1029.

21. CHAYTOW, Helena, Yu-Ting Huang, Thomas H. Gillingwater y Kiterie M. E. Faller (2018), «The Role of Survival Motor Neuron Protein (SMN) in Protein Homeostasis», *Cellular and Molecular Life Sciences*, vol. 75, págs. 3877-3894.

22. CARTEGNI, Luca y Adrian R. Krainer (2002), «Disruption of an SF2/ASF-Dependent Exonic Splicing Enhancer in SMN2 Causes Spinal Muscular Atrophy in the Absence of SMN1», *Nature Genetics*, vol. 30, págs. 377-384.

23. HUA, Yimin, Kentaro Sahashi, Gene Hung, Frank Rigo, Marco A. Passini, C. Frank Bennett y Adrian R. Krainer (2010), «Antisense Correction of SMN2 Splicing in the CNS Rescues Necrosis in a Type III SMA Mouse Model», *Genes and Development*, vol. 24, págs. 1634-1644.

24. TARR, Peter (2016), «She's My Little Fighter», *Harbor Transcript* (Cold Spring Harbor Laboratory), vol. 36, págs. 4-7.

25. AMOASII, Leonela, John C. W. Hildyard, Hui Li, Efraín Sánchez-Ortiz, Alex Mireault, Daniel Caballero, Rachel Harron, Thaleia-Rengina Stathopoulou, Claire Massey, John M. Shelton, Rhonda Bassel-Duby, Richard J. Piercy y Eric N. Olson (2018), «Gene Editing Restores Dystrophin Expression in a Canine Model of Duchenne Muscular Dystrophy», *Science*, vol. 362, págs. 86-91.

3. IR POR LIBRE

1. HALDANE, J. B. S. (1930), *Enzymes*, Longmans Green, Londres.

2. BLOW, David (2000), «So Do We Understand How Enzymes Work?», *Structure*, vol. 8, págs. R77-R81.

3. SUMMER, James B., «The Chemical Nature of Enzymes», Conferencia Nobel, 12 de diciembre de 1946, <https://www.no belprize.org/uploads/2018/06/sumner-lecture.pdf>.

4. GALL, Joseph G. (1974), «Free Ribosomal RNA Genes in the Macronucleus of *Tetrahymena*», *Proceedings of the National Academy of Sciences USA*, vol. 71, págs. 3078-3081; ENGBERG, Jan, Gunna Christiansen y Vagn Leick (1974), «Autonomous rDNA Molecules Containing Single Copies of the Ribosomal RNA Genes in the Macronucleus of *Tetrahymena pyriformis*», *Biochemical and Biophysical Research Communications*, vol. 59, pág. 1356.

5. CECH, Thomas R. y Donald C. Rio (1979), «Localization of Transcribed Regions on Extrachromosomal Ribosomal RNA Genes of *Tetrahymena thermophila* by R-loop Mapping», *Proceedings of the National Academy of Sciences USA*, vol. 76, págs. 5051-5055. Se informó de la presencia de un intrón parecido en una especie diferente de

Tetrahymena: WILD, Martha A. y Joseph G. Gall (1979), «An Intervening Sequence in the Gene Coding for 25S Ribosomal RNA of *Tetrahymena pigmentosa*», *Cell*, vol. 16, págs. 565-573.

6. Entrevista del autor con John Abelson, San Francisco, California, 25 de marzo de 2022.

7. GRABOWSKI, Paula J., Arthur J. Zaug y Thomas R. Cech (1981), «The Intervening Sequence of the Ribosomal RNA Precursor Is Converted to a Circular RNA in Isolated Nuclei of *Tetrahymena*», *Cell*, vol. 23, págs. 467-476.

8. CECH, Thomas R., Arthur J. Zaug y Paula J. Grabowski (1981), «In Vitro Splicing of the Ribosomal RNA Precursor of *Tetrahymena*: Involvement of a Guanosine Nucleotide in the Excision of the Intervening Sequence», *Cell*, vol. 27, págs. 487-496.

9. KRUGER, Kelly, Paula J. Grabowski, Arthur J. Zaug, Julie Sands, Daniel E. Gottschling y Thomas R. Cech (1982), «Self-Splicing RNA: Autoexcision and Autocyclization of the Ribosomal RNA Intervening Sequence of *Tetrahymena*», *Cell*, vol. 31, págs. 147-157.

10. GARRIGA, Gian y Alan M. Lambowitz (1984), «RNA Splicing in *Neurospora* Mitochondria: Self-Splicing of a Mitochondrial Intron In Vitro», *Cell*, vol. 39, págs. 631-641.

11. TABAK, Henk, F. Tabak, G. Van der Horst, K. A. Osinga y A. C. Arnberg (1984), «Splicing of Large Ribosomal Precursor RNA and Processing of Intron RNA in Yeast Mitochondria», *Cell*, vol. 39, págs. 623-629.

12. GOTT, Jonathan M., David A. Shub y Marlene Belfort (1986), «Multiple Self-Splicing Introns in Bacteriophage T4: Evidence from Autocatalytic GTP Labeling of RNA In Vitro», *Cell*, vol. 47, págs. 81-87.

13. McCLAIN, William H., Lien B. Lai y Venkat Gopalan (2010), «Trials, Travails and Triumphs: An Account of RNA Catalysis in RNase P», *Journal of Molecular Biology*, vol. 397, págs. 627-646.

14. STARK, Benjamin C., Ryszard Kole, E. J. Bowman y Sidney Altman (1978), «Ribonuclease P: An Enzyme with an Essential RNA Component», *Proceedings of the National Academy of Sciences USA*, vol. 75, págs. 3717-3721.

15. KOLE, Ryszard y Sidney Altman (1981), «Properties of Purified Ribonuclease P from *Escherichia coli*», *Biochemistry*, vol. 20, págs. 1902-1906.

16. Entrevista telefónica del autor con Cecilia Guerrier-Takada, Bethesda, Maryland, 15 de abril de 2022.

17. Entrevista en persona del autor con Norman Pace, Boulder, Colorado, 15 de abril de 2022.

18. GUERRIER-TAKADA, Cecilia, Katheleen Gardiner, Terry Marsh, Norman Pace y Sidney Altman (1983), «The RNA Moiety of Ribonuclease P Is the Catalytic Subunit of the Enzyme», *Cell*, vol. 35, págs. 849-857.

19. Entrevista en persona del autor con Pace.

20. FORSTER Anthony C., y Robert H. Symons (1987), «Self-Cleavage of Plus and Minus RNAs of a Virusoid and a Structural Model for the Active Sites», *Cell*, vol. 49, págs. 211-220; UHLENBECK, Olke C. (1987), «A Small Catalytic Oligoribonucleotide», *Nature*, vol. 328, págs. 596-600; HASELOFF, Jim y Wayne L. Gerlach (1988), «Simple RNA Enzymes with New and Highly Specific Endoribonuclease Activities», *Nature*, vol. 334, págs. 585-651.

21. GUTHRIE, Christine (2010), «From the Ribosome to the Spliceosome and Back Again», *Journal of Biological Chemistry*, vol. 285, págs. 1-12.

22. GUTHRIE, «From the Ribosome to the Spliceosome and Back Again», pág. 3.

23. PATTERSON, Bruce y Christine Guthrie (1987), «An Essential Yeast snRNA with a U5-like Domain Is Required for Splicing», *Cell*, vol. 49, págs. 613-624.

24. ARES, Manuel Jr. (1986), «U2 RNA from Yeast Is Unexpectedly Large and Contains Homology to Vertebrate U4, U5 and U6 Small Nuclear RNAs», *Cell*, vol. 47, págs. 49-59. Este era el auténtico ARN U2 de la levadura, pero su supuesta relación con los ARNsn U4, U5 y U6 resultó no ser relevante. En 1987, tanto el laboratorio de Guthrie como el de Mike Rosbash en Brandeis encontraron el U1 escurridizo de la levadura.

25. ZHUANG, Yuan y Alan M. Weiner (1986), «A Compensato-

ry Base Change in U1 snRNA Suppresses a 5' Splice Site Mutation», *Cell*, vol. 46, págs. 827-835.

26. PARKER, Roy, Paul G. Siliciano y Christine Guthrie (1987), «Recognition of the TACTAAC Box During mRNA Splicing in Yeast Involves Base-Pairing with the U2-like snRNA», *Cell*, vol. 49, págs. 229-239.

27. MADHANI, Hiten D. y Christine Guthrie (1992), «A Novel Base-Pairing Interaction Between U2 and U6 snRNAs Suggests a Mechanism for the Catalytic Activation of the Spliceosome», *Cell*, vol. 71, págs. 803-817.

28. Entrevista a través de Zoom del autor con Christine Guthrie y John Abelson, San Francisco, California, 25 de marzo de 2022.

4. FORMAS CAMBIANTES

1. SULLIVAN, Louis H. (1896), «The Tall Office Building Artistically Considered», en *Louis H. Sullivan, Kindergarten Chats and Other Writings* (1979), ed. Isabella Athey, George Wittenborn, Nueva York.

2. RICH, Alexander y J. D. Watson (1954), «Some Relations Between DNA and RNA», *Proceedings of the National Academy of Sciences USA*, vol. 40, págs. 759-764.

3. *Ibidem.*

4. WATSON, J. D., «Involvement of RNA in the Synthesis of Proteins» (1963), *Science*, vol. 140, págs. 17-26.

5. HOAGLAND, M. B., P. C. Zamecnik y M. L. Stephenson (1957), «Intermediate Reactions in Protein Biosynthesis», *Biochimica et Biophysica Acta*, vol. 24, págs. 215-216; HOAGLAND, Mahlon B., Mary Louise Stephenson, Jesse F. Scott, Liselotte I. Hecht y Paul C. Zamecnik (1958), «A Soluble Ribonucleic Acid Intermediate in Protein Synthesis», *Journal of Biological Chemistry*, vol. 231, págs. 241-257; OGATA, Kikuo y Hiroyoshi Nohara (1957), «The Possible Role of the Ribonucleic Acid (RNA) of the pH 5 Enzyme in Amino Acid Activation», *Biochimica et Biophysica Acta*, vol. 25, págs. 659-660.

6. HOLLEY, Robert W., «Alanine Transfer RNA», Conferencia Nobel, 12 de diciembre de 1968, <https://www.nobelprize.org/uploads/2018/06/holley-lecture.pdf>.

7. *Ibidem.*

8. *Ibidem.*

9. ZACHAU, Hans Georg, Dieter Dütting y Horst Feldman (1966), «The Structures of Two Serine Transfer Ribonucleic Acids», *Hoppe-Seyler's Zeitschrift für Physiologische Chemie*, vol. 347, págs. 212-235; MADISON, J. T., G. A. Everett y H. K. Kung (1966), «Nucleotide Sequence of a Yeast Tyrosine Transfer RNA», *Science*, vol. 153, págs. 531-534; RAJBHANDARY, U. L., S. H. Chang, A. Stuart, R. D. Faulkner, R. M. Hoskinson y H. G. Khorana (1967), «Studies on Polynucleotides, LXVIII. The Primary Structure of Yeast Phenylalanine Transfer RNA», *Proceedings of the National Academy of Sciences USA*, vol. 57, págs. 751-758; GOODMAN, Howard M., John Abelson, Arthur Landy, S. Brenner y J. D. Smith (1968), «Amber Suppression: A Nucleotide Change in the Anticodon of a Tyrosine Transfer RNA», *Nature*, vol. 217, págs. 1019-1024; DUBE, S. K., K. A. Marcker, B. F. C. Clark y S. Cory (1968), «Nucleotide Sequence of N-formyl-methionyl-transfer RNA», *Nature*, vol. 218, págs. 232-233; TAKEMURA, S., T. Mizutani y M. Miyazaki (1968), «The Primary Structure of Valine-I Transfer Ribonucleic Acid from *Torulopsis utilis*», *Journal of Biochemistry*, vol. 64, págs. 277-278; STAEHELIN, M., H. Rogg, B. C. Baguley, T. Ginsberg y W. Wehrli (1968), «Structure of a Mammalian Serine tRNA», *Nature*, vol. 219, págs. 1363-1365.

10. ROBERTUS, J. D., Jane E. Ladner, J. T. Finch, Daniela Rhodes, R. S. Brown, B. F. C. Clark y A. Klug (1974), «Structure of Yeast Phenylalanine tRNA at 3 Å Resolution», *Nature*, vol. 250, págs. 546-551; KIM, S. H., F. L. Suddath, G. J. Quigley, A. McPherson, J. L. Sussman, A. H. J. Wang, N. C. Seeman y A. Rich (1974), «Three-Dimensional Tertiary Structure of Yeast Phenylalanine Transfer RNA», *Science*, vol. 185, 435-440. El artículo de *Science* presenta la estructura que completó Sung-hou Kim después de que se trasladara del MIT a la Universidad de Duke.

11. MICHEL, François, Alain Jacquier y Bernard Dujon (1982), «Comparison of Fungal Mitochondrial Introns Reveals Extensive

Homologies in RNA Secondary Structure», *Biochimie*, vol. 64, págs. 867-881.

12. Richard Waring y Wayne Davies publicaron modelos similares más o menos al mismo tiempo; véase DAVIES, R. Wayne, Richard B. Waring, John A. Ray, Terence Brown y Claudio Scazzocchio (1982), «Making Ends Meet: A Model for RNA Splicing in Fungal Mitochondria», *Nature*, vol. 300, págs. 719-724; WARING, R. B., C. Scazzocchio, T. A. Brown y R. W. Davies (1983), «Close Relationship Between Certain Nuclear and Mitochondrial Introns», *Journal of Molecular Biology*, vol. 16, págs. 595-605.

13. VAN DER HORST, Gerda y Henk F. Tabak (1985), «Self-Splicing of Yeast Mitochondrial Ribosomal and Messenger RNA Precursors», *Cell*, vol. 40, págs. 759-766.

14. Entrevista del autor con Eric Westhof, cerca de Colmar, Francia, 2 de mayo de 2022.

15. MICHEL, François y Eric Westhof (1990), «Modelling of the Three-Dimensional Architecture of Group I Catalytic Introns Based on Comparative Sequence Analysis», *Journal of Molecular Biology*, vol. 216, págs. 585-610.

16. MICHEL, François, Maya Hanna, Rachel Green, David P. Bartel y Jack W. Szostak (1989), «The Guanosine Binding Site of the *Tetrahymena* Ribozyme», *Nature*, vol. 342, págs. 391-395.

17. RUSSELL, Sabin, «Cracking the Code: Jennifer Doudna and Her Amazing Molecular Scissors», *California* (Cal Alumni Association), 8 de diciembre de 2014, <https://alumni.berkeley.edu/california-magazine/winter-2014-gender-assumptions/cracking-code-jennifer-doudna-and-her-amazing/>.

18. MURPHY, Felicia L. y Thomas R. Cech (1993), «An Independently Folding Domain of RNA Tertiary Structure Within the *Tetrahymena* Ribozyme», *Biochemistry*, vol. 32, págs. 5291-5300; véase también MURPHY, Felicia L., Yuh-Hwa Wang, Jack D. Griffith y Thomas R. Cech (1994), «Coaxially Stacked RNA Helices in the Catalytic Center of the *Tetrahymena* Ribozyme», *Science*, vol. 265, págs. 1709-1712.

19. Para resolver la estructura de una nueva molécula cuya forma desconocemos, no solo se necesita un conjunto de datos obteni-

dos por difracción de rayos X, sino también un «derivado con un átomo pesado» de la molécula. Se trata de la misma molécula, pero con algún átomo denso en electrones en una o varias posiciones fijas. Entonces, comparando el patrón de difracción de la molécula original con el del átomo pesado, se puede resolver lo que se denomina el «problema de fase cristalográfica». Este problema y su solución se detallan en DOUDNA, Jennifer A. y Samuel H. Sternberg (2017), *A Crack in Creation: Gene Editing and the Unthinkable Power to Control Evolution*, Houghton Mifflin Harcourt, Boston. [Hay trad. cast.: *Una grieta en la creación: CRISPR, la edición génica y el increíble poder de controlar la evolución* (2020), Alianza, Madrid.]

20. CATE, Jamie H. y Jennifer A. Doudna (1996), «Metal-Binding Sites in the Major Groove of a Large Ribozyme Domain», *Structure*, vol. 4, págs. 1221-1229.

21. GOLDEN, Barbara L., Anne R. Gooding, Elaine R. Podell y Thomas R. Cech (1998), «A Preorganized Active Site in the Crystal Structure of the *Tetrahymena* Ribozyme», *Science*, vol. 282, págs. 259-264; véase también GUO, Feng, Anne R. Gooding y Thomas R. Cech (2004), «Structure of the *Tetrahymena* Ribozyme: Base Triple Sandwich and Metal Ion at the Active Site», *Molecular Cell*, vol. 16, págs. 351-362.

22. FERRE-D'AMARE, Adrian, Kaihong Zhou y Jennifer A. Doudna (1998), «Crystal Structure of a Hepatitis Delta Virus Ribozyme», *Nature*, vol. 395, págs. 567-574.

23. DAS, Rhiju (2021), «RNA Structure: A Renaissance Begins?», *Nature Methods*, vol. 18, pág. 436. A pesar de su nombre, el Banco de Datos de Proteínas RCSB (PDB; https://www.rcsb.org/) también es un archivo de secuencias de ARN. Cuando se publica alguna estructura, es obligatorio depositarla en el PDB, por lo que la mayoría de las estructuras resueltas por académicos se pueden encontrar allí, pero, en cambio, solo se encuentra una pequeña fracción de las resueltas en laboratorios industriales (como los complejos fármaco-proteína).

24. Rhiju Das y Adrien Treuille coincidieron como investigadores posdoctorales en el laboratorio de David Baker en la Universidad de Washington, donde se inventó el juego de plegado de

proteínas llamado FoldIt, financiado por *crowdsourcing*. Ambos obtuvieron un puesto en la universidad, Das en Stanford y Treuille en la Universidad Carnegie Mellon de Pittsburgh, y la idea de los eteRNA surgió de una reunión destinada a buscar nuevas ideas con Jeehyung Lee, estudiante de Treuille.

25. LEE, Jeehyung, Wipapat Kladwang, Minjae Lee, Daniel Cantu, Martin Azizyan, Hanjoo Kim, Alex Limpaecher, Snehal Gaikwad, Sungroh Yoon, Adrien Treuille, Rhiju Das, y participantes de EteRNA (2014), «RNA Design Rules from a Massive Open Laboratory», *Proceedings of the National Academy of Sciences USA*, vol. 111, págs. 2122-2127.

26. LEPPEK, Kathrin, Gun Woo Byeon, Wipapat Kladwang... y Rhiju Das (2022), «Combinatorial Optimization of mRNA Structure, Stability and Translation for RNA-Based Therapeutics», *Nature Communications*, vol. 13, pág. 1536.

27. DAS, Rhiju, charla dada en el Simposio de Biomedicina y Química de los Ácidos Nucleicos, Universidad de Colorado, Boulder, 17 de septiembre de 2022.

28. TOWNSHEND, Raphael J. L., Stephan Eismann, Andrew M. Watkins, Ramya Rangan, Masha Karelina, Rhiju Das y Ron O. Dror (2021), «Geometric Deep Learning of RNA Structure», *Science*, vol. 373, págs. 1047-1051.

29. MIAO, Zhichao, Ryszard W. Adamiak, Maciej Antczak... y Eric Westhof (2020), «RNA-Puzzles Round IV: 3D Structure Predictions of Four Ribozymes and Two Aptamers», *RNA*, vol. 26, págs. 982-995.

5. LA NAVE NODRIZA

1. Entrevista del autor a través de Zoom con Harry Noller, Santa Cruz, California, 12 de mayo de 2022.

2. Un ejemplo de lo dicho: GARRETT, R. A. G. y H. G. Wittmann (1973), «Structure of Bacterial Ribosomes», *Advances in Protein Chemistry*, vol. 27, págs. 277-347.

3. Entrevista del autor a través de Zoom con Noller.

4. Noller, Harry F. y Jonathan B. Chaires, «Functional Modification of 16S Ribosomal RNA by Kethoxal» (1972), *Proceedings of the National Academy of Sciences USA*, vol. 69, págs. 3115-3118.

5. *Ibidem.*

6. Quote Investigator, <https://quoteinvestigator.com/2012/05/26/stumble-over-truth/>.

7. Fox, George E. y Carl R. Woese, «5S RNA Secondary Structure» (1975), *Nature*, vol. 256, págs. 505-507. Su estructura de ARN propuesta difería de la que todos los químicos habían predicho. Fox y Woese señalaron, con razón, que los enfoques químicos habían conseguido purificar el ARN ribosomal, sacándolo de su entorno natural y, por lo tanto, perturbando su estructura. En cambio, las pruebas evolutivas obtenidas comparando varias secuencias de la molécula se referían a las presentes en su hábitat natural, dentro del ribosoma.

8. Entrevista del autor a través de Zoom con Noller.

9. Entrevista del autor a través de Zoom con Noller.

10. Woese, C. R., L. J. Magrum, R. Gupta, R. B. Siegel, D. A. Stahl, J. Kop, N. Crawford, J. Brosius, R. Gutell, J. J. Hogan y H. F. Noller (1980), «Secondary Structure Model for Bacterial 16S Ribosomal RNA: Phylogenetic, Enzymatic and Chemical Evidence», *Nucleic Acids Research*, vol. 8, págs. 2275-2293.

11. Noller, Harry F., JoAnn Kop, Virginia Wheaton, Jurgen Brosius, Robin R. Gutell, Alexei M. Kopylov, Ferdinand Dohme, Winship Herr, David A. Stahl, Ramesh Gupta y Carl R. Woese (1981), «Secondary Structure Model for 23S Ribosomal RNA», *Nucleic Acids Research*, vol. 9, págs. 6167-6189.

12. Taddei, C., «Ribosome Arrangement During Oogenesis of *Lacerta sicula* Raf» (1972), *Experimental Cell Research*, vol. 70, págs. 285-292; Yonath, Ada E., «Hibernating Bears, Antibiotics and the Evolving Ribosome», Conferencia Nobel, 8 de diciembre de 2009, <https://www.nobelprize.org/uploads/2018/06/yonath_lecture.pdf>. Para un punto de vista diferente sobre los cristales de ribosoma en los osos que hibernan, véase Ramakrishnan, Venki (2018), *Gene Machine*, Basic Books, Nueva York. [Hay trad. cast.: *La máquina genética* (2020), Grano de Sal, México.]

13. YONATH, «Hibernating Bears, Antibiotics and the Evolving Ribosome».

14. YONATH, A., J. Muessig, B. Tesche, S. Lorenz, V. A. Erdmann y H. G. Wittmann (1980), «Crystallization of the Large Ribosomal Subunit from *B. stearothermophilus*», *Biochemistry International*, vol. 1, págs. 315-428.

15. SHEVACK, A., H. S. Gewitz, B. Hennemann, A. Yonath y H. G. Wittmann (1985), «Characterization and Crystallization of Ribosomal Particles from *Halobacterium marismortui*», *FEBS Letters*, vol. 184, págs. 68-71.

16. Nenad Ban vino desde Croacia a través de la Universidad de California en Riverside, Poul Nissen de la Universidad de Aarhus en Dinamarca, y Jeff Hansen de la Universidad de Colorado en Boulder.

17. STEITZ, Thomas A., «From the Structure and Function of the Ribosome to New Antibiotics», Conferencia Nobel, 8 de diciembre de 2009, <https://www.nobelprize.org/uploads/2018/06/steitz_lecture.pdf>.

18. BAN, N., P. Nissen, J. Hansen, P. B. Moore y T. A. Steitz (2000), «The Complete Atomic Structure of the Large Ribosomal Subunit at 2.4 Å Resolution», *Science*, vol. 289, págs. 905-920.

19. BAN *et al.*, «The Complete Atomic Structure of the Large Ribosomal Subunit»; véase también CECH, Thomas R., «The Ribosome Is a Ribozyme» (2000), *Science*, vol. 289, págs. 878-879.

20. WIMBERLY, Brian T., Ditlev E. Brodersen, William M. Clemons, Jr., Robert J. Morgan-Warren, Andrew P. Carter, Clemens Vonrhein, Thomas Hartsch y V. Ramakrishnan (2000), «Structure of the 30S Ribosomal Subunit», *Nature*, vol. 407, págs. 327-339.

21. CATE, Jamie H., Marat M. Yusupov, Gulnara Z. Yusupova, Thomas N. Earnest y Harry F. Noller (1999), «X-ray Crystal Structures of 70S Ribosome Functional Complexes», *Science*, vol. 285, págs. 2095-2104.

22. RAMAKRISHNAN, V., «Unraveling the Structure of the Ribosome», Conferencia Nobel, 8 de diciembre de 2009, <https://www.nobelprize.org/uploads/2018/06/ramakrishnan_lecture.pdf>.

23. STEITZ, «From the Structure and Function of the Ribosome to New Antibiotics».

24. HANSON, Jeffrey L., Peter B. Moore y Thomas A. Steitz (2003), «Structure of Five Antibiotics Bound at the Peptidyl Transferase Center of the Large Ribosomal Subunit», *Journal of Molecular Biology*, vol. 330, págs. 1061-1075.

25. HANSON, Jeffrey L., T. Martin Schmeing, Peter B. Moore y Thomas A. Steitz (2002), «Structural Insights into Peptide Bond Formation», *Proceedings of the National Academy of Sciences USA*, vol. 99, págs. 11670-11675.

26. STEITZ, «From the Structure and Function of the Ribosome to New Antibiotics».

27. CARTER, Andrew P., William M. Clemons, Ditlev E. Brodersen, Robert J. Morgan-Warren, Brian T. Wimberly y V. Ramakrishnan (2000), «Functional Insights from the Structure of the 30S Ribosomal Subunit and Its Interactions with Antibiotics», *Nature*, vol. 407, págs. 340-348; BRODERSEN, Ditlev E., William M. Clemons, Jr., Andrew P. Carter, Robert J. Morgan-Warren, Brian T. Wimberly y V. Ramakrishnan (2000), «The Structural Basis for the Action of the Antibiotics Tetracycline, Pactamycin, and Hygromycin B on the 30S Ribosomal Subunit», *Cell*, vol. 103, págs. 1143-1154.

6. ORÍGENES

1. WESTALL, Frances y Andre Brack, «The Importance of Water for Life» (2018), *Space Science Reviews*, vol. 214, pág. 50.

2. KRUGER, Kelly, Paula J. Grabowski, Arthur J. Zaug, Julie Sands, Daniel E. Gottschling y Thomas R. Cech (1982), «Self-Splicing RNA: Autoexcision and Autocyclization of the Ribosomal RNA Intervening Sequence of *Tetrahymena*», *Cell*, vol. 31, págs. 147-157.

3. SCHOPF, J. William y Bonnie M. Packer (1987), «Early Archean (3.3-Billion to 3.5-Billion-Year-Old) Microfossils from Warrawoona Group, Australia», *Science*, vol. 237, págs. 70-73.

4. ORGEL, Leslie E. (1968), «Evolution of the Genetic Apparatus», *Journal of Molecular Biology*, vol. 38, págs. 381-393.

5. Gilbert, Walter (1986), «The RNA World», *Nature*, vol. 319, pág. 618.

6. Miller, Stanley L. y Harold C. Urey (1959), «Organic Compound Synthesis on the Primitive Earth», *Science*, vol. 130, págs. 245-251.

7. Powner, Matthew W., Beatrice Gerland y John D. Sutherland (2009), «Synthesis of Activated Pyrimidine Ribonucleotides in Prebiotically Plausible Conditions», *Nature*, vol. 459, págs. 239-242.

8. Becker, Sidney, Jonas Feldmann, Stefan Wiedemann, Hidenori Okamura, Christina Schneider, Katharina Iwan, Anthony Crisp, Martin Rossa, Tynchtyk Amatov y Thomas Carell (2019), «Unified Prebiotically Plausible Synthesis of Pyrimidine and Purine RNA Ribonucleotides», *Science*, vol. 366, págs. 76-82.

9. Inoue, Tan y Leslie E. Orgel (1984), «A Non-enzymatic RNA Polymerase Model», *Science*, vol. 219, págs. 859-862; Joyce, Gerald F. y Leslie E. Orgel (1988), «Non-enzymatic Template-Directed Synthesis on RNA Random Copolymers: Poly(C,A) Templates», *Journal of Molecular Biology*, vol. 202, págs. 677-681.

10. Zaug, Arthur J. y Thomas R. Cech (1986), «The Intervening Sequence RNA of *Tetrahymena* Is an Enzyme», *Science*, vol. 231, págs. 470-475; Been, Michael D. y Thomas R. Cech (1988), «RNA as an RNA Polymerase: Net Elongation of an RNA Primer Catalyzed by the *Tetrahymena* Ribozyme», *Science*, vol. 239, págs. 1412-1416.

11. Gott, Jonatha Y., David A Shub y Marlene Belfort (1986), «Multiple Self-Splicing Introns in Bacteriophage T4: Evidence from Autocatalytic GTP Labeling of RNA In Vitro», *Cell*, vol. 47, págs. 61-87.

12. Doudna, Jennifer A., Sandra Couture y Jack W. Szostak (1991), «A Multisubunit Ribozyme That Is the Catalyst of and the Template for Complementary Strand RNA Synthesis», *Science*, vol. 251, págs. 1605-1608.

13. Doudna, Jennifer A. y Jack W. Szostak (1989), «RNA-Catalysed Synthesis of Complementary-Strand RNA», *Nature*, vol. 339, págs. 519-522.

14. Apel, Charles L., David W. Deamer y Michael N. Mautner (2002), «Self-Assembled Vesicles of Monocarboxylic Acids and Al-

cohols: Conditions for Stability and for the Encapsulation of Bio-polymers», *Biochimica et Biophysica Acta*, vol. 1559, págs. 1-9.

15. MANSY, Sheref S., Jason P. Schrum, Mathangi Krish-namurthy, Sylvia Tobe, Douglas A. Treco y Jack W. Szostak (2008), «Template-Directed Synthesis of a Genetic Polymer Within a Model Protocell», *Nature*, vol. 454, págs. 122-125.

SEGUNDA PARTE

LA CURA

7. ¿ES LA FUENTE DE LA JUVENTUD UNA TRAMPA MORTAL?

1. STEWART, Emily, «How the Anti-aging Industry Turns You Into a Customer for Life», *Vox*, 28 de julio de 2022, <https://www.vox.com/the-goods/2022/7/28/23219258/anti-aging-cream-expensive-scam>.

2. BLACKBURN, Elizabeth H. y Joseph G. Gall (1978), «A Tandemly Repeated Sequence at the Termini of the Extrachromo-somal Ribosomal RNA Genes of *Tetrahymena*», *Journal of Molecular Biology*, vol. 120, págs. 33-53.

3. SZOSTAK, Jack W. y Elizabeth H. Blackburn (1982), «Cloning Yeast Telomeres on Linear Plasmid Vectors», *Cell*, vol. 29, págs. 245-255.

4. SHAMPAY, Janis, Jack W. Szostak y Elizabeth H. Blackburn (1984), «DNA Sequences of Telomeres Maintained in Yeast», *Nature*, vol. 310, págs. 154-157; véase también WALMSLEY, Richard W., Clarence S. M. Chant, Bik-Kwoon Tye y Thomas D. Petes (1984), «Unusual DNA Sequences Associated with the Ends of Yeast Chromosomes», *Nature*, vol. 310, págs. 157-160.

5. «Carol W. Greider – Biographical», NobelPrize.org, <https://www.nobelprize.org/prizes/medicine/2009/greider/biographical/>.

6. GREIDER, Carol W. y Elizabeth H. Blackburn (1985), «Identification of a Specific Telomere Terminal Transferase Activity in *Tetrahymena* Extracts», *Cell*, vol. 43, págs. 405-413.

7. GREIDER, Carol W., «Telomerase Discovery: The Excitement of Putting Together Pieces of the Puzzle», Conferencia Nobel, 7 de diciembre de 2009, <https://www.nobelprize.org/uploads/2018/06/greider_lecture.pdf>

8. GREIDER, Carol W. y Elizabeth H. Blackburn (1987), «The Telomere Terminal Transferase of *Tetrahymena* Is a Ribonucleoprotein Enzyme with Two Kinds of Primer Specificity», *Cell*, vol. 51, págs. 887-889.

9. GREIDER, Carol W. y Elizabeth H. Blackburn (1989), «A Telomeric Sequence in the RNA of *Tetrahymena* Telomerase Required for Telomere Repeat Synthesis», *Nature*, vol. 337, págs. 331-337.

10. FENG, Junli, Walter D. Funk, Sy-Shi Wang, Scott L. Weinrich, Ariel A. Avilion, Choy-Pik Chiu, Robert R. Adams, Edwin Chang, Richard C. Allsopp, Jinghua Yu, Siyuan Le, Michael D. West, Calvin B. Harley, William H. Andrews, Carol W. Greider y Bryant Villeponteau (1995), «The RNA Component of Human Telomerase», *Science*, vol. 269, págs. 1236-1241.

11. HALL, Stephan S. (2003), *Merchants of Immortality*, pág. 17, Houghton Mifflin, Boston; HAYFLICK, Leonard, «My First Chemistry Kit» [videoentrevista], WebofStories.com, <https://www.webofstories.com/play/leonard.hayflick/2>.

12. HAYFLICK, L. y P. S. Moorhead (1961), «The Serial Cultivation of Human Diploid Cell Strains», *Experimental Cell Research*, vol. 25, págs. 585-621.

13. HARLEY, Calvin B., A. Bruce Futcher y Carol W. Greider (1990), «Telomeres Shorten During Ageing of Human Fibroblasts», *Nature*, vol. 345, págs. 458-460.

14. KIM, N. W., M. A. Piatyszek, K. R. Prowse, C. B. Harley, M. D. West, P. L. Ho, G. M. Coviello, W. E. Wright, S. L. Weinrich y J. W. Shay (1994), «Specific Association of Human Telomerase Activity with Immortal Cells and Cancer», *Science*, vol. 266, págs. 2011-2014.

15. El científico era Walter Keller. Véase, por ejemplo, LINGNER, Joachim, Josef Kellermann y Walter Keller (1991), «Cloning and Expression of the Essential Gene for Poly(A) Polymerase from *S. cerevisiae*», *Nature*, vol. 354, págs. 496-498.

16. LINGNER, Joachim, Laura L. Hendrick y Thomas R. Cech (1994), «Telomerase RNAs of Different Ciliates Have a Common Secondary Structure and a Permuted Template», *Genes & Development*, vol. 8, págs. 1984-1998.

17. LINGNER, Joachim y Thomas R. Cech (1996), «Purification of Telomerase from *Euplotes aediculatus*: Requirement for a Primer 3'-Overhang», *Proceedings of the National Academy of Sciences USA*, vol. 93, págs. 10712-10717.

18. LINGNER, Joachim, Timothy R. Hughes, Andrej Shevchenko, Matthias Mann, Victoria Lundblad y Thomas R. Cech (1997), «Reverse Transcriptase Motifs in the Catalytic Subunit of Telomerase», *Science*, vol. 276, págs. 561-567.

19. NAKAMURA, Toru M., Gregg B. Morin, Karen B. Chapman, Scott L. Weinrich, William H. Andrews, Joachim Lingner, Calvin B. Harley y Thomas R. Cech (1997), «Telomerase Catalytic Subunit Homologs from Fission Yeast and Human», *Science*, vol. 277, págs. 955-959.

20. MEYERSON, Matthew, Christopher M. Counter, Elinor Ng Eaton, Leif W. Ellisen, Philipp Steiner, Stephanie Dickinson Caddle, Liuda Ziaugra, Roderick L. Beijersbergen, Michael J. Davidoff, Qingyun Liu, Silvia Bacchetti, Daniel A. Haber y Robert A. Weinberg (1997), «hEST2, the Putative Human Telomerase Catalytic Subunit Gene, Is Up-Regulated in Tumor Cells and During Immortalization», *Cell*, vol. 90, págs. 785-795.

21. WEINRICH, Scott L., Ron Pruzan, Libin Ma, Michel Ouellette, Valeric M. Tesmer, Shawn E. Holt, Andrea G. Bodnar, Serge Lichtsteiner, Nam W. Kim, James B. Trager, Rebecca D. Taylor, Ruben Carlos, William H. Andrews, Woodring E. Wright, Jerry W. Shay, Calvin B. Harley y Gregg B. Morin (1997), «Reconstitution of Human Telomerase with the Template RNA Component hTR and the Catalytic Protein Subunit hTRT», *Nature Genetics*, vol. 17, págs. 498-502. Véase también COLLINS, Kathleen y Leena Gandhi (1998), «The Reverse Transcriptase Component of the *Tetrahymena* telomerase Ribonucleoprotein Complex», *Proceedings of the National Academy of Sciences USA*, vol. 95, págs. 8485-8490; BRYAN, Tracy M., Karen J. Goodrich y Thomas R. Cech (2000), «Telomerase

RNA Bound by Protein Motifs Specific to Telomerase Reverse Transcriptase», *Molecular Cell,* vol. 6, págs. 493-499; CRISTOFARI, Gael y Joachim Lingner (2006), «Telomere Length Homeostasis Requires That Telomerase Levels Are Limiting», *EMBO Journal,* vol. 25, págs. 565-574.

22. BODNAR, Andrea G., Michel Ouellette, Maria Frolkis, Shawn E. Holt, Choy-Pik Chiu, Gregg B. Morin, Calvin B. Harley, Jerry W. Shay, Serge Lichtsteiner y Woodring E. Wright (1998), «Extension of Life-Span by Introduction of Telomerase into Normal Human Cells», *Science,* vol. 279, págs. 349-352.

23. SKLOOT, Rebecca (2010), *The Immortal Life of Henrietta Lacks* 2, Crown, Nueva York. [Hay trad. cast.: *La vida inmortal de Henrietta Lacks* (2011), Temas de Hoy, Madrid.]

24. Entrevista virtual del autor con Franklin Huang, Universidad de California, San Francisco, 8 de diciembre de 2022.

25. HUANG, Franklin W., Eran Hodis, Mary Jue Xu, Gregory V. Kryukov, Lynda Chin y Levi A. Garraway (2013), «Highly Recurrent TERT Promoter Mutations in Human Melanoma», *Science,* vol. 339, págs. 957-959. Véase también HORN, Susanne, Adina Figl, P. Sivaramakrishna Rachakonda, Christine Fischer, Antje Sucker, Andreas Gast, Stephanie Kadel, Iris Moll, Eduardo Nagore, Kari Hemminki, Dirk Schadendorf y Rajiv Kumar (2013), «TERT Promoter Mutations in Familial and Sporadic Melanoma», *Science,* vol. 339, págs. 959-961.

26. SIMON, Matthias, Ismail Hosen, Konstantinos Gousias, Sivaramakrishna Rachakonda, Barbara Heidenreich, Marco Gessi, Johannes Schramm, Kari Hemminki, Andreas Waha y Rajiv Kumar (2015), «TERT Promoter Mutations: A Novel Independent Prognostic Factor in Primary Glioblastomas», *Neuro-Oncology,* vol. 17, págs. 45-52.

8. GUSANOS QUE SE RETUERCEN

1. Profesor Ding Xue y doctora Joyita Bhadra, discusiones y demostración de las microinyecciones en gusanos nematodos, De-

partamento de Biología Celular y del Desarrollo, Universidad de Colorado en Boulder, 17 de noviembre de 2022.

2. FIRE, Andrew Z. (2004), «How Cells Respond to Genetic Change or Catching Up with Change in the Subway and in the Genome: A Bedtime Story», The Dr. H. P. Heineken Prize for Biochemistry and Biophysics, pág. 21, Stichting Alfred Heineken Fondsen, Ámsterdam.

3. PESTKA, Sidney (1992), «Antisense RNA – History and Perspective», *Annals of the New York Academy of Sciences*, vol. 660, págs. 251-262.

4. GUO, Su y Kenneth J. Kemphues (1995), «*par*-1, a Gene Required for Establishing Polarity in *C. elegans* Embryos, Encodes a Putative Ser/Thr Kinase That Is Asymmetrically Distributed», *Cell*, vol. 81, págs. 611-620.

5. FIRE, Andrew Z., «Gene Silencing by Double Stranded RNA», Conferencia Nobel, 8 de diciembre de 2006, <https://www.nobelprize.org/uploads/2018/06/fire_lecture.pdf.>

6. FIRE, Andrew, SiQun Xu, Mary K. Montgomery, Steven A. Kostas, Samuel E. Driver y Craig C. Mello (1998), «Potent and Specific Genetic Interference by Double-Stranded RNA in *Caenorhabditis elegans*», *Nature*, vol. 391, págs. 806-811.

7. BRENNER, Sydney (1974), «The Genetics of *Caenorhabditis elegans*», *Genetics*, vol. 77, págs. 71-94.

8. «Craig C. Mello – Biographical», NobelPrize.org, <https://www.nobelprize.org/prizes/medicine/2006/mello/biographical/>.

9. «Tiny RNAs That Regulate Gene Function», conferencia de aceptación del premio de investigación médica básica Albert Lasker, <https://laskerfoundation.org/winners/tiny-rnas-that-regulate-gene-function/>.

10. TUSCHL, Thomas, Phillip D. Zamore, Ruth Lehmann, David P. Bartel y Phillip A. Sharp (1999), «Targeted mRNA Degradation by Double-Stranded RNA In Vitro», *Genes & Development*, vol. 13, págs. 3191-3197.

11. LAGOS-QUINTANA, Mariana, Reinhard Rauhut, Winfried Lendeckel y Thomas Tuschl (2001), «Identification of Novel

Genes Coding for Small Expressed RNAs», *Science*, vol. 294, págs. 853-858. Véase el siguiente artículo relacionado: LAU, Nelson C., Lee P. Lim, Earl G. Weinstein y David P. Bartel (2001), «An Abundant Class of Tiny RNAs with Probable Regulatory Roles in *Caenorhabditis elegans*», *Science*, vol. 294, págs. 858-862.

12. PALAZZO, Alexander R. y Eugene V. Koonin (2020), «Functional Long Non-coding RNAs Evolve from Junk Transcripts», *Cell*, vol. 183, págs. 1151-1161.

13. SHIVDASANI, Ramesh A. (2006), «MicroRNAs: Regulators of Gene Expression and Cell Differentiation», *Blood*, vol. 108, págs. 3646-3653.

14. HE, Lin, Xingyue He, Lee P. Lim, Elisa de Stanchina, Zhenyu Xuan, Yu Liang, Wen Xue, Lars Zender, Jill Magnus, Dana Ridzon, Aimee L. Jackson, Peter S. Linsley, Caifu Chen, Scott W. Lowe, Michele A. Cleary y Gregory J. Hannon (2007), «A microRNA Component of the p53 Tumour Suppressor Network», *Nature*, vol. 447, págs. 1130-1134.

15. ELBASHIR, Sayda M., Jens Harborth, Winfried Lendeckel, Abdullah Yalcin, Klaus Weber y Thomas Tuschl (2001), «Duplexes of 21-Nucleotide RNAs Mediate RNA Interference in Cultured Mammalian Cells», *Nature*, vol. 411, págs. 494-498. Véase también ELBASHIR, Sayda M., Winfried Lendeckel y Thomas Tuschl (2001), «RNA Interference Is Mediated by 21- and 22-Nucleotide RNAs», *Genes & Development*, vol. 15, págs. 188-200.

16. CHONG, Jessica X., Kati J. Buckingham, Shalini N. Jhangiani… y Michael J. Bamshed (2015), «The Genetic Basis of Mendelian Phenotypes: Discoveries, Challenges, and Opportunities», *American Journal of Human Genetics*, vol. 97, págs. 199-215.

17. LIZ, Marcia Almeida, Teresa Coelho, Vittorio Bellotti, María Isabel Fernández-Arias, Pablo Mallaina y Laura Obici (2020), «A Narrative Review of the Role of Transthyretin in Health and Disease», *Neurology and Therapy*, vol. 9, págs. 395-402.

18. ADAMS, David, Ole B. Suhr, Peter J. Dyck, William J. Litchy, Raina G. Leahy, Jihong Chen, Jared Gollob y Teresa Coelho (2017), «Trial Design and Rationale for APOLLO, a Phase 3, Placebo-Controlled Study of Patisiran in Patients with Hereditary

ATTR Amyloidosis with Polyneuropathy», *BMC Neurology*, vol. 17, pág. 181.

19. «Alnylam Reports Positive Topline Results from APOLLO-B Phase 3 Study of Patisiran in Patients with ATTR Amyloidosis with Cardiomyopathy», comunicado de prensa, Alnylam, 3 de agosto de 2022, <https://investors.alnylam.com/press-release?id=26851>.

20. «An Update on Cancer Deaths in the United States», Centros para el Control y Prevención de Enfermedades, última actualización: 28 de febrero de 2022, <https://stacks.cdc.gov/view/cdc/119728>.

21. HASSON, Samuel A., Lesley A. Kane, Koji Yamano, Chiu-Hui Huang, Danielle A. Sliter, Eugen Buehler, Chunxin Wang, Sabrina M. Heman-Ackah, Tara Hessa, Rajarshi Guha, Scott E. Martin y Richard J. Youle (2013), «High-Content Genome-Wide RNAi Screens Identify Regulators of Parkin Upstream of Mitophagy», *Nature*, vol. 504, págs. 291-295.

22. *2023 Alzheimer's Disease Facts and Figures*, Asociación sobre el Alzheimer, <https://www.alz.org/media/Documents/alzheimers-facts-and-figures.pdf>.

23. ARTHUR, Karissa C., Andrea Calvo, T. Ryan Price, Joshua T. Geiger, Adriano Chio y Bryan J. Traynor (2016), «Projected Increase in Amyotrophic Lateral Sclerosis from 2015 to 2040», *Nature Communications*, vol. 7, pág. 12408.

24. HAEUSLER, Aaron R., Christopher J. Donnelly y Jeffrey D. Rothstein (2016), «The Expanding Biology of the C9orf72 Nucleotide Repeat Expansion in Neurodegenerative Disease», *Nature Reviews Neuroscience*, vol. 17, págs. 383-395.

25. *Ibidem.*

26. BROWN, Kirk M., Jayaprakash K. Nair, Maja M. Janas... y Vasant Jadhav (2022), «Expanding RNAi Therapeutics to Extrahepatic Tissues with Lipophilic Conjugates», *Nature Biotechnology*, vol. 40, págs. 1500-1508.

1. Stanley, Wendell M., «The Isolation and Properties of Crystalline Tobacco Mosaic Virus», Conferencia Nobel, 12 de diciembre de 1946, <https://www.nobelprize.org/uploads/2018/06/stanley-lecture.pdf.>.

2. Stanley, Wendell M. (1935), «Isolation of a Crystalline Protein Possessing the Properties of Tobacco Mosaic Virus», *Science*, vol. 81, págs. 644-645.

3. Mushegian, A. R. (2020), «Are There 1031 Virus Particles on Earth, or More, or Fewer?», *Journal of Bacteriology*, vol. 202, pág. e00052-20.

4. Avery, Oswald T., Colin M. MacLeod y Maclyn McCarty (1944), «Studies on the Chemical Nature of the Substance Inducing Transformation of Pneumococcal Types: Induction of Transformation by a Desoxyribonucleic Acid Fraction Isolated from Pneumococcus Type III», *Journal of Experimental Medicine*, vol. 79, págs. 137-158.

5. Gierer A., y G. Schramm (1956), «Infectivity of Ribonucleic Acid from Tobacco Mosaic Virus», *Nature*, vol. 177, págs. 702-703.

6. Fraenkel-Conrat, Heinz, Beatrice A. Singer y Robley C. Williams (1957), «The Infectivity of Viral Nucleic Acid», *Biochimica et Biophysica Acta*, vol. 25, págs. 87-96; Fraenkel-Conrat, Heinz, Beatrice A. Singer y Robley C. Williams (1957), «The Nature of the Progeny of Virus Reconstituted from Protein and Nucleic Acid of Different Strains of Tobacco Mosaic Virus», en *Symposium on the Chemical Basis of Heredity*, págs. 501-517, ed. W. D. McElroy y B. Glass, Johns Hopkins University Press, Baltimore.

7. Bai, Chongzhi, Qiming Zhong y George Fu Gao (2022), «Overview of SARS-CoV-2 Genome-Encoded Proteins», *Science China Life Sciences*, vol. 65, págs. 280-294.

8. Mills, D. R., R. L. Peterson y S. Spiegelman (1967), «An Extracellular Darwinian Experiment with a Self-Duplicating Nucleic Acid Molecule», *Proceedings of the National Academy of Sciences USA*, vol. 58, págs. 217-224.

9. Kacian, D. L., D. R. Mills, F. R. Kramer y S. Spiegelman (1972), «A Replicating RNA Molecule Suitable for a Detailed Analysis of Extracellular Evolution and Replication», *Proceedings of the National Academy of Sciences USA*, vol. 69, págs. 3038-3042.

10. *Ibidem.*

11. Shrestha, Lok Bahadur, Charles Foster, William Rawlinson, Nicodemus Tedla y Rowena A. Bull (2022), «Evolution of the SARS-CoV-2 Variants BA.1 to BA.5: Implications for Immune Escape and Transmission», *Reviews in Medical Virology*, vol. 32, pág. e2381.

12. Shah, Masaud y Hyun Goo Woo (2022), «Omicron: A Heavily Mutated SARS-CoV-2 Variant Exhibits Stronger Binding to ACE2 and Potently Escapes Approved COVID-19 Therapeutic Antibodies», *Frontiers in Immunology*, vol. 12, pág. 830527.

13. Bar-On, Yinon M., Avi Flamholz, Rob Phillips y Ron Milo (2020), «SARS-CoV-2 (COVID-19) by the Numbers», *eLife*, vol. 9, pág. e57309.

14. Malone, Brandon, Nadya Urakova, Eric J. Snijder y Elizabeth A. Campbell (2022), «Structures and Functions of Coronavirus Replication – Transcription Complexes and Their Relevance for SARS-CoV-2 Drug Design», *Nature Reviews Molecular Cell Biology*, vol. 23, págs. 21-39.

10. ARN CONTRA ARN

1. «History of Salk», Instituto Salk, <https://www.salk.edu/about/history-of-salk>.

2. Fynan, Ellen F., Shan Lu y Harriet L. Robinson (2018), «One Group's Historical Reflections on DNA Vaccine Development», *Human Gene Therapy*, vol. 29, págs. 966-970.

3. Gore, M. E. (2003), «Gene Therapy Can Cause Leukemia: No Shock, Mild Horror but a Probe», *Gene Therapy*, vol. 10, pág. 4.

4. Schneider, Eric C., Arnav Shah, Pratha Sah, Seyed M. Moghadas, Thomas Vilches y Alison P. Galvani (2021), «The U.S.

COVID-19 Vaccination Program at One Year: How Many Deaths and Hospitalizations Were Averted?», resúmenes informativos, 14 de diciembre de 2021, Commonwealth Fund, <https://www.commonwealthfund.org/publications/issue-briefs/2021/dec/us-covid-19-vaccination-program-one-year-how-many-deaths-and>.

5. MCALLISTER, William T., Claire Morris, Alan H. Rosenberg y F. William Studier (1981), «Utilization of Bacteriophage T7 Late Promoters in Recombinant Plasmids During Infection», *Journal of Molecular Biology*, vol. 153, págs. 527-544.

6. DAVANLOO, P., A. H. Rosenberg, J. J. Dunn y F. W. Studier (1984), «Cloning and Expression of the Gene for T7 RNA Polymerase», *Proceedings of the National Academy of Sciences USA*, vol. 81, págs. 2035-2039.

7. Entrevista del autor con Philip Felgner, Irvine, California, 20 de octubre de 2022.

8. FELGNER, P. L., T. R. Gadek, M. Holm, R. Roman, H. W. Chan, M. Wenz, J. P. Northrop, G. M. Ringold y M. Danielsen (1987), «Lipofection: a Highly Efficient, Lipid-Mediated DNA-Transfection Procedure», *Proceedings of the National Academy of Sciences USA*, vol. 84, págs. 7413-7417.

9. Entrevista del autor con Felgner.

10. La aprobación inicial era para usos de emergencia. La aprobación completa por parte de la FDA llegó en febrero de 2022.

11. MALONE, Robert W., Philip L. Felgner e Inder M. Verma (1989), «Cationic Liposome-Mediated RNA Transfection», *Proceedings of the National Academy of Sciences USA*, vol. 86, págs. 1677-1681.

12. WOLFF, Jon A., Robert W. Malone, Phillip Williams, Wang Chong, Gyula Acsadi, Agnes Jani y Philip L. Felgner (1990), «Direct Gene Transfer into Mouse Muscle In Vivo», *Science*, vol. 247, págs. 1465-1468.

13. DELAYE, Fabrice (2023), *The Medical Revolution of Messenger RNA*, Cold Spring Harbor Laboratory Press, Cold Spring Harbor, Nueva York.

14. MARTINON, Frederic, Sivadasan Krishnan, Gerlinde Lenzen, Remy Magne, Elisabeth Gomard, Jean-Gerard Guillet, Jean-

Paul Levy y Pierre Meulien (1993), «Induction of Virus-Specific Cytotoxic T Lymphocytes In Vivo by Liposome-Entrapped mRNA», *European Journal of Immunology*, vol. 23, págs. 1719-1722.

15. DELAYE, *Medical Revolution of Messenger RNA*.

16. Lv, H., S. Zhang, B. Wang, S. Cui y J. Yan (2006), «Toxicity of Cationic Lipids and Cationic Polymers in Gene Delivery», *Journal of Controlled Release*, vol. 114, págs. 100-109.

17. CULLIS, Pieter R. y Michael J. Hope (2017), «Lipid Nanoparticle Systems for Enabling Gene Therapies», *Molecular Therapy*, vol. 25, págs. 1467-1475.

18. HULL, Chelsea M. y Philip C. Bevilacqua (2016), «Discriminating Self and Non-self by RNA: Roles for RNA Structure, Misfolding, and Modification in Regulating the Innate Immune Sensor PKR», *Accounts of Chemical Research*, vol. 49, págs. 1242-1249.

19. KARIKO, Katalin, Houping Ni, John Capodici, M. Lamphier y Drew Weissman (2004), «mRNA Is an Endogenous Ligand for Toll-Like Receptor 3», *Journal of Biological Chemistry*, vol. 279, págs. 12542-12550.

20. CROW, David, «How mRNA Became a Vaccine Game-Changer», *FT Magazine*, 13 de mayo de 2021, <https://www.ft.com/content/b2978026-4bc2-439c-a561-a1972eeba940>.

21. GARDE, Damian y Jonathan Saltzman, «The Story of mRNA: How a Once-Dismissed Idea Became a Leading Technology in the Covid Vaccine Race», STAT, 10 de noviembre de 2020.

22. Entrevista con Katalin Karikó en 2021 por la entrega del premio Lasker-DeBakey de Investigación Médica Clínica.

23. Entrevista con Katalin Karikó en 2022 por la entrega del premio L'Oreal.

24. KARIKÓ, Katalin, Michael Buckstein, Houping Ni y Drew Weissman (2005), «Suppression of RNA Recognition by Toll-Like Receptors: The Impact of Nucleoside Modification and the Evolutionary Origin of RNA», *Immunity*, vol. 23, págs. 165-175.

25. KARIKÓ, Katarin, Hiromi Muramatsu, Frank A. Welsh, Janos Ludwig, Hiroki Kato, Shizuo Akira y Drew Weissman (2008), «Incorporation of Pseudouridine into mRNA Yields Superior Non-

immunogenic Vector with Increased Translational Capacity and Biological Stability», *Molecular Therapy*, vol. 16, págs. 1833-1840.

26. Más tarde, otros científicos descubrieron que la adición de un grupo metilo (un átomo de carbono y tres hidrógenos) al pseudoU mejoraba aún más el rendimiento del ARNm. Véase ANDRIES, Oliwia, Sean McCafferty, Stefaan C. De Smedt, Ron Weiss, Niek N. Sanders y Tasuku Kitada (2015), «N1-methylpseudouridine-Incorporated mRNA Outperforms Pseudouridine-Incorporated mRNA by Providing Enhanced Protein Expression and Reduced Immunogenicity in Mammalian Cell Lines and Mice», *Journal of Controlled Release*, vol. 217, págs. 337-344.

27. GARDNER, Alex, «Penn mRNA Scientists Drew Weissman and Katalin Kariko Receive 2021 Lasker Award, America's Top Biomedical Research Prize», *Penn Medicine News*, 24 de septiembre de 2021.

28. «Novel 2019 Coronavirus Genome», Virological.org, 10 de enero de 2020, <https://virological.org/t/novel-2019-corona virus-genome/319>.

29. Entrevista telefónica del autor con la doctora Melissa Moore, de Moderna Inc., el 15 de junio de 2022.

30. TÜRECI, Özlem y Ugur Sahin (2021), «Racing for a SARS-CoV-2 Vaccine», *EMBO Molecular Medicine*, vol. 13, pág. e15145.

31. Damian Garde, «Covid-19 Drugs & Vaccines Tracker», STAT, <https://www.statnews.com/2020/04/27/drugs-vaccines-tracker/>.

32. CORUM, Jonathan y Carl Zimmer, «How the Oxford-Astra-Zeneca Vaccine Works», *The New York Times*, 7 de mayo de 2021, <https://www.nytimes.com/interactive/2020/health/oxford-astrazeneca-covid-19-vaccine.html>.

33. BAR-ON, Yinon M., Avi Flamholz, Rob Phillips y Ron Milo (2020), «SARS-CoV-2 (Covid-19) by the Numbers», *eLife*, vol. 9, pág. e57309.

34. PALLESEN, Jesper, Nianshuang Wang, Kizzmekia S. Corbett, Daniel Wrapp, Robert N. Kirchdoerfer, Hannah L. Turner, Christopher A. Cottrell, Michelle M. Becker, Lingshu Wang, Wei Shi, Wing-Pui Kong, Erica L. Andres, Arminja N. Kettenbach, Mark R. Denison, James D. Chappell, Barney S. Graham, Andrew

B. Ward y Jason S. McLellan (2017), «Immunogenicity and Structures of a Rationally Designed Prefusion MERS CoV Spike Antigen», *Proceedings of the National Academy of Sciences USA*, vol. 114, págs. E7348-E7357.

35.   TÜRECI y Sahin, «Racing for a SARS-CoV-2 Vaccine».

36.   GARDE y Saltzman, «Story of mRNA».

37.   El autor conoce esta anécdota gracias a que alguien que estuvo presente en la reunión de la junta se la contó. Prefiere mantenerse en el anonimato.

38.   «Past Seasons' Vaccine Effectiveness Estimates», Centros para el Control y Prevención de Enfermedades, <https://www.cdc.gov/flu/vaccines-work/past-seasons-estimates.html>. Los datos sobre la vacuna de la gripe corresponden al periodo 2004-2022.

39.   El rendimiento ligeramente superior de la vacuna Moderna en algunos ensayos se debe probablemente a que se optó por administrar una dosis más alta, por lo que no se considera un rasgo distintivo. Véase RUBIN, E. J. y D. L. Longo (2022), «Covid-19 mRNA Vaccines – Six of One, Half a Dozen of the Other», *New England Journal of Medicine*, vol. 386, págs. 183-185.

40.   ZUCKERMAN, Gregory (2021), *A Shot to Save the World: The Inside Story of the Life-or- Death Race for a Covid-19 Vaccine*, Penguin, Nueva York.

41.   «Prize Announcement», NobelPrize.org, <https://www.nobelprize.org/prizes/medicine/2023/prize-announcement/>.

42.   «HPV and Cancer», Instituto Nacional del Cáncer, última actualización: 4 de abril de 2023, <https://www.cancer.gov/about-cancer/causes-prevention/risk/infectious-agents/hpv-and-cancer>. El autor declara que fue miembro del consejo de administración de Merck, Inc. y posee acciones de MRK.

43.   BOCZKOWSKI, David, Smita K. Nair, David Snyder y Eli Gilboa (1996), «Dendritic Cells Pulsed with RNA Are Potent Antigen-Presenting Cells In Vitro and In Vivo», *Journal of Experimental Medicine*, vol. 184, págs. 465-472.

44.   GILBOA, Eli, David Boczkowski y Smita K. Nair (2022), «The Quest for mRNA Vaccines», *Nucleic Acid Therapeutics*, vol. 32, págs. 449-456.

45. Sample, Ian, «Vaccines to Treat Cancer Possible by 2030, Say BioNTech Founders», *The Guardian*, 16 de octubre de 2022; Steenhuysen, Julie y Michael Erman, «Positive Moderna, Merck Cancer Vaccine Data Advances mRNA Promise, Shares Rise», Reuters, 13 de diciembre de 2022.

46. Vitale, Gina, «Moderna/Merck Cancer Vaccine Shows Promise in Trials», *Chemical & Engineering News*, 20 de diciembre de 2022.

11. Utilizando las tijeras

1. Doudna, Jennifer A. y Samuel H. Sternberg (2017), *A Crack in Creation: Gene Editing and the Unthinkable Power to Control Evolution*, Houghton Mifflin Harcourt, Boston [hay trad. cast.: *Una grieta en la creación: CRISPR, la edición génica y el increíble poder de controlar la evolución* (2020), Alianza, Madrid]; Isaacson, Walter (2021), *The Code Breaker: Jennifer Doudna, Gene Editing, and the Future of the Human Race*, Simon & Schuster, Nueva York, [hay trad. cast.: *El código de la vida: Jennifer Doudna, la edición genética y el futuro de la especie humana* (2021), Debate, Barcelona]; Davies, Kevin (2020), *Editing Humanity: The CRISPR Revolution and the New Era of Genome Editing*, Pegasus Books, Nueva York.

2. Jinek, Martin, Krzysztof Chylinski, Ines Fonfara, Michael Hauer, Jennifer A. Doudna y Emmanuelle Charpentier (2012), «A Programmable Dual-RNA-Guided DNA Endonuclease in Adaptive Bacterial Immunity», *Science*, vol. 337, págs. 816-821.

3. Cong, Le, F. Ann Ran, David Cox, Shuailiang Lin, Robert Barretto, Naomi Habib, Patrick D. Hsu, Xuebing Wu, Wenyan Jiang, Luciano A. Marraffini y Feng Zhang (2013), «Multiplex Genome Engineering Using CRISPR/Cas Systems», *Science*, vol. 339, págs. 819-823; Mali, Prashant, Luhan Yang, Kevin M. Esvelt, John Aach, Marc Guell, James E. DiCarlo, Julie E. Norville y George M. Church (2013), «RNA-Guided Human Genome Engineering via Cas9», *Science*, vol. 339, págs. 823-827; Jinek, Martin, Alexandra East, Aaron Cheng, Steven Lin, Enbo Ma y Jennifer Doudna (2013),

«RNA-Programmed Genome Editing in Human Cells», *eLife*, vol. 2, pág. e00471.

4. LaManna, Caroline M. y Rodolphe Barrangou (2018), «Enabling the Rise of a CRISPR World», *CRISPR Journal*, vol. 1, págs. 205-208. La cifra de 7.000 está basada en el número de laboratorios que recibieron plásmidos CRISPR del centro de distribución de Addgene entre 2013 y 2018, y asume un crecimiento constante de 2013 a 2023. Dado que Addgene es solo una fuente de plásmidos CRISPR, esto puede subestimar sustancialmente el número de laboratorios que utilizan esta tecnología.

5. Grainy, Julie, Sandra Garrett, Brenton R. Graveley y Michael P. Terns (2019), «CRISPR Repeat Sequences and Relative Spacing Specify DNA Integration by *Pyrococcus furiosus* Cas1 and Cas2», *Nucleic Acids Research*, vol. 47, págs. 7518-7531.

6. Barrangou, Rodolphe, Christophe Fremaux, Hélène Deveau, Melissa Richards, Patrick Boyaval, Sylvain Moineau, Dennis A. Romero y Philippe Horvath (2007), «CRISPR Provides Acquired Resistance Against Viruses in Prokaryotes», *Science*, vol. 315, págs. 1709-1712.

7. Garneau, Josiane E., Marie-Eve Dupuis, Manuela Villion, Dennis A. Romero, Rodolphe Barrangou, Patrick Boyaval, Christophe Fremaux, Philippe Horvath, Alfonso H. Magadan y Sylvain Moineau (2010), «The CRISPR/Cas Bacterial Immune System Cleaves Bacteriophage and Plasmid DNA», *Nature*, vol. 468, págs. 67-71.

8. Brouns, Stan J. J., Matthijs M. Jore, Magnus Lundgren, Edze R. Westra, Rik J. H. Slijkhuis, Ambrosius P. L. Snijders, Mark J. Dickman, Kira S. Makarova, Eugene V. Koonin y John van der Oost (2008), «Small CRISPR RNAs Guide Antiviral Defense in Prokaryotes», *Science*, vol. 321, págs. 960-964.

9. Haurwitz, Rachel E., Martin Jinek, Blake Wiedenheft, Kaihong Zhou y Jennifer A. Doudna (2010), «Sequence-and Structure-Specific RNA Processing by a CRISPR Endonuclease», *Science*, vol. 329, págs. 1355-1358.

10. Doudna y Sternberg, *A Crack in Creation*.

11. *Ibidem.*

12. *Ibidem.*

13. JINEK *et al.*, «A Programmable Dual-RNA-Guided DNA Endonuclease in Adaptive Bacterial Immunity».

14. Aunque las secuencias que están perfectamente emparejadas se escinden, el sistema tolerará algunos desajustes en el emparejamiento ADN-ARN guía. Véase HSU, Patrick D., David A. Scott, Joshua A. Weinstein, F. Ann Ran, Silvana Konermann, Vineeta Agarwala, Yinqing Li, Eli J. Fine, Xuebing Wu, Ophir Shalem, Thomas J. Cradick, Luciano A. Marraffini, Gang Bao y Feng Zhang (2013), «DNA Targeting Specificity of RNA-Guided Cas9 Nucleases», *Nature Biotechnology*, vol. 31, págs. 827-832.

15. JINEK *et al.*, «A Programmable Dual-RNA-Guided DNA Endonuclease in Adaptive Bacterial Immunity».

16. Entrevista del autor con Dana Carroll, profesora distinguida de la Universidad de Utah, en Berkeley, California, el 13 de enero de 2023. Véase también CARROLL, Dana (2012), «A CRISPR Approach to Gene Targeting», *Molecular Therapy*, vol. 20, págs. 1658-1660.

17. QI, L. S., M. H. Larson, L. A. Gilbert, J. A. Doudna, J. S. Weissman, A. P. Arkin y Wendell A. Lim (2013), «Repurposing CRISPR as an RNA-Guided Platform for Sequence-Specific Control of Gene Expression», *Cell*, vol. 152, págs. 1173-1183.

18. GILBERT, Luke A., Matthew H. Larson, Leonardo Morsut, Zairan Liu, Gloria A. Brar, Sandra E. Torres, Noam Stern-Ginossar, Onn Brandman, Evan H. Whitehead, Jennifer A. Doudna, Wendell A. Lim, Jonathan S. Weissman y Lei S. Qi (2013), «CRISPR-Mediated Modular RNA-Guided Regulation of Transcription in Eukaryotes», *Cell*, vol. 154, págs. 442-451; BIKARD, David, Wenyan Jiang, Poulami Samai, Ann Hochschild, Feng Zhang y Luciano A. Marraffini (2013), «Programmable Repression and Activation of Bacterial Gene Expression Using an Engineered CRISPR-Cas System», *Nucleic Acids Research*, vol. 41, págs. 7429-7437; GILBERT, L. A., M. A. Horlbeck, B. Adamson, J. E. Villalta, Y. Chen, E. H. Whitehead, C. Guimaraes, B. Panning, H. L. Ploegh, M. C. Bassik, L. S. Qi, M. Kampmann y J. S. Weissman (2014), «Genome-Scale CRISPR-Mediated Control of Gene Repression and Activation», *Cell*, vol. 159, págs. 647-661.

19.   PAUL Bijoya y Guillermo Montoya (2020), «CRISPR-Cas12a: Functional Overview and Applications», *Biomedical Journal*, vol. 43, págs. 8-17.

20.   PAULING, Linus, Harvey A. Itano, S. J. Singer y Ibert C. Wells (1949), «Sickle Cell Anemia: A Molecular Disease», *Science*, vol. 110, págs. 543-548; INGRAM, Vernon M. (1957), «Gene Mutations in Human Haemoglobin: The Chemical Difference Between Normal and Sickle Cell Haemoglobin», *Nature*, vol. 180, págs. 326-328.

21.   Algunas de estas empresas son Intellia, Beam Therapeutics, Editas Medicine y CRISPR Therapeutics, que trabaja con la farmacéutica Vertex.

22.   NEWBY, Gregory A., Jonathan S. Yen, Kaitly J. Woodard... y David R. Liu (2021), «Base Editing of Haematopoietic Stem Cells Rescues Sickle Cell Disease in Mice», *Nature*, vol. 595, págs. 295-302.

23.   HENDERSON, Hope, «CRISPR Clinical Trials: A 2023 Update», *Innovative Genomics*, 17 de marzo de 2023, <https://innova tivegenomics.org/news/crispr-clinical-trials-2023/>.

24.   STEIN, Rob, «First Sickle Cell Patient Treated with CRISPR Gene-Editing Still Thriving», NPR, 31 de diciembre de 2021, <https://www.npr.org/sections/health-shots/2021/12/31/1067400512/first-sickle-cell-patient-treated-with-crispr-gene-edit ing-still-thriving>. Esta tecnología CRISPR en particular fue desarrollada por CRISPR Therapeutics y Vertex; véase FRANGOUL, Haydar, David Altshuler, M. Domenica Cappellini... y Selim Corbacioglu (2021), «CRISPR-Cas9 Gene Editing for Sickle Cell Disease and β-Thalassemia», *New England Journal of Medicine*, vol. 384, págs. 252-260.

25.   SHERIDAN, Cormac, «The World's First CRISPR Therapy Is Approved: Who Will Receive It?», *Nature Biotechnology*, 21 de noviembre de 2023, <https://doi.org/10.1038/d41587-023-000 16-6>. A diferencia de otras terapias basadas en CRISPR que se estaban desarrollando, Exa-cel no corrige la mutación producida en el gen de la beta-globina. En cambio, inactiva un gen responsable de reprimir la producción de beta-globina fetal, permitiendo así

que la proteína fetal se exprese y se utiliza para sustituir la beta-globina adulta mutante: véase también ZAMECNIK, Adam, «CRISPR Gene Therapies: Is 2023 a Milestone Year in the Making?», *Pharmaceutical Technology*, 3 de enero de 2023.

26. DEVLIN, Hannah, «Scientist Who Edited Babies' Gene Says He Acted "Too Quickly"», *The Guardian*, 4 de febrero de 2023.

27. BALTIMORE, David, Paul Berg, Michael Botchan, Dana Carroll, R. Alta Charo, George Church, Jacob E. Corn, George Q. Daley, Jennifer A. Doudna, Marsha Fenner, Henry T. Greely, Martin Jinek, G. Steven Martin, Edward Penhoet, Jennifer Puck, Samuel H. Sternberg, Jonathan S. Weissman y Keith R. Yamamoto (2015), «A Prudent Path Forward for Genomic Engineering and Germline Gene Modification», *Science*, vol. 348, págs. 36-38.

28. MULLARD, Asher (2023), «FDA Approves First Haemophilia B Gene Therapy», *Nature Reviews Drug Discovery*, vol. 22, pág. 7.

29. BALTIMORE *et al.*, «A Prudent Path Forward».

30. HAMMOND, Andrew, Roberto Galizi, Kyros Kyrou, Alekos Simoni, Carla Siniscalchi, Dimitris Katsanos, Matthew Gribble, Dean Baker, Eric Marois, Steven Russell, Austin Burt, Nikolai Windbichler, Andrea Crisanti y Tony Nolan (2016), «A CRISPR-Cas9 Gene Drive System Targeting Female Reproduction in the Malaria Mosquito Vector *Anopheles gambiae*», *Nature Biotechnology*, vol. 34, págs. 78-83; ROBERTS, Rebecca y Brittany Enzmann, «CRISPR Gene Drives: Eradicating Malaria, Controlling Pests, and More», Synthego, 9 de agosto de 2022, <https://www.synthego.com/blog/gene-drive-crispr>.

31. WEBBER, Bruce L., S. Raghu y Owain R. Edwards (2015), «Opinion: Is CRISPR-Based Gene Drive a Biocontrol Silver Bullet or a Global Conservation Threat?», *Proceedings of the National Academy of Sciences* USA, vol. 112, págs. 10565-10567.

32. COLLINS, C. M., J. A. S. Bonds, M. M. Quinlan y J. D. Mumford (2019), «Effects of the Removal or Reduction in Density of the Malaria Mosquito, Anopheles gambiae s.l., on Interacting Predators and Competitors in Local Ecosystems», *Medical and Veterinary Entomology*, vol. 33, págs. 1-15.

33. Loewenstein, Nancy J., Stephen F. Enloe, John W. Everest, James H. Miller, Donald M. Ball y Michael G. Patterson, «History and Use of Kudzu in the Southeastern United States», Forestry & Wildlife, Alabama Cooperative Extension System, 8 de marzo de 2022, <https://www.aces.edu/blog/topics/forestry-wildlife/the-his tory-and-use-of-kudzu-in-the-southeastern-united-states/>.

34. Academias Nacionales de Ciencia, Ingeniería y Medicina (2016), *Gene Drives on the Horizon: Advancing Science, Navigating Uncertainty, and Aligning Research with Public Values*, National Academies Press, Washington, D. C.

35. Fountain, Henry y Mira Rojanasakul, «The Last 8 Years Were the Hottest on Record», *The New York Times*, 10 de enero de 2023, <https://www.nytimes.com/interactive/2023/climate/earth-hottest-years.html>.

36. Cleves, Phillip A., Marie E. Strader, Line K. Bay, John R. Pringle y Mikhail V. Matz (2018), «CRISPR/Cas9-Mediated Genome Editing in a Reef-Building Coral», *Proceedings of the National Academy of Sciences USA*, vol. 115, págs. 5235-5240.

37. «U.S. Renewable Energy Factsheet», publicación n.º CSS03-12, Centro de Sistemas Sostenibles, Universidad de Michigan, 2022.

38. Conca, James, «It's Final: Corn Ethanol Is of No Use», *Forbes*, 20 de abril de 2014.

39. *Ibidem.*

40. Lakhawat, Sudarshan Singh, Naveen Malik, Vikram Kumar, Sunil Kumar y Pushpender Kumar Sharma (2022), «Implications of CRISPR-Cas9 in Developing Next Generation Biofuel: A Mini-review», *Current Protein and Peptide Science*, vol. 23, págs. 574-584.

41. Giddings, L. Val, Robert Rozansky y David M. Hart, «Gene Editing for the Climate: Biological Solutions for Curbing Greenhouse Emissions», Information Technology & Innovation Foundation, septiembre de 2020, <https://www2.itif.org/2020-gene-edited-climate-solutions.pdf>.

42. «Supercharging Plants and Soils to Remove Carbon from the Atmosphere» (comunicado de prensa), Instituto de Genómica Innovadora, 14 de junio de 2022, <https://innovativegeno mics.org/news/crispr-carbon-removal/>.

1. Clery, Daniel (2023), «Into the Dark», *Science*, vol. 380, págs. 1212-1215.

2. Lam, Michael T. Y., Wenbo Li, Michael G. Rosenfeld y Christopher K. Glass (2014), «Enhancer RNAs and Regulated Transcriptional Programs», *Trends in Biochemical Sciences*, vol. 39, págs. 170-182.

3. Lewandowski, Jordan P., James C. Lee, Taeyoung Hwang, Hongjae Sunwoo, Jill M. Goldstein, Abigail F. Groff, Nydia P. Chang, William Mallard, Adam Williams, Jorge Henao-Mejía, Richard A. Flavell, Jeannie T. Lee, Chiara Gerhardinger, Amy J. Wagers y John L. Rinn (2019), «The *Firre* Locus Produces a *trans*-Acting RNA Molecule That Functions in Hematopoiesis», *Nature Communications*, vol. 10, pág. 5137.

4. Lewandowski, Jordan P., Gabrijela Dumbović, Audrey R. Watson, Taeyoung Hwang, Emily Jacobs-Palmer, Nydia Chang, Christian Much, Kyle M. Turner, Christopher Kirby, Nimrod D. Rubinstein, Abigail F. Groff, Steve C. Liapis, Chiara Gerhardinger, Assaf Bester, Pier Paolo Pandolfi, John G. Clohessy, Hopi E. Hoekstra, Martin Sauvageau y John L. Rinn (2020), «The Tug1 lncRNA Locus Is Essential for Male Fertility», *Genome Biology*, vol. 21, pág. 237.

5. Tuerk, Craig y Larry Gold (1990), «Systematic Evolution of Ligands by Exponential Enrichment: RNA Ligands to Bacteriophage T4 DNA Polymerase», *Science*, vol. 249, págs. 505-510.

6. Ellington, Andrew D. y Jack W. Szostak (1990), «In Vitro Selection of RNA Molecules That Bind Specific Ligands», *Nature*, vol. 346, págs. 818-822.

7. El autor quiere hacer constar que, en el momento de la publicación de este libro, formaba parte del Consejo Asesor Científico de SomaLogic.

8. Cuvelliez, Marie, Vincent Vandewalle, Maxime Brunin, Olivia Beseme, Audrey Hulot, Pascal de Groote, Philippe Amouyel, Christophe Bauters, Guillemette Marot y Florence Pinet (2019), «Circulating Proteomic Signature of Early Death in Heart Failure Pa-

tients with Reduced Ejection Fraction», *Scientific Reports*, vol. 9, pág. 19202; EGERSTEDT, Anna, John Berntsson, Maya Landenhed Smith, Olof Gidlof, Roland Nilsson, Mark Benson, Quinn S. Wells, Selvi Celik, Carl Lejonberg, Laurie Farrell, Sumita Sinha, Dongxiao Shen, Jakob Lundgren, Goran Radegran, Debby Ngo, Gunnar Engstrom, Qiong Yang, Thomas J. Wang, Robert E. Gerszten, y J. Gustav Smith (2019), «Profiling of the Plasma Proteome Across Different Stages of Human Heart Failure», *Nature Communications*, vol. 10, pág. 5830.

9. SCHELLER, Frieder W., Ulla Wollenberger, Axel Warsinke y Fred Lisdat (2001), «Research and Development in Biosensors», *Current Opinion in Biotechnology*, vol. 12, págs. 35-40; MCCONNELL, Erin M., Julie Nguyen y Yingfu Li (2020), «Aptamer-Based Biosensors for Environmental Monitoring», *Frontiers in Chemistry*, vol. 8, págs. 1-24.

10. KAUR, Harleen, John G. Bruno, Amit Kumar y Tarun Kumar Sharma (2018), «Aptamers in the Therapeutics and Diagnostics Pipelines», *Theranostics*, vol. 8, págs. 4016-4032.

11. ROBERTSON, Debra L. y Gerald F. Joyce (1990), «Selection In Vitro of an RNA Enzyme That Specifically Cleaves Single-Stranded DNA», *Nature*, vol. 344, págs. 467-468.

12. UNRAU, P. J. y D. P. Bartel (1998), «RNA-Catalysed Nucleotide Synthesis», *Nature*, vol. 395, págs. 260-263.

13. JOHNSTON, Wendy K., Peter J. Unrau, Michael S. Lawrence, Margaret E. Glasner y David P. Bartel (2001), «RNA-Catalyzed RNA Polymerization: Accurate and General RNA-Templated Primer Extension», *Science*, vol. 292, págs. 1319-1325; HORNING, David P. y Gerald F. Joyce (2016), «Amplification of RNA by an RNA Polymerase Ribozyme», *Proceedings of the National Academy of Sciences USA*, vol. 113, págs. 9786-9791.

14. TURK, Rebecca M., Nataliya V. Chumachenko y Michael Yarus (2010), «Multiple Translational Products from a Five-Nucleotide Ribozyme», *Proceedings of the National Academy of Sciences USA*, vol. 107, págs. 4585-4589.

Glosario

ALFA-GLOBINA. Uno de los dos tipos de cadenas proteicas que componen la hemoglobina, la proteína transportadora de oxígeno que se encuentra en los glóbulos rojos. La hemoglobina tiene dos subunidades de alfa-globina y dos de beta-globina, que son cadenas de proteínas similares, pero no idénticas. *Véase también* BETA-GLOBINA.

AMINOÁCIDO. Cada uno de los componentes básicos de las PROTEÍNAS. Existen veinte aminoácidos comunes, cada uno especificado por entre uno y seis CODONES de ARNm.

ANTICODÓN. Tres BASES de una molécula de ARN de transferencia que se emparejan con un codón de ARNm.

APTÁMERO. Molécula artificial de ácido nucleico seleccionada para unirse de forma específica a una proteína o a una molécula pequeña; del latín *aptus*, «encajar».

ARGONAUTA. Proteína necesaria para el ARN DE INTERFERENCIA que une un ARNPI y un MICROARN y los utiliza como guías para degradar o inhibir la traducción de un grupo de ARNm.

ARN ANTISENTIDO. Una herramienta para inhibir la función de un gen mediante el uso de un ARN que es complementario (antisentido) a un ARNm diana.

ARN DE INTERFERENCIA O INTERFERENTE (ARNi). Proceso regulador de la naturaleza que permite a los organismos reducir la actividad de grupos de ARNm tras su transcripción. El ARNi también se ha reconvertido en una terapia para tratar enfermedades genéticas raras. *Véase también* MICROARN y ARNPI.

ARN DE TRANSFERENCIA (ARNT). ARN pequeño que transfiere el AMINOÁCIDO correcto a la cadena proteica en crecimiento dentro del RIBOSOMA. Cada ARN de transferencia reconoce un CODÓN de ARNm correspondiente a su aminoácido.

ARN GUÍA SIMPLE. ARN diseñado para edición genética CRISPR que combina el ARN guía y el ARNtracr.

ARN MENSAJERO (ARNm). ARN que contiene una cadena de CODONES con la información para la síntesis de una proteína determinada. Los ARNm humanos transportan el mensaje desde el ADN del núcleo celular hasta los RIBOSOMAS del citoplasma.

ARN NO CODIFICANTE. Grupo de moléculas de ARN que desempeñan funciones críticas en la biología celular, aunque no codifiquen proteínas. Entre ellos se incluyen los ARN RIBOSÓMICOS, los ARN DE TRANSFERENCIA, el ARN DE TELOMERASA, los ARN NUCLEARES PEQUEÑOS y las RIBOZIMAS.

ARN NO CODIFICANTES DE CADENA LARGA (ARNncl). Moléculas de ARN de más de 200 nucleótidos que no codifican proteínas. Se desconocen las funciones de la mayoría de ellos.

ARN NUCLEARES PEQUEÑOS (ARNsn). Moléculas de ARN no codificantes estables y abundantes que existen en forma de complejos con PROTEÍNAS ESPECÍFICAS. Los ARNsn U1 y U2 marcan los sitios de ayuste a lo largo del precursor del ARNm, y los ARNsn U2, U5 y U6 participan directamente en la catálisis del ayuste del ARNm. El ARNsn U4 mantiene controlado al ARNsn U6 durante las primeras etapas del ayuste hasta que es desplazado. El ARNsn U3 no participa en el ayuste del ARNm, sino en la maduración del ARNr.

ARN PEQUEÑO DE INTERFERENCIA (ARNpi). ARN artificial de doble cadena compuesto por veintitrés nucleótidos, una de cuyas cadenas es complementaria a un ARNm diana. A través de la vía del ARN de interferencia, el ARNpi dirige la escisión e inactivación del ARNm diana.

ARN POLIMERASA. Enzima que copia la información del ADN en ARN.

ARN RIBOSÓMICO (ARNr). ARN NO CODIFICANTE esencial para la función ribosómica. Los ribosomas bacterianos contienen tres ARN ribosómicos, mientras que los ribosomas eucarióticos contienen cuatro.

ARNTRACR. «ARN CRISPR TRANSACTIVANTE», un ARN bacteriano natural que se empareja con el ARN guía y lo fija a la proteína Cas9.

ATROFIA MUSCULAR ESPINAL (AME). Enfermedad neurodegenerativa mortal causada por mutaciones en el gen *SMN1*.

AYUSTE ALTERNATIVO DE ARNm. Proceso por el que el uso de diferentes sitios de corte y empalme (ayuste o *splicing*) produce diferentes transcritos de ARNm, lo que da lugar a que un único gen codifique dos o más proteínas.

AYUSTE DE ARN (*splicing*). Proceso bioquímico por el que las secuencias de interrupción (o INTRONES) de los PRECURSORES de ARN son cortadas y se unen las secuencias que los flanquean.

AYUSTE. *Véase* AYUSTE DE ARN.

BACTERIÓFAGO. Virus de ADN o ARN que infecta a las bacterias.

BASES. Unidades químicas presentes en toda la cadena de ADN o ARN y que son las unidades fundamentales de la información del ácido nucleico. Tres de las bases (A, G, C) son idénticas en el ADN y el ARN, mientras que la cuarta es la T en el ADN y la U en el ARN. *Véase también* NUCLEÓTIDOS.

BETA-GLOBINA. Uno de los dos tipos de CADENAS PROTEICAS que componen la HEMOGLOBINA, la proteína transportadora de oxígeno que se encuentra en los glóbulos rojos. La hemoglobina tiene dos subunidades de alfa-globina y dos de beta-globina. *Véase también* ALFA-GLOBINA.

CÁPSIDE. Cubierta PROTEICA protectora que protege el ARN vírico de los peligros de los tejidos vivos, como las ribonucleasas, a medida que guía el ARN hasta la célula diana y dentro de ella.

CÉLULA SOMÁTICA. Todas las células del cuerpo distintas de las células de la línea germinal. Entre ellas se encuentran las células de la piel, los músculos, el hígado, la sangre y el cerebro. En los seres humanos son DIPLOIDES (dos juegos de cromosomas) y no transmiten ninguna mutación adquirida a la descendencia del organismo.

CÉLULAS B. LINFOCITOS que protegen a un animal de las infecciones produciendo anticuerpos que se unen a los virus y bacterias invasores y los inhiben.

CÉLULAS DE LA LÍNEA GERMINAL. Células sexuales (espermatozoides y óvulos) y células que dan lugar a células sexuales, que se diferencian de las CÉLULAS SOMÁTICAS en que su información genética se transmite a la descendencia del organismo.

CÉLULAS T. LINFOCITOS que protegen a un animal destruyendo cualquiera de sus células que haya sido infectada por un patógeno o se haya vuelto cancerosa.

CODÓN. Grupo de tres NUCLEÓTIDOS en un ARNm que especifica un determinado aminoácido en la proteína resultante.

COMPLEMENTARIO. Correspondencia; por ejemplo, en el emparejamiento de bases de ARN, G es complementario de C.

CRISPR (*clustered regularly interspaced short palindromic repeats*). Un sistema de corte de ADN que funciona mediante un ARN guía (que se dirige a la sección de la secuencia de ADN que debe cortarse) y la PROTEÍNA CAS9 (CRISPR-*associated protein 9*, que realiza el corte). CRISPR se descubrió como un proceso natural en las bacterias, que lo utilizan para evitar los ataques de virus conocidos como bacteriófagos.

CRISTALOGRAFÍA DE RAYOS X. Técnica para determinar la estructura de las moléculas, incluidas las proteínas y los ácidos nucleicos. Consiste en disparar un haz de rayos X a una muestra, como un cristal de una molécula de proteína, recoger imágenes de la radiación difractada y determinar cómo debe ser la estructura que ha producido esa difracción.

CROMOSOMA. Paquete discreto compuesto por ADN y proteínas que transporta la información genética de un organismo. Antes de que el ADN se replique, cada cromosoma contiene una doble hélice de ADN.

DICER. ENZIMA PROTEICA que trocea ARN bicatenarios largos produciendo ARNpi y que también trocea precursores de MICROARN produciendo microARN maduros.

ELECTROFORESIS EN GEL. Técnica de laboratorio de investigación utilizada para separar macromoléculas como el ADN y el ARN. El gel es un polímero de agarosa o acrilamida. Cuando se aplica un campo eléctrico a través del gel (un electrodo negativo en la parte superior y un electrodo positivo en la parte inferior), las moléculas de ADN o ARN cargadas negativamente que se han colocado en la parte superior son impulsadas a través del gel y separadas en función de su tamaño.

ENFERMEDAD ESPORÁDICA. La que surge espontáneamente sin que se tengan antecedentes familiares de la enfermedad. Las enfermedades esporádicas pueden tener una causa genética debida a una mutación en una célula somática.

ENFERMEDAD HEREDITARIA O FAMILIAR. Una enfermedad que aparece dentro de una familia porque la mutación causante de la enfermedad se transmite de padres a hijos.

ENVOLTURA LIPÍDICA. Para algunos virus ARN, la cápside proporciona una «cápsula espacial» suficiente para proteger el ARN y llevarlo a su destino. Sin embargo, en otros virus, la cápside está rodeada por otra capa: una envoltura formada por moléculas de lípidos grasos.

ENZIMA. Sustancia presente en las células vivas que ACELERA UNA REACCIÓN BIOQUÍMICA necesaria para la vida sin consumirse en la reacción. Las enzimas, que suelen ser proteínas, hacen latir nuestro corazón, descomponen los alimentos en nuestro estómago y sintetizan todas las estructuras que mantienen unidas nuestras células.

EUCARIOTAS. Organismos, desde las algas hasta los seres humanos, cuyas células tienen un núcleo en el que guardan su ADN.

EXOCITOSIS. Proceso por el que las partículas víricas maduras salen de una célula infectada aprovechando una vía que la célula ha desarrollado para exportar algunas de sus propias proteínas.

FACTOR DE AYUSTE. Cualquiera de un gran número de proteínas que facilitan y regulan el ayuste (*splicing*) del ARNm. Estos factores son distintos de los complejos ARNsn-proteína que catalizan directamente el ayuste.

FAGO. Abreviatura de BACTERIÓFAGO, un virus que infecta a las bacterias.

FERMENTACIÓN. Conversión, catalizada por enzimas, de azúcar o almidón en alcohol, que se produce en levaduras y otros microorganismos.

GENOMA. La totalidad del ADN de un organismo. El genoma humano, agrupado en veintitrés CROMOSOMAS, tiene unos 3.000 millones de BASES.

INMUNIDAD ADAPTATIVA. Proceso de protección frente a la infección que es específico para un patógeno concreto u otra sustancia extraña. A diferencia del sistema inmunitario innato, el sistema inmunitario adaptativo (adquirido) requiere una exposición previa al agente patógeno, ya sea mediante infección o vacunación, antes de estar preparado para responder a una nueva exposición. *Véase también* INMUNIDAD INNATA.

INMUNIDAD INNATA. Proceso de protección frente a la infección que difiere de la inmunidad adaptativa en que no es específica para un patógeno concreto. El sistema inmunitario innato reconoce características de los patógenos y se activa rápidamente para destruir a los invasores.

INTRONES. Tramos de ADN que no codifican proteínas y que se separan del ARN tras la transcripción. En el caso de los intrones del ARNr y del ARNt, se trata de tramos que interrumpen la secuencia de las moléculas maduras y funcionales, que sufren ayuste (*splicing*). El mismo término se utiliza tanto para los elementos de ADN como de ARN.

LINFOCITOS. Glóbulos blancos que forman parte del sistema inmunitario. Los tipos más comunes son las CÉLULAS B y las CÉLULAS T.

LÍPIDOS. Grasas, ceras y aceites que son insolubles en agua. Los lípidos forman las membranas que rodean las células animales y la capa externa de los virus envueltos.

LIPOSOMA. Vehículo para introducir ADN o ARN en las células que tiene una doble capa de LÍPIDOS en su exterior y encapsula el ácido nucleico en su interior.

MEMBRANA CELULAR. Envoltura bicapa de moléculas LIPÍDICAS que forma la capa exterior protectora de muchas células vivas.

MICROARN. ARN muy pequeño que se une a un ARNm en el citoplasma celular y, o lo escinde o inhibe su traducción, interfiriendo así en la EXPRESIÓN GÉNICA a nivel de ARN. Los microARN se producen inicialmente como ARN de mayor tamaño que se emparejan entre sí para formar segmentos largos de doble cadena, que son cortados por DICER. Participan en diversos procesos como el desarrollo de brazos y piernas, la formación del músculo cardiaco, la producción de células sanguíneas, sobre todo inmunitarias, y el desarrollo de la placenta y el embarazo. Cuando los microARN se alteran, contribuyen a muchas enfermedades.

MINICROMOSOMA. Pequeño elemento de ADN que se replica independientemente del ADN cromosómico en la misma célula. Un minicromosoma es una versión natural de un plásmido. Los genes del ARN ribosómico de *Tetrahymena* se encuentran en los minicromosomas.

MOLÉCULA. Grupo de átomos unidos de una forma determinada mediante enlaces químicos. El agua, la sacarosa y el dióxido de carbono son moléculas. El ADN, el ARN y las proteínas también son moléculas que, por su tamaño, se denominan macromoléculas.

NANOPARTÍCULA LIPÍDICA (NPL). Sistema de administración de fármacos formado por moléculas lipídicas grasas que permite que una vacuna o terapia basada en ARNm sortee las defensas celulares.

NUCLEÓTIDOS. Componentes fundamentales del ADN o el ARN, cada uno de ellos formado por un grupo fosfato, un azúcar (desoxirribosa o ribosa) y una BASE (A, G, C y T o U; el ADN contiene T y el ARN contiene U). El contenido informativo de los nucleótidos es idéntico al de sus bases.

ONCOGÉN. Forma mutada de un gen humano normal que provoca una división celular anormal y causa cáncer.

PAR DE BASES. Interacción que implica el emparejamiento de G (guanina) con C (citosina) o de A (adenina) con T (timina) o U (uracilo). Los pares de bases forman los peldaños de la escalera retorcida de la doble hélice del ADN. La estructura del ARN depende de los pares de bases que se forman dentro de su única cadena.

PLANTILLA (MOLDE) DONANTE. Molécula de ADN utilizada en la edición génica CRISPR que proporciona una plantilla para la RECOMBINACIÓN HOMÓLOGA después de la escisión del ADN. Las secuencias de la plantilla donante pasan a formar parte del cromosoma reparado.

PLÁSMIDO. Molécula de ADN que se replica independientemente de los cromosomas de una célula, normalmente como un pequeño ADN CIRCULAR. Los plásmidos se utilizan en investigación para aislar y manipular genes.

PRECURSOR. En el caso del ARN, la forma de un ARN transcrito inicialmente a partir de un gen antes de ser recortado, empalmado o modificado de otro modo y preparado para hacer su trabajo.

PROCESAMIENTO DEL ARN. Pasos que deben darse tras la transcripción inicial de un ARN precursor para formar un ARN funcional. Incluyen el AYUSTE (*splicing*) DEL ARN y el corte de secuencias innecesarias, así como la adición de bases no codificadas por el ADN.

Proteína de supervivencia de las motoneuronas (SMN1 y SMN2). El gen *SMN1* codifica una proteína implicada en el ensamblaje de los complejos ARNsn-proteína. Cuando está mutado, causa la AME. El gen *SMN2* puede activarse para rescatar la pérdida del *SMN1* mutado.

Proteínas. Cadenas de aminoácidos que se pliegan en formas específicas para desempeñar diversas funciones. En los animales, algunas proteínas forman estructuras como las fibras musculares, la piel y el pelo. Otras actúan como enzimas, descomponiendo los alimentos que ingerimos en sus componentes constituyentes y reciclando estas piezas para construir nuevas máquinas celulares. Algunas agujerean la envoltura de nuestras células, permitiendo la entrada selectiva de sales o nutrientes y expulsando otros. Otras actúan como moléculas señalizadoras, recibiendo información del mundo exterior y activando procesos internos en consecuencia. Y algunas forman los anticuerpos que nos protegen de invasores extraños como los virus.

PseudoU. Una versión modificada del uracilo que se encuentra de forma natural en lugares específicos de algunas moléculas de ARNt. Sigue formando pares de bases A-U, pero no es reconocido por el sistema inmunitario innato. *Véase también* inmunidad innata.

Receptor. Proteína que se une específicamente a una molécula, como otra proteína, una hormona o un receptor olfatorio. Los receptores permiten a las células responder a su entorno externo.

Recombinación homóloga. Proceso de reparación de roturas en la doble cadena del ADN que requiere una versión intacta de una secuencia idéntica o similar (homóloga) para guiar la reparación. Un paso intermedio en este proceso de reparación implica el intercambio de información genética entre las dos versiones del ADN (recombinación).

Replicación. Proceso de producción de copias idénticas o casi idénticas de una única molécula de ácido nucleico. En la replicación del ADN, una doble hélice se copia dando lugar a dos dobles hélices. En la replicación del ARN, que se da sobre todo en los virus, un ARN monocatenario se copia produciendo múltiples cadenas hijas.

REPLICASA. Aquellas ENZIMAS que copian o reproducen un ácido nucleico dando lugar a más ácidos nucleicos del mismo tipo. Las ADN polimerasas y las ARN polimerasas dependientes de ARN vírico son ejemplos de replicasas.

RIBONUCLEASA (ARNASA). Enzima que corta el ARN.

RIBONUCLEASA P (ARNASA P). Enzima que escinde la secuencia líder de un precursor de ARNt, formando el ARNt maduro y activo. En las bacterias está compuesta por una molécula catalítica de ARN (una RIBOZIMA) y una molécula proteica de soporte. *Véase también* PRECURSOR.

RIBOSOMAS. Las fábricas celulares de proteínas. Los ribosomas están formados por ARN (ARNr) y proteínas ribosómicas.

RIBOZIMA. Ácido ribonucleico con actividad enzimática.

SECUENCIA DE ADN. El orden específico de los bloques de construcción (NUCLEÓTIDOS) a lo largo de una cadena de ADN.

SECUENCIA DE AMINOÁCIDOS. El orden específico de los bloques de construcción (aminoácidos) a lo largo de una cadena proteica, que determina cómo se pliega la proteína en tres dimensiones, lo que determina a su vez una función concreta, como digerir los alimentos en el estómago, hacer que los músculos se muevan o transportar oxígeno en el torrente sanguíneo.

SECUENCIA DE ARN. Orden específico de los bloques de construcción (NUCLEÓTIDOS) a lo largo de una cadena de ARN.

SENESCENCIA. Etapa final del envejecimiento de una célula, en la que sigue viva y modifica su metabolismo, pero ya no se divide.

SUBUNIDAD GRANDE DEL RIBOSOMA. Parte de la máquina sintetizadora de proteínas que contiene el sitio activo para la reacción de TRANSFERENCIA DEL PEPTIDILO que conecta los aminoácidos para formar proteínas. En *E. coli* consta de dos ARNr (compuestos por 2.904 y 120 nucleótidos) y unas treinta y tres proteínas.

SUBUNIDAD PEQUEÑA DEL RIBOSOMA. Parte de la máquina sintetizadora de proteínas que es la primera en ensamblarse con el ARNm. Dirige la descodificación del ARNm y la unión de los ARNt. En *E. coli* está formada por el segundo ARNr más grande de los tres que hay más veintidós proteínas.

TELOMERASA TRANSCRIPTASA INVERSA (TERT). Proteína asociada a la ARN TELOMERASA que contiene el centro catalítico para la síntesis del ADN telomérico.

TELOMERASA. Máquina molecular que permite a las células eucariotas seguir dividiéndose añadiendo secuencias protectoras de ADN a los extremos de los CROMOSOMAS (TELÓMEROS). La telomerasa está formada por una molécula de ARN y proteínas, entre ellas la TERT.

TELÓMERO. Extremo de un cromosoma, formado por una secuencia repetida de ADN y proteínas protectoras asociadas. La longitud de los telómeros sirve de reloj para medir el número de divisiones celulares que puede sufrir una célula somática.

TERAPIA GÉNICA. Utilización del ADN para tratar o prevenir una enfermedad, por lo general proporcionando a una persona una nueva copia de un gen sano para compensar un gen defectuoso.

TRADUCCIÓN. Proceso de lectura del código del ARNm para sintetizar una proteína. Lo llevan a cabo los RIBOSOMAS.

TRANSCRIPCIÓN. Proceso por el que el ADN se copia dando lugar a una molécula de ARN.

TRANSCRIPTASA INVERSA. Enzima que transcribe ARN monocatenario en ADN, es decir, lo inverso de la transcripción normal de ADN a ARN.

TRANSFERENCIA DEL PEPTIDILO. Reacción química que une dos AMINOÁCIDOS para formar una cadena proteica.

TRANSLOCACIÓN. Movimiento de un CODÓN de ARNm (con su ARNT unido) de un sitio a otro dentro del RIBOSOMA. Esto debe ocurrir cada vez que se lee un codón, para dejar sitio a la entrada del siguiente ARNt.

TRIPLETE. *Véase* CODÓN.

UNIÓN DE EXTREMOS NO HOMÓLOGOS (NHEJ). Proceso de reparación de roturas de doble cadena en el ADN en el que los extremos rotos se unen directamente sin la ayuda de una versión intacta de la misma secuencia (homóloga) para guiar la reparación. La NHEJ suele dejar pequeñas inserciones o deleciones de nucleótidos en el lugar de la reparación. *Véase también* RECOMBINACIÓN HOMÓLOGA.

VACUNA DE ADN. Vacuna que utiliza el gen que codifica una proteína vírica o bacteriana para entrenar al sistema INMUNITARIO ADAPTATIVO en la búsqueda de ese patógeno. Las vacunas de ADN dependen de la persona receptora para copiar el ADN en ARNm y luego en proteína.

Vacuna de ARNm. Producto que activa el sistema inmunitario para que esté al acecho de un patógeno concreto mediante el uso de un ARNm que codifica una PROTEÍNA de la superficie del patógeno en cuestión. Las células humanas traducen el ARNm en la proteína característica del patógeno, gracias a lo cual el sistema inmunitario adaptativo la reconocerá en el futuro. *Véase también* INMUNIDAD ADAPTATIVA.

Virus de ARN monocatenario negativo (–). El ARN vírico entra en el hospedador como complemento del ARNm. Estos virus traen consigo su propia enzima copiadora o REPLICASA, que copia las cadenas (–) en cadenas (+) que sirven como ARNm. Todos los virus de la gripe (influenza) son monocatenarios negativos, al igual que el virus respiratorio sincitial (VRS), el virus de la rabia y el virus del Ébola.

Virus de ARN monocatenario positivo (+). El ARN vírico entra en el hospedador listo para servir como ARNm que codifica las proteínas víricas. Los ARNm víricos secuestran los ribosomas de la célula hospedadora para producir sus proteínas venenosas. Entre los virus de ARN monocatenarios positivos (+) se encuentran el poliovirus, el virus del dengue, los virus de la hepatitis A y C, el SARS-CoV-2 y el rinovirus, este último causante del resfriado común.

Índice analítico

Los números en *cursiva* remiten a las ilustraciones

350